全国机动车检测维修专业技术人员职业水平考试用书

机动车整形技术

JIDONGCHE ZHENGXING JISHU

（检测维修士）

交通运输部职业资格中心　编

人民交通出版社
China Communications Press

内 容 提 要

本书主要供报名参加全国机动车检测维修士职业水平考试的考生使用。

本书共计17章,包括车身修复生产安全、车身修复常用工具、车身维修设备的性能和使用方法、车身结构、碰撞对车身的影响、车身碰撞损伤分析、车身测量原理与方法、事故车机械与电器拆装工艺、手工成型工艺、车身校正的基本原理与方法、车身金属材料的修复、车身非金属材料的修复、车身维修工艺及技术要求、涂装基础知识及安全规范、汽车修补涂装设备、色彩理论与调色、汽车涂装工艺等内容。

图书在版编目(CIP)数据

机动车整形技术(检测维修士)/交通运输部职业资格中心编.—北京:人民交通出版社,2012.7
ISBN 978-7-114-07726-5

I.机... II.交... III.汽车-车辆维修-水平考试-教材 IV.U472.4

中国版本图书馆CIP数据核字(2009)第066013号

书　　名:全国机动车检测维修专业技术人员职业水平考试用书
机动车整形技术(检测维修士)
著 作 者:交通运输部职业资格中心
责任编辑:翁志新　林宇峰
出版发行:人民交通出版社
地　　址:(100011)北京市朝阳区安定门外外馆斜街3号
网　　址:http://www.ccpress.com.cn
销售电话:(010)85285969,85285966
总 经 销:北京金飞图书发行中心
经　　销:各地新华书店
印　　刷:北京市密东印刷有限公司
开　　本:787×1092　1/16
印　　张:14.75
字　　数:378千
版　　次:2012年7月第1版
印　　次:2012年7月第1次印刷
书　　号:ISBN 978-7-114-07726-5
印　　数:0001-3000册
定　　价:28.00元

前 言

随着我国经济社会的快速发展,机动车数量持续快速增长,机动车已进入千家万户,为百姓出行提供了极大的便捷。在享受机动车带来便利的同时,人们对机动车维修的需求也越来越大。然而,大量的电子技术、新材料、新工艺等在机动车上广泛应用,使得检测维修技术含量不断提高,维修难度不断增加,对检测维修人员的要求也越来越高。从我国机动车检测维修从业人员构成情况看,虽然从业人员数量多,但总体层次偏低。据统计,机动车维修专业技术人员比例不足20%,具有大专及以上文化程度的仅占10%,特别是机电一体化复合型的机动车检测维修故障诊断人才还十分匮乏。

为了引导机动车检测维修人员强化职业道德,加快知识更新,掌握新技术,以有效提升检测维修人员整体素质,扩大高层次检测维修人员队伍规模,保证车辆安全运行,2006 年 6 月,原人事部、原交通部联合印发了《机动车检测维修专业技术人员职业水平评价暂行规定》和《机动车检测维修专业技术人员职业水平考试实施办法》,建立了机动车检测维修专业技术人员职业水平评价制度,并纳入全国专业技术人员职业资格考试计划,每年进行全国统考。

为方便广大考生备考,我们组织编写了这套《机动车检测维修专业技术人员职业水平考试用书》。这套考试用书紧扣考试大纲,体现了机动车检测维修专业技术人员的能力要求与水平;按维修士和维修工程师两个级别分别成书,具有较强的针对性;内容翔实,体现机动车检测维修技术发展方向,既方便考生自学,又可作为广大机动车检测维修技术人员的参考书。

这套考试用书包括《公共基础知识》、《机动车机电维修技术(检测维修士)》、《机动车机电维修技术(检测维修工程师)》、《机动车检测与评估与运用技术(检测维修士))》、《机动车检测与评估与运用技术(检测维修工程师)》、《机动车整形技术(检测维修士)》、《机动车整形技术(检测维修工程师)》7 本书,其中《公共基础知识》为检测维修士和检测维修工程师通用。

机动车检测维修专业技术人员职业水平考试用书《机动车整形技术(检测维修士)》由李迅、王震主编,第 1 章由王震、李迅编写,第 2 章由李新起编写,第 3 章由李新起、王震编写,第 4 章、第 5 章、第 6 章、第 7 章、第 8 章由王震、李迅编写,第 9 章由李新起编写,第 10 章、第 11 章、第 12 章、第 13 章由王震、李迅编写,第 14 章、第 15 章、第 16 章、第 17 章由吴复宇、张小鹏编写。本书由李建林、冯玉芹、李玉茂审定。

在编写过程中,得到了交通运输部管理干部学院、北京交通运输职业学院、北京理工大学、北京工业大学、天津交通职业学院、山东交通学院、四川交通职业技术学院、长安大学、陕西省汽车检测站、卡尔拉得优胜汽车修复系统(北京)有限公司、庞贝捷漆油贸易(上海)有限公司等单位的大力支持,在此一并致以衷心的感谢!

由于内容较多,加之编写人员水平所限,书中难免存在错误和不妥之处,恳请广大读者批评指正。

交通运输部职业资格中心

2012 年 5 月

目 录

第一章　车身修复生产安全

对于任何生产的操作,首要的问题就是生产的安全问题。汽车维修行业内对于车辆的维修操作,也涉及生产安全,包括操作者的自身身体的安全,也包括设备的安全和车辆的安全。

汽车维修人员必须按照企业要求的安全制度进行操作。汽车维修企业也要考虑到维修人员的身体安全,对操作者的身体进行全面的保护。劳动保护需要考虑突发性的身体伤害,同时还要考虑操作环境对身体的慢性伤害。

车身维修常遇伤害情况有:金属薄板材,特别是车身金属板材比较锋利,容易对人身体造成外伤;在车身金属切割拉伸过程中,车身部件或切割工具可能破碎飞出,打击身体;焊接时可能造成烫伤,弧光可能灼伤眼睛;打磨车身表面覆盖物时,操作者吸入粉尘,可能造成慢性的肺部伤害;对金属进行手工成型产生噪声,长时间会对听力造成损伤。

1.1　对操作者的保护

图1-1是典型的车身维修人员的劳保用品,操作时要戴好护目镜、耳塞、防尘口罩、手套等。平时上班必须穿工作服、安全鞋,戴工作帽。

1.1.1　保护身体、头部和呼吸系统

(1)穿着连身工作服,戴帽子。

(2)穿着带有金属头的安全鞋,防止脚被落物砸伤。

(3)修理车身使用底漆、稀料、油漆时,使用专用手套进行防护。

(4)使用扳钳、锤子、锉刀、磨砂机时,戴普通皮质手套,防止手部受伤。

(5)焊接时,必须使用皮质手套。

(6)使用防护围裙,防止焊接时焊渣和火花飞溅造成伤害。

1.1.2　眼睛防护

(1)使用砂轮或磨砂机打磨时,防止金属颗粒或碎削伤害眼睛。

(2)使用压缩空气时,防止吹起的灰尘和碎片伤害眼睛。

(3)防止焊接飞溅物、火星和热辐射伤害眼睛。

(4)防护工具主要有护目镜和面罩。

1.1.3　耳朵防护

(1)使用扳手、锤子及其他气动工具工作时,防止产生的噪声的伤害。

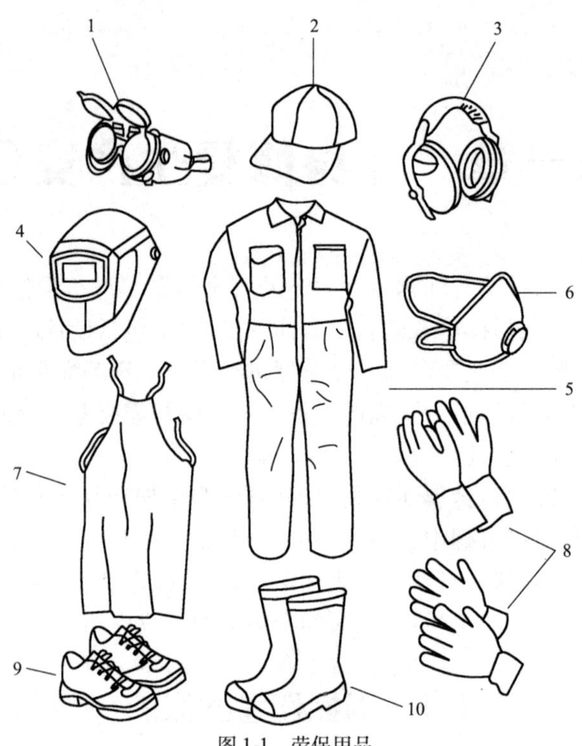

图 1-1 劳保用品

1-护目镜;2-帽子;3-耳塞;4-焊接面罩;5-长袖工作服;6-防尘口罩;7-围裙;8-焊接手套;9-安全鞋;10-工作鞋

(2)防护工具主要有耳塞、耳罩。

1.1.4 呼吸系统的保护

(1)车身修复车间应装备空气循环系统,过滤空气中的有害物质。

(2)进行打磨工作时要佩戴面罩,防止吸入金属粉尘和油漆粉末。

(3)进行喷涂底漆和油漆时,正确佩戴面罩。

注意:工作时不使用面罩会导致眩晕和呼吸系统的损伤,请按照安全规定使用面罩。

1.2 车间内的安全因素

1.2.1 车间的布置

车间的布置也是安全生产的因素,总体上说有以下原则:

(1)布局设计合理,照明充足,工作流程良好。

(2)钣金修复区域、喷漆区域、存储区域相对分隔独立。

(3)良好的通风系统,提供清新的空气。

(4)砂纸、砂轮、油漆、稀料及其他消耗品,应存放在干燥防火的房间或橱柜内。

(5)避免混乱的布线,在工作区周围的墙壁上安装足够数量的电源插座和压缩空气接口。

(6)备有消防器械。

1.2.2 工作环境

(1)注意空气流通和工作人员的健康,防止吸入粉尘和有害物质。

(2)为防止油漆和密封剂在明火加热时产生有害气体,请勿使用气焊切割,应使用气动锯和气动凿子。

(3)使用砂带磨光机和气动打磨机清除面板上的油漆。

1.2.3 车身的保护

(1)拆除或遮盖内部装饰(座椅、仪表和地毯)。

(2)进行焊接和打磨作业时,应使用隔热材料遮盖玻璃、涂膜、座椅、仪表和地毯。

1.2.4 外部零件的保护

(1)拆除车身外部零件(模板或精加工件)时,应使用防护罩或胶带对车身进行保护,防止划伤。

(2)如喷漆表面划伤,应对该部位进行修补。

第二章　车身修复常用工具

汽车车身维修工具和设备有很多种,如何正确使用各种工具设备,对于一个车身修理技术人员来讲是非常重要的,工具设备的规范使用是一个合格的车身修理人员综合素质的体现。针对不同的车身损伤,正确、合理地使用工具可以使车身维修工作事半功倍,维修的质量更有保证。相反,如果在车身维修中使用工具不规范,不正确操作或不合理使用,都会影响到车身的维修工作,造成工具设备损坏或使维修工作达不到相应的目的和效果,有时甚至会造成车辆的二次损伤,严重影响维修质量。

车身修理的常用手工工具主要包括通用手工工具、金属(主要是车身钢板)加工工具和车身表面加工工具等,下面对几种常用的工具作简单介绍。

2.1　一般用途工具

车身维修与其他维修工种一样,要使用到许多型号的通用手工工具,如扳手、钳子和螺钉旋具等,有时还会使用到钳工专用的一些手工工具。车身修理工作中还会经常遇到一些不太常见的专用工具,这些工具是为车身维修专门设计的。

2.1.1　扳手

车身上有各种各样的零部件、附件和设备,使用螺栓和螺钉连接的情况非常多,因此,常备各种形状和型号的扳手是车身修理技术人员必需的。车身连接的螺栓和螺钉,有标准件也有专用件,有公制的也有英制的,因此扳手的种类也非常繁多。

一般来讲,扳手的尺寸越大,其长度也越长。扳手的长度可以控制扭转时的力矩并防止将螺栓扭断,对于需要更大的力矩才能将螺栓松开或拧紧的场合,应更换专用的扭力扳手来解决。

(1)开口扳手:开口扳手是最为常用的扳手之一,成套的开口扳手一般包括5.5~7mm和24~27mm等常用尺寸,更大一些的也有,但不常用。在进行较大转矩的扭转时,必须顺着扳手头部与柄部的角度用力而不能逆向使用,防止损坏工具。

(2)套头扳手:一般的套头扳手端部与柄存在一定的高低差异,以利于持握,且特别适合使用在螺栓头部深埋在孔里的情况。

(3)组合扳手:组合扳手的一端为开口,另一端为套头,两端的尺寸相同,结合了开口扳手和套头扳手的优点,可提高劳动效率。

(4)内六方(内六角)扳手:对于螺栓头部形状为圆形,在圆形头部中间开有内六方或内六角孔的特种螺栓,只有使用内六方或内六角扳手才能将其松开或紧固。

(5)套筒和套筒扳手:使用上述的各种扳手进行螺栓或螺母的松紧操作,往往需要进行多次的换位,使工作效率下降。在扳手空间允许的情况下,操作人员要求快速的操作,因此,使用套筒扳手要比上述的普通扳手效率高得多。

为了便于套筒的使用,一套套筒往往配有若干件套筒扳手和附件,主要的套筒扳手有棘轮扳手、"T"形滑杆扳手、手摇把等,主要附件有长接杆、短接杆、万向头等。

2.1.2 螺钉旋具

汽车上许多的螺纹紧固件是用螺钉进行固定的,与螺栓相比,螺钉头部尺寸小,因此需用专门的螺钉旋具进行松紧操作。

螺钉旋具通常称为"改锥"或"螺丝刀",是最常用的手工工具。所有的螺钉旋具,无论是为哪种紧固件设计的,基本形状是一样的,都包括带有刀口的金属杆和非金属握柄两部分,通常握柄越粗大,其持握时所产生的力矩也越大,整个旋具的长度也要长一些。

十字头螺钉旋具的形状细长且有一个较长的金属杆,一字头的旋具头部有像錾子一样的平口,但决不能将螺钉旋具当作錾子、冲孔器或撬杆使用。滥用工具将会造成工具的损坏,而且可能发生工伤事故。

2.1.3 钳子

车身修理工作要用到的钳子种类很多,主要有普通手钳、可调钳、尖嘴钳和大力夹钳等。

(1)普通手钳支点后部是曲线形柄部,便于持握。支点前部为钳口,钳口前端为平头,钳口有牙纹,便于夹持后产生足够的摩擦力。牙纹后部到支点部位开有刃口,可以进行剪切操作。由于普通手钳使用方便,功能较多,可在很多需要大力夹持的场合使用。

(2)可调钳的支点可以进行调整,钳口的尺寸可以根据需要张大或减小。常用的可调钳有直口和偏口两种,直口可调钳俗称"鲤鱼钳",也是常用的夹紧工具;偏口的可调钳钳口与钳身呈一定的角度,用于空间有限的场合。

(3)尖嘴钳的头部细长,呈鳄鱼吻状,在钳口后部也有刃口。尖嘴钳用于空间狭小的部位,车身修理技术人员有时也要用它来对电器导线进行剥皮和连接等作业。

(4)大力夹钳也叫"锁钳"或"虎钳夹"。大力夹钳能以非常大的夹紧力夹紧物体,对于车身修理人员非常有用。例如,在更换车身面板等需要定位和焊接的场合,使用大力夹钳将新旧板件进行夹紧定位,修理人员则可以腾出双手进行调整和焊接。

大力夹钳的钳口形状较多,都是为适应不同的场合而设计的。主要形状有标准钳口、长嘴钳口、鸭嘴钳口和"C"形钳口等。

2.2 车身修理工具

车身修理手工工具包括一些非常熟悉的普通金属加工工具和专门用于汽车车身修理的专用工具,其中钣金修复最为常用的工具是手锤和顶铁以及用于特殊场合的各种匙形铁(也称为"撬板")等。下面简单介绍车身维修的几种专用工具。

2.2.1 手锤

钣金修理要用到很多不同的锤,不少是专门为金属成型作业而制成特殊形状的。按照各种锤在钣金作业中的用途分类,基本可以分为初整形锤、车身钣金锤和精修锤等几类。

(1)初整形锤质量比较大,主要用于校正弯曲的基础构件、修整规格部件和在未开始使用车身锤及顶铁作业之前的粗整形工作。一般初整形锤的质量多在500~2500g之间,锤面较大而且较平,适合于较大面积的修整。初整形锤的材质主要有铁质、橡胶和木质等,如图2-1所示。

橡胶锤和木锤由于质地较软,多用于柔和地敲击较薄的钢板,不会引起表面的进一步损坏,适用于薄钢板上较大面积的损伤初步修复。有些木锤的形状被制造成锥台形,大头为纯木质,作用与橡胶锤相同,小头为木质的锤芯外包铁箍,由于接触面积较小且质量轻,也适用于金属薄板的精整形。

(2)车身钣金锤是连续敲打钣金件恢复其形状的基本工具,用于初步整形之后的精整形。它有许多种不同的设计,头部有扁头、尖头、圆头等多种;锤底部基本都是圆形且底部中央凸起而四周略低,这样有利于将力量集中于高点或隆起变形波峰的顶端。车身钣金锤的质量要比初整形锤小很多,多在300~500g之间,这样的质量有利于进行精度较高的整形修复工作,同时对周围的二次损伤也较小。图2-2为常用的几种车身钣金锤。

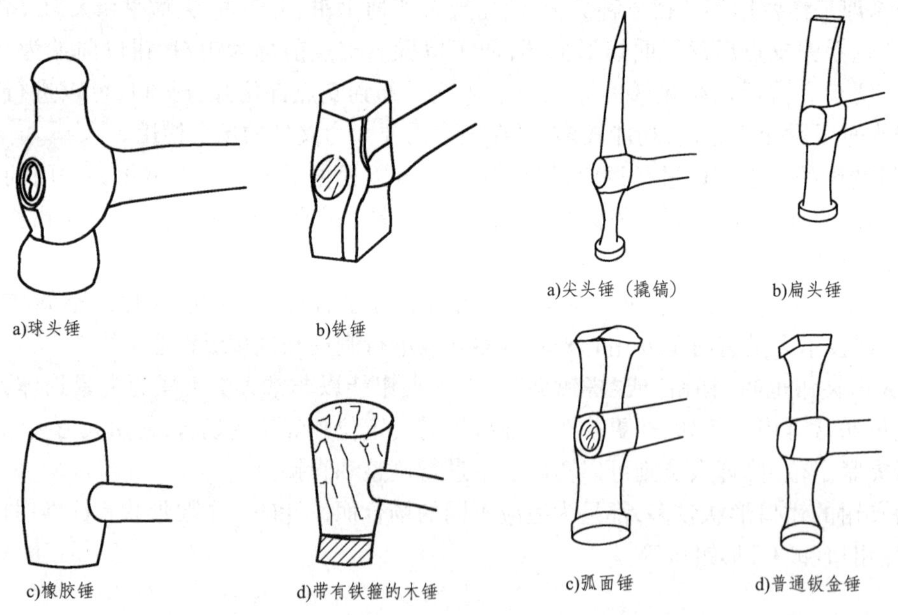

图2-1 初整形锤　　图2-2 车身钣金锤

尖头锤的尖端有的可以被制造得很长,兼有撬起凹陷部位的能力,也称为“撬镐”。其主要用途是利用尖端对小的凸起部分进行修平,并可以利用长的尖部进行撬起整形;扁头锤的扁头对于制筋等部位的轮廓修整非常有用,常用来修整板件上的制筋轮廓边缘;球头弧面锤的球头曲率比较大,适用于修整很多高隆起加强的板件的内部;常用的上方下圆钣金锤方头一边接触面积较大,可以进行大面积整形,圆头的接触面积较小,多用于小范围的精整形操作。

(3)精修锤与车身钣金锤在形状上没有太大的区别,只是更轻一些,适用于精度较高部位的修整。在精整形时,往往使用车身钣金锤进行精整形,只有个别场合要用到专门的精修锤。例如,需要对修理加工中的变薄延展的金属进行收缩操作时,要用到精修锤中的收缩锤。收缩锤的锤面不是平整的,而是刻有交错沟槽的锯齿面,如图2-3所示。利用收缩锤和平面顶铁配合操作,在需要收缩的金属表面进行对位敲击,可以利用锤面的沟槽使金属堆积,从而达到收缩的目的。

2.2.2 顶铁和匙形铁

(1)顶铁。是配合手锤进行钣金整形的常用工具,其作用相当于一个小的铁砧,用手握持顶在需要用锤敲击的金属背面。用锤和顶铁一起作业使高起的部位下降,使凹陷的部位提升。

顶铁有许多不同的形状,各个面的曲率也不同,分别用于修整特定的凹陷形式和车身板件的外形。图2-4所示为常用的顶铁。

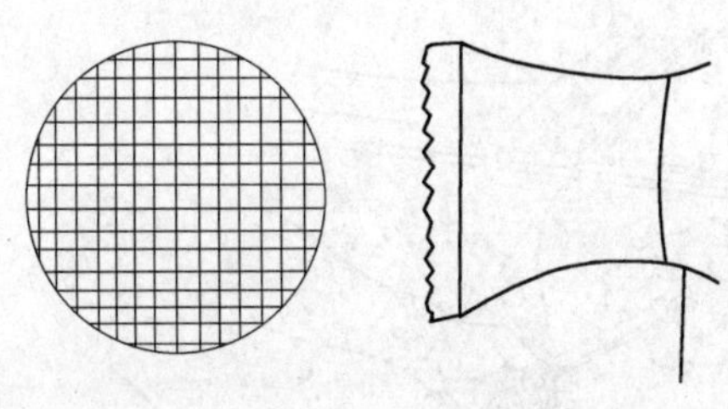

图2-3 收缩锤的锯齿面

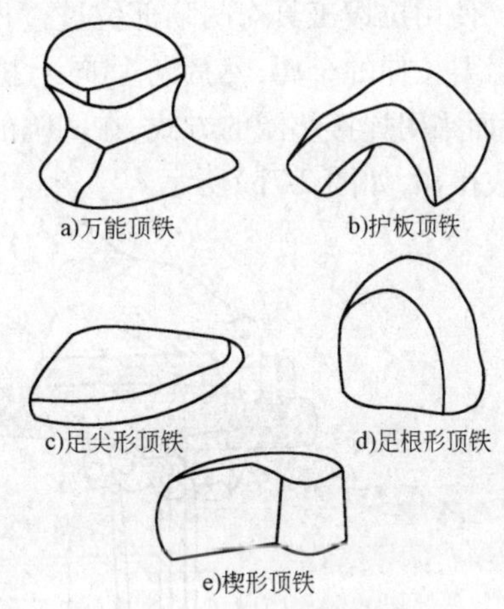

图2-4 常用的各种顶铁

(2)匙形铁(图2-5)。是另一种手工钣金修理工具,它有时可以用来当锤使用,利用其宽大的平面将变形较大的薄板类构件拍平;有时可以当作顶铁使用,垫在需要整形的金属板背面,正面用轻整形锤敲击恢复板件形状;更多的时候是用匙形铁深入到用手不能触及的地方撬起凹陷的金属,所以,匙形铁也称为“撬板”或“拍板”。

在选用匙形铁时,与选用顶铁一样,都要考虑到需要修整的表面的形状。平直表面的匙形铁可以将敲击力均匀分布到其宽大的表面上,在褶皱和隆起部位非常有用,通常将匙形铁垫在需要修整的表面上,然后用锤敲击匙形铁来修复褶皱较大且板件厚度较小的部位,如图2-6所示。

2.2.3 拉钩和拉拔器

如果车身板件的凹陷或褶皱发生在封闭的车身或是从两侧用手均不易达到的部位,使用手锤配合顶铁或匙形铁的操作方法将不能实现,这时可以使用凹陷拉钩或拉拔器等工具对凹陷部位进行拉拽操作。

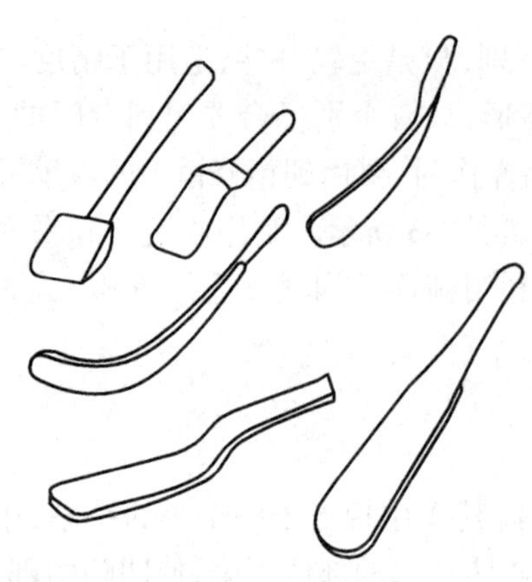

图 2-5 不同的车身匙形铁

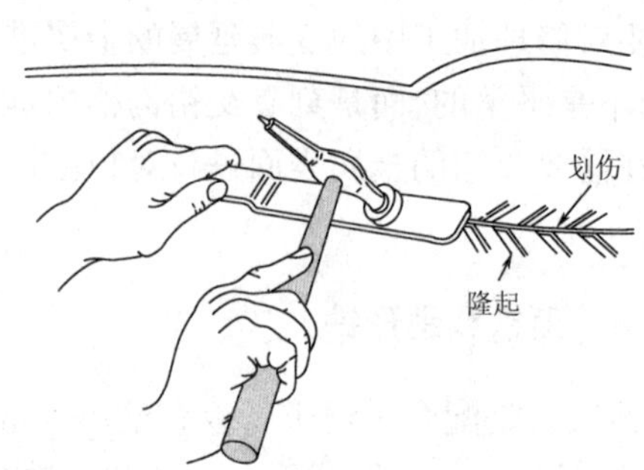

图 2-6 用锤和匙形铁修整划伤部位

使用拉拔工具对凹陷部位进行拉拽时，有时必须在凹陷部位预先打孔，用拉钩通过小孔勾住需要拉伸的金属，然后将其向上拉伸，如图 2-7a）所示。多数情况下应避免在车身板上打孔，而采用焊接垫圈的方式，在凹陷的车身板上焊接一个可供拉拔的把柄，然后用拉拔器进行拉拔操作，如图 2-7b）所示。

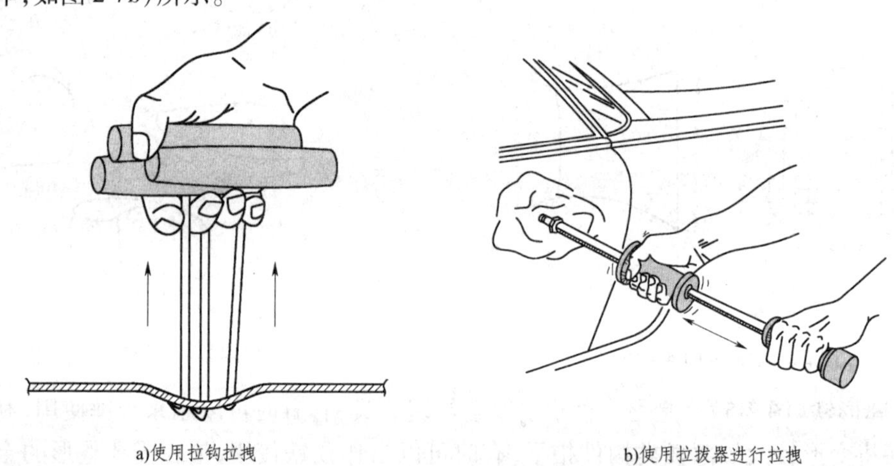

图 2-7 用拉钩或拉拔器对车身凹陷部位进行整形

在使用拉钩或拉拔器对凹陷部位进行整形后，对板件的后续处理工作必不可少。打的小孔必须用气焊或锡焊封起来，并作防锈处理；焊接垫圈的部位也要进行打磨，以去除焊疤和氧化层，并做好里外两面的防腐。

还有一种拉拔工具，其头部制成可抽成真空的杯状，后部有较长的柄，因其头部形状像一只杯子，所以称为“吸杯”。吸杯可以吸附在凹陷的金属板上，当拉拔时，依靠杯部的真空吸力将凹陷部位拉拽出来。用这种方法可以有效地保护凹陷部位的金属和涂层，操作简便，但由于真空吸力有限，所以只能用在较浅且面积较大的、没有褶皱的凹陷，俗称“活瘪子”的区域。

2.2.4 冲头和錾子

冲头和錾子也是车身钣金修理必备的工具。

冲头有中心冲和铆钉冲。中心冲用于拆卸车身板件或构件时对它们进行定位打标记或在进行钻孔之前定中心。铆钉冲的冲头为较尖的圆锥体,头部多为平头或圆头,专门用于顶出铆钉、销钉和螺栓等。

钣金工使用的錾子与普通钳工使用的錾子基本相同,但尺寸和形状要多些。常用的有平錾、长平錾、角錾、圆嘴角錾和扁平錾等。

平錾与钳工使用的平錾相同,主要用于錾削。长平錾较平錾略长,作用与平錾相同,可用于空间狭小的区域。角錾用于錾削面积较小的拐角、槽、孔等,有利于保证錾削部位周围的金属。扁平錾刃口较宽大,且刃部较钝,主要用于对车身钢板进行制筋等工作,也称为“刻刃”。

2.2.5 金属剪切工具

由于车身钣金修理最常遇到的是车身钢板等较薄的金属板,有时需要将损坏的金属板剪切下来,有时需要用薄钢板制作一些车身板件的补板等,因此金属的剪切工具必不可少。

车身金属剪切工具主要有薄钢板剪刀和车身锯等。剪刀主要用于剪切较薄的金属板,多为硬度较高的钢材制成,形状类似于普通的剪刀,但刃口较短,柄部较长,以利于产生较大的力矩。金属剪刀的头部有直口、弯口等多种形状,便于对金属板进行直线或曲线的裁切。

对于车身构件等厚度较大的金属件,使用薄钢板剪刀不能进行切割,因此要使用电动或气动的车身金属锯来进行裁切。电动或气动的车身金属锯有电动或气动的手柄,手柄上可以安装钢锯条。钢锯条的长度一般不大于100mm,一端固定在锯柄上,另一端为自由端,整体形状像一把打开的折刀。车身锯切割的断面整齐、平直,有利于保证切割尺寸,容易焊接。

2.3 车身表面加工工具

对车身板件进行整形的最后阶段,需要用到很多表面加工工具来进行外形轮廓的修整。在做最后的修整时,常用金属锉来锉削板件整平后遗留的突出点。在使用车身填充剂(原子灰)进行填充成型后,为提高工作效率也常用较粗的表面成型锉来进行初步的磨削。这两种锉有别于钳工使用的锉刀,都可称为车身锉。

2.3.1 车身金属锉

车身金属锉的锉片安装在平板状的把柄上,组合起来后的车身金属锉就像是木匠使用的刨子上镶嵌了一把锉刀。车身金属锉的把柄有刚性的和挠性的两种,挠性的锉柄可以稍微弯曲,以使锉刀能够贴合板件的轮廓,效果较好。刚性的车身金属锉适用于较大的平面或轻度的凸圆外形。

在使用车身金属锉对车身板件进行修整时要注意,不要使金属板件过薄,更不能锉穿。

2.3.2 表面成型锉

表面成型锉可锉平填充在板件表面的原子灰,使表面整形工作效率更高。表面成型锉的锉削能力要比普通的粗砂纸强一些,用于在原子灰半干时进行表面的轮廓成型作业。在原子灰半干时用表面成型锉进行修整可以缩短等待时间,在进行第二次填充时可以使原子灰表面更加接近原轮廓,减少精细打磨的工作量,也避免了由于原子灰不干而无法用砂纸进行打磨的问题。

表面成型锉有一个宽大平直的把柄,将可替换的锉片固定在把柄的平面上,组合后的表面成型锉与打磨原子灰的砂纸垫板相似。与车身金属锉一样,表面成型锉也有挠性和刚性两种把柄,分别适用于不同轮廓的表面。

2.3.3 刮板

刮板是在车身板件最后整形时进行封胶或刮涂原子灰用的,在进行板件表面防腐处理和填充成型时都要用到。

刮板的材质有钢、塑料和橡胶等,规格尺寸很多,形状各异,但都要求便于持握,刃口平直且具有一定的硬度和弹性。钢制刮板和塑料刮板硬度较高,弹性较好,适用于较大面积的原子灰刮涂。橡胶刮板通常尺寸较小,且柔软,常用于形状复杂表面的原子灰刮涂或幼滑原子灰(填眼灰)的刮涂,有时在对车身焊缝等部位进行封胶操作时也用橡胶刮板进行修整。

2.4 手工工具的安全

工具的安全使用对于每一个操作人员来讲都是很重要的,对于车身维修工来讲更要注意。

首先,要注意在特殊的场合必须使用专用工具。专用工具的针对性很强,往往用途专一,而且使用频率不高。正因为如此,有些工作场所平时不注意专用工具的采购、维护和正确使用。在特殊的场合,使用专用工具可以很好地完成工作,提高工作效率,保证操作安全,从长远角度来看是十分必要的。

第二,要注意工具的正确使用。正确使用工具是做好车身维修工作、保证修理质量的前提。错误使用工具,不但会引起工具的损坏,造成劳动成本的提高,更严重的是容易造成工伤事故。

第三,要注意工具的维护和修理。无论何种工具,都必须保持清洁、无锈、锐利,有条理地码放在工具箱内,每次使用完毕后都要进行擦拭和检查,如有破损应及时修理或更换,不能使用有安全隐患的工具进行操作。

2.4.1 通用工具的安全使用规范

通用工具种类繁多,用途较广,但在使用时要注意,不可将工具用于其设计用途以外的场合。在用通用工具进行操作时,要遵守以下规程:

1)各类夹钳的安全使用规范

(1)为避免损伤工具,不得使用手钳切断其设计能力以外的坚硬金属物体,更不能用加长钳柄的做法来获得更大的剪切力。不得使用不具备剪切功能的钳子进行剪切操作。

(2)用手钳进行剪切操作时,要做安全防护,防止受伤。

(3)手钳的塑料护套绝缘能力有限,在进行电器导线的剪切工作时要断电进行,或做好绝缘保护工作。

(4)用夹钳固定进行焊接等高热工作时,要注意不得使夹钳过度受热,以免造成夹钳强度的下降。

(5)不得将钳子当作手锤使用,或用手锤等敲击工具击打钳子,以免造成钳子的断裂、损毁。

(6)不得把钳子作为扳手使用,用于紧固件的操作。

2)各类扳手的安全使用规范

(1)扳手必须干净清洁,以免造成滑脱。

(2)不得将扳手当作撬棍使用,不得用锤对扳手进行敲击。

(3)在使用扳手时,要保证扳手与螺栓或螺母尺寸的配合,特别要注意扳手的公制或英制公称尺寸。不得使用过大的扳手对较小的紧固件进行紧固操作,以免造成紧固件的损坏。

(4)根据紧固件的扭紧力矩,合理选用扳手,尽量避免使用活动扳手等。

(5)不要使扳手超过其设计力矩,不得使用加长力臂的办法获得更大的力矩。

(6)避免使扳手过度受热,以免造成强度或刚度的下降。

3)敲击工具的安全使用规范

(1)在使用手锤等敲击工具之前,检查锤头与锤柄是否紧固,防止锤头脱落。

(2)选择适当规格的敲击工具。

(3)不得使用一个手锤敲打另一个手锤。

(4)当敲击工具或承受敲击的工具发生过度的磨损、凹陷、碎裂等损坏时,要及时修整或更换。

4)螺钉旋具的安全使用规范

(1)选择正确且尺寸合适的螺钉旋具,能使用十字头旋具时不得使用一字头旋具代替。不得用较小的螺钉旋具对具有较大槽口的螺钉进行操作。

(2)不得将螺钉旋具当作錾子、撬棒等使用。

(3)不得用钳子转动螺钉旋具。

(4)螺钉旋具的塑料把柄绝缘能力有限,在进行与电气设备有关的操作时,应断电操作或做好绝缘保护工作。

2.4.2 车身作业手工工具的安全使用

在车身维修中,锤和其他敲击工具的使用最为广泛,也是在车身维修工作中最易被滥用的工具。由于适于车身维修的各种锤子类型和尺寸繁多,并为不同的专门用途而具有不同的硬度和形状,因此只能按照其应用范围而选择使用,决不能超出其设计功能。

用于手工成型的各种顶铁和匙形铁等也是具有专门用途的,也决不能当作撬棒和锤使用。例如,不能用车身锤去击打轻型匙形铁,因为该种类的匙形铁在设计上是不能敲打的,只有为用车身锤进行弹性敲击而设计的特殊匙形铁,才可以用车身锤敲击。

车身锤是高度专业化的工具,用于敲击车身金属板件,不要用这些锤进行车身修理以外的作业。在使用车身锤时,要选用适合于作业的尺寸和质量的锤,不能用轻锤去敲击较重的工件或用重锤敲击轻薄的光洁金属板。

车身锤不可当作普通手锤使用,不能用来敲击冲头或錾子等较硬的工具,因为车身锤的锤面较软,做这样的工作会损伤锤面。

车身锤要随时处于良好的工作状态,如出现锤面过度磨损、凹坑和翻边等,要随时注意修整,如有碎裂应及时更换。

第三章 车身维修设备的性能和使用方法

3.1 气动工具

3.1.1 气动扳手

在汽车车身维修过程中，凡是涉及螺纹紧固件的拆卸，用气动扳手可以提高工作效率，减轻工人的劳动强度。常用的气动扳手有两种基本形式：机动扳手和棘轮扳手。

1）机动扳手

机动扳手是一种手提式可反转扳手。启动时，装有机动套筒的输出轴以2000～14000r/min的转速自由旋转，转速快慢与牌号和型号有关。当机动扳手遇到阻力时，靠近工作面一端的一个小弹簧锤触击驱动轴的支块，驱动轴上装有套筒，每次触击都推动套筒微转，直到力矩达到平衡，气动扳手离开紧固件或者扳机脱开为止。

使用机动扳手时，只能使用专用的机动套筒和接合器。如果使用其他类型的套筒和接合器，可能会造成破裂或飞出，危害操作者和其他人员的安全。所以，在使用这种气动工具时，应查明套筒和接合器是否清楚地标明"为机动扳手配用"或"机动"等字样。

气动扳手的输出轴既可以顺时针旋转，也可以逆时针旋转。旋转的方向通常以开关或双向扳机控制。但要注意的是，当扳机处于启动位置时，不要改变旋转的方向。

安装螺母或紧固件时，将开关置于顺时针旋转位置。用手将螺母旋在螺栓上或将螺栓旋入螺纹内，这样可以避免螺扣错位，损坏紧固件。在松开螺母或紧固件时，螺母或紧固件则落入套筒中。

使用机动扳手时，要注意以下几点：

（1）一定要检查机动扳手是否能有效制动。使用机动扳手要防止人身伤害。假如机动扳手有销钉制动器，不要用弯曲的钉或金属丝代替。

（2）如果气动扳手在3～5s内没有松开螺栓，不能再继续操作，要换用一个较大的扳手。

（3）如果所要拆卸的螺母或紧固件已经锈蚀，在使用扳手之前，用螺栓松动剂浸泡已经锈蚀的螺母或紧固件。

（4）定期检查离合器中的润滑脂。典型的1/2 in气动扳手在离合器机构中应有14g的润滑脂。如果润滑脂不足，应按照说明书中规定的数量和牌号加注。

2）棘轮扳手

气动棘轮扳手像手动棘轮扳手一样，具有可在难以达到的位置作业的特别功能。它的成直角的施力方式使其可深入到空间狭小的部位松开或拧紧紧固件，在这些位置用其他手动或气动扳手是无法作业的。

在拉动气动棘轮扳手松开紧固件之后，可以用动力很容易地把螺母和螺栓退出。当拧紧时，在动力驱动下，将螺母或螺栓旋入，然后用手拉动，使之紧固。

气动棘轮扳手的旋转力矩不论多大，都没有反作用力，很容易握持，因而容易使人误以为在使用时不用紧握。其实，通过套筒吸入的气流非常强，所以还是应当紧握把手。

值得注意的是，任何气动扳手都没有始终可靠的力矩调节器。如需要精确地选定力矩，则需要使用标准力矩扳手。气动扳手上的空气调节器可以用来调整力矩。

提示：紧固件的实际紧固力矩，直接与接触点硬度、扳手的速度、套筒的状况及允许工具被冲击的时间有关。

3.1.2 气动钻

气动钻通常选用的孔径范围为1/4 in、3/8 in、1/2 in，其操作方法与电动钻几乎一样。但它体积小、质量轻，在汽车修理作业的钻孔作业中更易于使用。

用气动钻钻入任何材料，应注意以下几点：

(1)准确地对所钻的孔定位。用冲头或锥尖清楚地标明钻孔的位置，施加压力时保持钻头不滑离标记点。

(2)要弄清另外一边是什么。不要钻坏电器配线或钻通装饰面板。

(3)除非工件是固定的或者是很大的，否则，要把它固定在台钳或压板上。如用手握着小零件，当它突然被钻头卡住并急速旋转时，就会造成危险。这种情况在钻头刚要钻通工件底面的孔之前非常可能发生。

(4)小心地将钻头置入卡爪的中心，上紧卡盘。避免将钻头插偏心，否则，旋转时钻头将摆动并可能断裂。定中心后，将钻头尖端放置在准确的钻孔位置上，而后用扳机开关启动(切勿把正在旋转的钻头压向工件)。

(5)除去希望钻一个具有角度的孔以外，应保证气动钻与工作面保持垂直。

(6)钻头和轴的方向与孔的中心应对在同一轴线上，并且只能沿此线用力，而不要有偏向或弯曲力。改变此压力方向将改变孔的尺寸，且可能卡断直径较小的钻头。

(7)对钻头施加的压力应以达到平稳钻孔为标准，不要过大。施加压力太大，会使钻头过热或断裂；压力太小，会使钻头离开钻孔。

(8)钻深孔时要用扭力钻，并要多次抽出钻头来清理钻屑。把钻头拉出钻孔时要使其保持旋转，这样有助于防止卡住。

专用于去除焊点的气动钻和附件，用作切开点焊件，见图3-1。切开点焊件时，钻机可以用夹钳紧

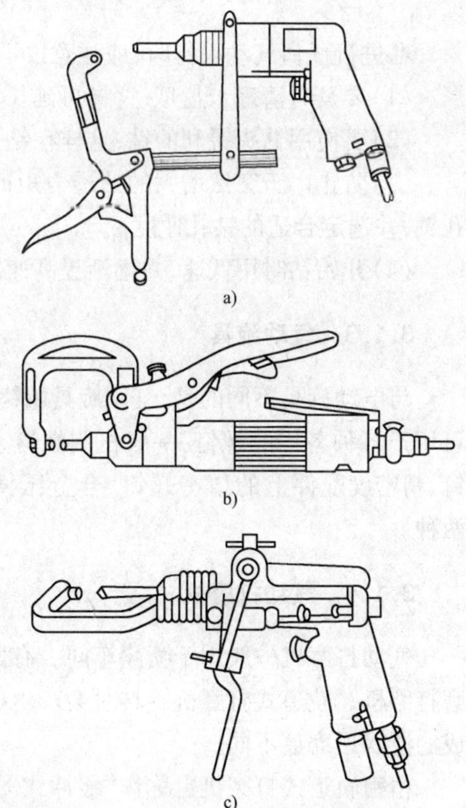

图3-1 几种除去焊点的气动钻

固在焊接地方,这样易于操作。钻孔时,工具不要从焊接点中心离开。

有两种焊点切割器,可以安装在气动钻内切割掉点焊点。

钻头型切割器见图3-2a)。这种类型不损坏底板,也不会在底面板上留下尖孔,故整修方便。

孔锯型切割器见图3-2b)。此类型切割深度可调整,所以不会损坏底板,但需要磨掉残余的焊接部分。

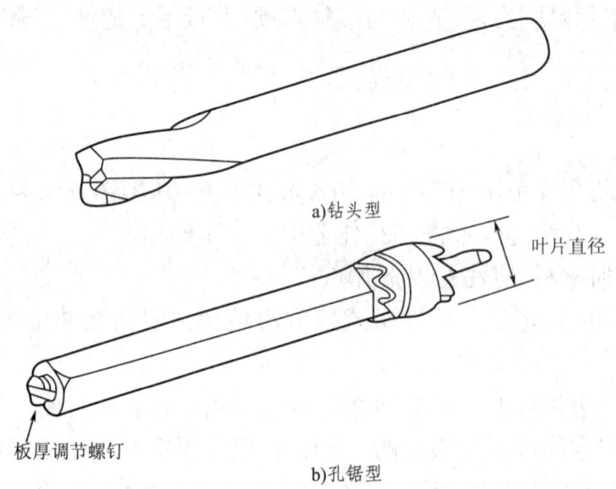

图3-2 焊点切割器

在进行任何气动操作时,应注意以下要点:

(1)要及时清理卡盘爪,这样可延长其保持同心度的时间。

(2)要使用钻头锐利的钻,这样在钻孔时需用力很小,其内应力也小。

(3)防止由于突然增大的钻透力矩而造成钻头断裂。应使用合适的、锐利的麻花钻和扩孔钻,并选定合适的钻孔速度。

(4)开始钻时用低速,并逐渐提高速度,防止在钻透时压力松弛而造成逆转。

3.1.3 气动旋具

与电动旋具不同的是,气动旋具始终在冷态下运转,即使经常使用也不会烧坏。气动旋具可用于各种各样的螺钉:一般机制螺钉、塑料件自攻螺钉、板金属螺钉、复合金属板自钻孔螺钉、精密度配件上的精密螺钉、合金压铸孔中的螺钉等。气动螺钉旋具有直柄式和枪把式两种。

3.1.4 气动打磨机

气动打磨机一般用于喷漆车间。有两种基本类型的气动打磨机:盘式打磨机和轨道式精磨打磨机。轨道式打磨机旋转时会产生振荡,这样就形成一种特殊磨光磨痕,与盘式打磨机形成的漩涡形磨痕不同。

精密轨道式打磨机也称作“缓冲式”或“跳动式”打磨机,是为精细打磨设计的,它较其他任何类型动力打磨机可使用的砂纸品种更为广泛,但通常用较精细的砂纸作业最好。精密打磨机也有专为难以达到的部位和狭窄的拐角而设计的。

在车身修理厂可以看到的另一种打磨机是板式打磨机。它以圆形运动形式或是以直线运动形式进行作业，每分钟可以打磨 $0.25m^2$ 的面积。

3.1.5 气动砂轮机

在车身修理厂和喷漆厂，最常用的手提式砂轮机是圆盘式砂轮机。它和圆盘式打磨机的操作方法是一样的。

使用气动打磨机时要注意：避免过于靠近装饰物、保险杠或任何其他凸出部位进行打磨，否则，会阻碍或碰到圆盘的边缘。在砂轮机接触工作面时，不能让砂轮机停转。启动砂轮机作业的最好时机是刚好在它接触工作表面之前。

当然，在车身修理厂还有几种其他类型的砂轮机，常用的有以下几种：

(1)水平砂轮机：用于重负荷研磨。

(2)垂直砂轮机：是大型号的圆盘式砂轮机。换上打磨垫，这种砂轮机可转换为圆盘打磨机。大多数垂直砂轮机可以兼有直轮和杯形轮。

(3)角砂轮机：主要用于磨光、倒角和倒圆焊点。

(4)小轮砂轮机：除可直接研磨外，还可以与锥形轮、钢丝刷或弹簧卡盘和小圆锯一起使用。

(5)成型砂轮机：带有镶嵌刀尖和硬质合金小圆锯，用于清理点焊时产生的毛刺、倒圆和磨光。有直头和斜角头的两种设计。

(6)切断砂轮机：可轻易地切断消声器卡子和挂钩，它也可以将金属板及散热器软管夹切开。

3.1.6 气动錾

在所有的气动工具中，气动錾是最有用的工具之一，特别是用来去除焊点。

除去专用錾子以外，还有标准型气动錾(图3-3)，可以切断铆钉、螺母和螺栓，以及去除焊接溅出物和破碎焊点。

使用气动錾或锤时应注意以下几点：

(1)使用气动锤时一定要用錾子保持架。

(2)缓慢启动来定位工具，而后增加动力。避免用钣金切割工具旋进金属零件、框架等。

(3)定期检查錾子末梢的硬度情况，需要时，重磨刃口。

(4)不要让錾子脱开气动锤。

(5)保持刀具锐利。

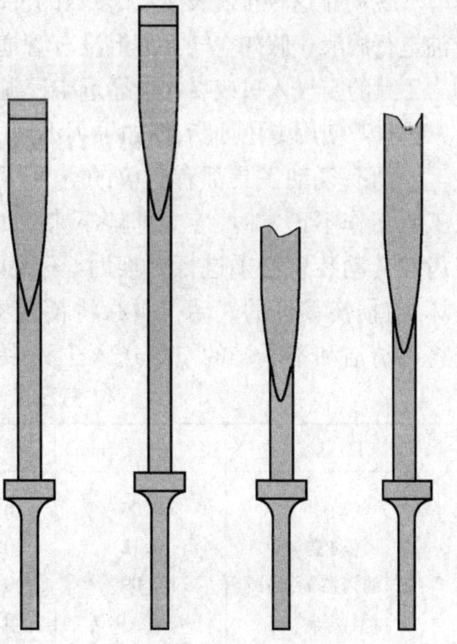

a)铆钉切断器 b)平錾 c)钣金切割器 d)焊点去除器

图3-3 标准型气动錾附件

3.1.7 其他气动工具

还有几种气动工具可以在一些汽车车身修理厂见

到，它们包括：

(1)金属剪切器：用于切断、修理和剪外形。可以剪切塑料、镀锌薄钢板、铝和其他金属，包括18种规格的轧制钢板。

(2)板锯：锯切低碳钢板(达到16种规格)、塑料板(板厚可达到10mm)和铝板(板厚可达到6mm)。

(3)动力铆钉机：可为3/16 in的钢板安装铆钉或是封闭头铆钉。它提供了一种有效的、高强度的紧固方法。

(4)气动钢锯：具有许多金属的切锯功能，可在任何车间使用。

(5)往复式锯/锉：是双重作用工具，用以修整金属板和塑料。

(6)空气喷射枪：可能是车间中最小的气动工具，也是最有用的一种工具。它可以吹去任何难以擦到的灰尘和污物。

此外，在车身修理行业还有一些专用的气动工具。这些工具的名称通常意味着它的用途，包括：散热器试验器、汽缸拉拔器、火花塞清洁器、空气滤清器、清洁器、车身打光器、制动试验器、发动机清洁器等。但这些工具在一般的车身修理厂很少见到。

3.1.8 气动工具的维护

由于气动工具的结构特点，气动工具很少需要维护。但是，如果这些少量的维护没有做好，也容易引起大的问题。例如，湿气集聚在空气管道，则在使用时将进入工具；假如水分存留在工具中，将产生锈蚀，使工具的效率降低并将非常快地磨损。

为防止这种情况发生，大多数的气动工具马达需每天(或与使用次数相同)用优质的气动马达油进行润滑。假如空气管道上没有管道加油器或润滑器，可注入一匙油到工具中。润滑油可以注入工具的空气入口或喷入最靠近空气源接头处的软管中，而后开动工具。大多数气动工具制造厂家都推荐使用专用油脂，但如果买不到这些润滑油，也可用标准的汽车传动装置润滑油。

所有气动工具都有建议的空气压力(表3-1)。如果工具超载工作，工具将磨损加剧。当工具工作不正常时，应立即停下来，如不立即停止，将发生连锁反应，导致其他部件损坏。如：齿轮传动装置必须进行更换时，不论以什么方式再使用，其结果是转子和末端平板将很快损坏；有损伤零件的气动工具必将耗用更大的空气压力，空气压缩机将随之形成超负载工作，并将不清洁和不干燥的空气送入工具中。气动工具故障检修程序见表3-2。

气压工具的空气消耗量及建议压力表 表3-1

工　具	用气量(m^3/min)	压力(MPa)	工　具	用气量(m^3/min)	压力(MPa)
气动刷	0.03	0.1~0.4	气动车库门	2	0.6~1
气动錾	0.12	0.5~0.6	抛光机	2	0.5~0.6
空气滤清器清洗器	0.09	0.5~0.6	棘轮扳手	4	0.5~0.6
气动锤	0.18~0.3	0.5~0.6	铆钉器	4.4~5.5	0.5~0.6
喷射枪	1~2.5	0.3~0.6	砂轮切断机	4~8	0.5~0.6
制动试验器	3.5	0.5~0.6	3/8in 钻	4~6	0.5~0.6
小圆锯	5	0.5~0.6	发动机清洁机	4~6	0.5~0.6
汽车清洁器	8.5	0.3~0.6	油脂喷枪	3~4	0.6~1

续上表

工　具	用气量(m^3/min)	压力(MPa)	工　具	用气量(m^3/min)	压力(MPa)
针状除垢器	3~4	0.5~0.6	成型砂轮机	4~6	0.5~0.6
气动下料器	8	0.5~0.6	垂直砂轮机	6~12	0.5~0.6
上螺母器	6~7.5	0.5~0.6	钢锯	6~8	0.5~0.6
油漆喷枪	0.7~5	0.1~0.5	1t 起重器	1	0.5~0.6
板锯	4~8	0.5~0.6	液压提升器	5~7	0.6~1
1/4in 冲击扳手	1.4	0.5~0.6	磨光打磨机	6~8	0.4~0.6
3/8in 冲击扳手	3	0.5~0.6	直线打磨机	6~8	0.5~0.6
1/2in 冲击扳手	4	0.5~0.6	螺钉旋具	2~6	0.5~0.6
喷砂枪	2.2~4	0.2~0.6	剪切机	5~8	0.5~0.6
喷砂枪/箱	2~6	0.3~0.6	火花塞清洗器	5	0.5~0.6
盘式打磨机	4~6	0.4~0.6	轮胎更换器	1	0.6~1
复合作用打磨机	6~8	0.4~0.6	轮胎卡盘	1.5	0.1~0.4

注:要经常与工具制造厂家查对工具的实际空气耗量。此表是以平均值为基础的,不应看成对任何特定工具都是精确的。

气动工具故障原因及防治措施　　表 3-2

问　题	可能原因	防治措施
气　动　钻		
工具不转或慢转,空气从排气口轻微流出,心轴转动自由	马达或风门被灰尘堵塞	(1)检查空气进口的灰尘积存情况; (2)向空气进口注入足量的气动工具油; (3)短脉冲地操作扳机; (4)断开空气源,而后空转并用手闭合钻卡盘,再连接空气源; (5)如果仍不起作用,则应由指定的检修中心对工具进行检查
工具不转,空气从排气孔自由流出,心轴转动自由	马达叶片被灰尘或漆粘住	(1)向空气进口注入足量的气动工具油; (2)短脉冲地操作扳机; (3)断开空气源,而后空转,并闭合钻夹头,再连接空气源; (4)如仍不起作用,则应由指定的检修中心对工具进行检查
工具锁住,心轴不转	马达叶片破裂,齿轮破裂或被外来物卡住	由指定的检修中心进行检查
工具不能关掉	节流阀 O 形密封环吹离原位	查看零件表,找出零件号码并更换 O 形密封环或送到指定检修中心检修
气　动　锤		
工具不转	往复阀或节流阀因灰尘或污泥堵塞,活塞被灰尘或锈蚀粘在汽缸里	(1)在空气进口注入足量的气动工具油(检查灰尘); (2)短脉冲地操作扳机(装上錾子并抵住硬面); (3)如不转动,首先断开气源,而后用塑料锤轻轻敲打锥尖或柱体,再连接气源重复上述步骤; (4)如果仍不转动,断开气源,将 6 in 长、3/8 in 直径的杆插入喷嘴中并轻轻敲打,使活塞向后面方向松动,连接气源并重复第(1)和第(2)步骤
錾子粘在喷嘴里	末梢头敲击过头	应送到指定的检修中心
气动棘轮扳手		

续上表

问　　题	可能原因	防治措施
马达转,心轴不转或转动不正常	棘轮或棘爪的齿损坏,棘爪压力弹簧弹力减弱或损坏,牵引弹簧弹力减弱以致当棘爪前行到另一点时不能握持心轴	应由指定的检修中心来安装要更换的零件
马达不转,棘轮头用手转换位置发脆	马达零件中有灰尘或污泥	(1)在空气入口注入足量的气动工具油; (2)短脉冲地操作风门; (3)将套筒套在螺栓上反复地用手拧紧和松开螺栓; (4)加入马达仍然被卡,应由指定的检修中心检查工具
	气动扳手	
工具转动缓慢或停转,只有空气轻微地从排气口吹出	气流被聚集的灰尘堵塞,马达被尘埃颗粒卡住,动力调节器可能已完全振动到闭合的位置	(1)检查空气入口滤网是否堵塞; (2)在空气入口注入足量的气动工具油; (3)短脉冲地操作工具,快速地转换旋转方向; (4)按需要重复; (5)如果这些措施无动,应由指定的检修中心进行检修
工具不转,排气气流正常	一个或许多马达片被污泥或漆粘住,马达由于生锈卡住	(1)在空气入口注入足量的气动工具油; (2)短脉冲地操作正反方向转动; (3)用塑料锤轻敲马达罩壳; (4)断开气源,而后设法用手转动驱动柄末梢来活动马达(对此操作有此连接器将不会充分啮合); (5)如果工具仍被卡住,应由指定的检修中心检修
套筒不能固定上	套筒保持环损坏或软支持环损坏	(1)戴上安全眼镜; (2)断开电源; (3)用外保持环扁嘴钳涨开旧的保持环并取出O形环; (4)用合适的开口扳手握持方形拖动器,用小螺钉旋具撬起旧的保持环并从槽中取出; (5)一定要把环撬出来拿开,它可能在高速时旋转出来; (6)以合格完好的零件更换O形环和保持环; (7)将保持环放在工作台口,在摇摆运动中将工具柄末梢压入环中,用手将其急速置入槽中
末梢过早磨损	用铬钢套筒或过度磨损的套筒	断续使用铬钢套筒,铬钢套筒具有硬的表面和相对软的内部。驱动孔将变成圆形的,但仍然很硬。除去开裂的危险外,它将使扳手末梢过早地磨坏
工具逐渐失去动力但仍满速运转	离合器零件磨损,可能由于缺少润滑油;离合器的啮合凸轮由于缺乏润滑油而磨损或卡住	油润滑 (1)检查离合器有无油(离合器专用油)。移去装油塞,倾斜排出离合器箱中所有的油,再充满30单位质量的ASE标准油或制造厂推荐的油。但只能注入规定的油量; (2)检查离合器油是否过多。离合器箱内只需要装50%容量的油,超过应装入的容量会在高速离合器部件上产生阻力。一个典型的1/2 in扳手,只需要14 g离合器油。 润滑脂润滑 振动和发热通常表明离合器箱中没有足够的润滑脂。润滑脂平均润滑间隔时间在零件表中规定。恶劣的工作条件可能需要经常地进行更换。 (1)以手转动驱动末梢来检查润滑脂是否过量,它应当旋转自由,超量润滑脂通常会自动排出; (2)假如进行润滑需要分解工具时,则应当小心地进行,以保持相配合零部件的原位

续上表

问　题	可能原因	防治措施
工具不能关掉	节流阀O形环破裂成离开位置；节流阀枢轴弯曲或被灰尘颗粒卡住	(1)拆开组装件并装上新的O形环； (2)用气动工具油润滑并敏捷地操作扳机，假如不能恢复正常应由指定的检修中心检查

3.2 电动工具

前文述及的车身修理厂的工具，如打磨机、抛光机、冲击扳手和钻等均可以电动机为动力。但对于大多数汽车修理厂，最重要的电动工具是台式钻床、台式磨床、真空除尘器、热风器和塑料焊接机。还有两种最普通的自动金属焊接机系统——金属焊条惰性气体保护焊机和点焊机，也属于电动工具。

除这些专用的电动工具外，电动钻、抛光机、打磨机等，可完成与气动工具相同的作业。

3.2.1 台式钻床

一些大的汽车修理厂使用固定式台钻，它可安装在地板上或是工作台上。平台钻的速度可随不同的材料和厚度来变化。

3.2.2 台式砂轮机

这种电动工具通常以螺栓固定在工作台上。台式砂轮机以砂轮尺寸来分类，直径为150～250mm的砂轮在汽车修理厂是最常用的。用于从磨锐刀具到打毛刺等范围较广的磨削作业。

使用台式砂轮机时要注意以下几点(也适用于手提式砂轮机)：

(1)所有砂轮的额定速度要等于或大于砂轮机的额定速度。

(2)一定要使用防护罩。

(3)在使用之前，检查砂轮的磨损或破裂情况。一定要使用符合作业要求的砂轮，并正确地安装上。

(4)要戴上安全防尘眼镜或面罩，并保证砂轮机操作者的眼睛防护罩位置适当。

(5)按需要调整支座，不论何时它与磨轮之间间隙要超过1/3 in。

3.2.3 热风枪

热风枪在汽车车身修理厂有许多用途。它用于几乎所有乙烯树脂车顶修理，也用于其他塑料件的修理；它可以用于有些面板的热压装配作业，也用于快速干燥。

3.2.4 电动工具的安全

为保护操作者不受电击，大多数电动工具都带有外部接地装置，即有一根导线从电动机壳体通过动力电缆连接到电源插头上的第三插脚。当这个第三插脚连到接地的三孔插座时，接地线将通过工具电气绝缘漏泄的任何电流引入到地下,而不会进入操作者的身体。多数的现代电气系统,三脚插头都可插入三脚接地插座。不管使用哪种插头,工具电缆的绿(或绿黄相间)导线是接地线,因此接地线应当连接到插头上较长的圆头插脚上,切勿连接到较短的平插脚上。

有些新的电动工具自身绝缘而不需接地。这些工具仅有两个插脚,因为它们有不导电的塑料罩壳。在操作中切勿将三脚插头连接到两脚转接器插头上。

电动工具有时需要加接导线。加接导线应当愈短愈好,太长或规格太小的导线将降低作业电压,降低作业效率,也可能导致电动机损坏。实际上使用加接导线只能视为最后手段。如必须使用时,对不同长度所使用的导线规格建议见表3-3。

不同长度的导线规格 表3-3

长度(m)	截面积尺寸(mm^2)	
	115V	230V
<8	12	14
8~15	10	12
15~30	8	10

规格愈小,负载愈大。以上建议的是最小导线规格。

使用三脚插头的工具,只能用三线接地导线与正确接地的三线插座相连接。

提示:使用加接导线时,有些重要事项应注意:

(1)要在加接导线插入引出线盒之前,先将工具电缆与加接导线连接。在断开工具电缆与加接导线之前,先把加接导线从电源插座中拔出。

(2)加接导线应有足够的长度,使连线不会因绷紧而产生不必要的应力和磨损。

(3)防止加接导线与锐利物接触,不允许扭结,也不应浸入或沾附油或化学物品。

(4)使用之前,要检查其有无松弛和绝缘损坏情况。如有损坏则必须更换。此建议也适用于工具的动力电源。

(5)使用中的接地导线应经常检查其是否有不正常的发热。任何导线如用光手放在绝缘外感受到使人不舒服的温热时,应立即进行超负载检查。

(6)查看加接导线是否处于正确位置,以防止脱出和绊人。

(7)防止在操作中工具电缆与加接导线突然分离。可打一个结或用一电缆连接器。

(8)许多保险公司现在要求在电气设备上有自动断开开关。作为一种可选择的方法,近年来有几种无电缆工具(电池钻和打磨机),在车身修理厂已获得应用。这些工具不需要压缩空气软管或电缆,但它需要充电。

3.3 液压设备

液压设备靠压力油产生作业需要的压力。这种压力以手工获得(用把柄或杠杆对液体施压)或以小马达(空气马达)或电动机来提供需要的压力。加压流体注入设备的液压缸,转动按钮或手柄时,液压缸使工具进行作业。

液压设备通常分为手动液压设备、气动液压设备和电动液压设备。

3.4 动力起重机和校正装置

车身修理厂的液压设备包括各种起重装置和大的车架/面板件拉伸与校正装置。

3.4.1 液压起重设备

起重机只用于提升而不能用于支撑,因此只能用起重支架支撑汽车。

每个车身修理厂都配备若干个起重机,它们有气动的、液压的,或是两者结合的,这要依照技师的选择而定(手动起重机实际上已过时,只有在有限的空间才使用)。最普遍使用的起重机有以下几种:

(1)液压千斤顶:这种起重机是通用的,有多种功能,其起重能力为1.5~10t。需要多台起重机时,用它很方便。

(2)检修起重机:这种四轮起重机有较长的手柄,提升能力范围为1.5~5t。这种起重机易于推动,方便进入汽车底下。目前已开发出许多小型移动式起重机,可适用于大型、中型、小型或微型汽车,也可用于路上的停车检查。检修起重机是汽车、农业机械和轻型货车的修理设备。

(3)汽车前端提升机:该机的提升器有气动、液压或手动的,只能附着在汽车保险杠上来提升汽车的一部分,不能提升汽车的两侧。提升力的范围为1.5~7t。

(4)变速器起重机:在修理车身之前经常需要从整车上拆下变速器、发动机或传动装置,这种起重机就是专门为此目的而开发的。起重荷载范围为0.25~1t,其动力可以是机械、气动、液压或手动的。

提示:一定要在起重机额定吨位内使用。如果起重机额定升力为2t,不得用它起吊20t的重物,这对操作人员和汽车都是危险的。

3.4.2 车身校正设备

在市场上有许多种形式的车架/面板校正机,但都可归入两种基本类型:移动式和固定式。移动式校正机购置费少,但它不能像固定式装置那样在同一时间内进行多种拉伸和推压动作。

车身起重机附件可与车架/面板校正机一起使用,也可以单独使用。它能完成许多不同的校正作业,包括推压、拉伸或夹持面板,以校正或定位。这类附件的品种很多,通常是成套销售的。

基本的液压起重装置,包括泵(手动、电动或气动的)、液压软管和液压缸三部分。液压缸有不同的长度,平均长度为300mm。

每一个车身修理厂都必须具备能完成多种基本修复功能的车身修复设备。这些设备用于完成高精度的车身修复工作,从而可以保证所修复的车辆能够恢复到车身设计时所拥有的安全性。

进到车身修复车间进行修复的车辆,75%~80%属于轻微碰撞,也就是我们所说的刮蹭或轻微撞击,这样的碰撞对车身并无大的损伤,相应的只是车身附件(如前后保险杠、车门)受到损伤。我们只需对轻微撞击的车辆进行快速检测、快速修复,这时我们所需要的设备就是装夹方便、快速灵活的多功能修复平台。使用这样的多功能修复平台,不仅满足了对于轻微损伤的校正功能,还能高效率、低强度地完成修复后喷漆前的准备工作(图3-4)。对于强烈撞击、损伤程度比较严重的车辆(即损伤的程度已致车身结构变形),在进行车身修复工作时,就要利用高精度、多功能的车身测量系统,高精度、全功能的校正设备,车身夹具及多功能辅助支撑系统,多功能、全方位的拉拔装置(图3-5)。使用这些设备,再加上正确的车身修复工艺,才能确保完成高精度的车身修复工作。

图3-4 Speed 多功能车身修复平台

图3-5 Mark6 和 BenchRack 车身校正平台

我们要根据车身修复车间的事故车流量与实际情况,合理有效地选用设备,使修复车间内的设备最大限度地满足事故车修复工作。

车身修复车间使用的车身校正设备结构有以下几种:地轨式、平台式、框架式、平台与框架结合式。

(1)地轨式车身校正设备。优点是造价低,缺点是工人劳动强度高。

(2)平台式车身校正设备。优点是上车方便,但固定装夹费时费力,需要频繁地调整车身,以适应平台的装夹位置,从而保证车辆车身与平台对中。另外,大多数人认为,在使用平台式校正设备工作时,时间长了会感觉劳动强度较高,因为在工作时人与车中间还有平台的空间阻隔,使人与车不能直接接触,从而长时间的工作会有些棘手的感觉。还有,平台式车身校正平台多为网状平台结构,这样即使是带有举升功能的平台,工作人员也不易从平台下观察车身,这样狭小的空间也不易于进行全车身的测量工作。

(3)框架式车身校正平台。现为市场上最流行的车身修复设备,其独特的框架式结构再配有举升功能,极大地丰富了车身修复操作人员的活动空间,车身底盘与平台之间较大的空间,也方便了车身全车底盘的测量工作。

(4)平台与框架结合式车身校正平台。整合了平台式与框架式平台的优点,成为高档车身修复车间首选设备。BenchRack 型车身修复平台将上车踏板与车身校正平台有效地结合在一起，且带有独家专利的平台倾斜功能，在很大程度上方便了上车安装固定工作。可拆卸的上车踏板又能将平台瞬间恢复成为框架式，合理的人性化设计在最大限度上降低了工人的劳动强度，从而提高生产效率，保证修复精度与质量。

(5)多功能、全方位的拉拔装置(图 3-6)。在轿车车身修复工作领域所使用的拉拔设备一般都注明有 10t 拉力，在此要提醒设备用户，要具体分析拉拔设备施加到车身的具体拉力，以便选择更好的拉拔设备。

图 3-6 拉拔设备的多角度拉伸

3.5 液压起升机

车身修理厂使用的另一种液压设备是液压起升机。现在，所有车身修理厂由于整体式车身的原因，都需要将车辆从地面升起，以便于损伤的评估和修理。将汽车放在起升机上，更容易写出汽车损毁报告。

使用液压起升机，极大地方便了车身技师的工作，使他们能够在舒适的条件下进行修理。但起升机是一种专用设备，使用者要准确地了解修理的对象和内涵，特别要知道汽车质量是否在起升机的安全提升范围内。要十分重视起升机产品的品质，同时要注意每种起升机所装有的安全装置的数量，一定要确保这些安全装置的可靠。许多起升机制造厂的报告提出，起升机发生的事故几乎 100% 都是操作者的操作错误或是拙劣维修造成的。

在操作任何起升机之前，要认真地阅读使用手册，并理解操作规程和维修说明。

地面起升机的维修项目较少，但十分重要。应当根据不同的起升机，对滑轮、枢轴连杆和轮子加注油脂。轴承、销钉和其他运动部件应当加油润滑；钢索和铁链应当检查有无磨损或破裂。

对侧柱起升机，后轮和中心柱应注入油脂，前轮轴应用油润滑。

起升机的一般维修，包括定期检查缓冲器和减振垫，如果需要更换时进行更换。要指定专人每天检查起重器和起升机。

任何起重器和起升机一旦出现损坏，即发现已经严重磨损或是操作不正常时，应立即停止使用。

在起升机平板上,有一些专用的接触点均匀地支撑着汽车。汽车上正确的提升点可在汽车检修手册中看到。

将汽车起升到空中时,下列几点必须牢记:

(1)切勿使起升机超载。制造厂的限定载荷在起升机铭牌上有说明。

(2)当指挥汽车进入起升机就位时,修理人员应当站在汽车的一边。不要让用户或旁观者操作起升机或在操作过程中处于起升机的作业区。

(3)汽车的定位和起升机的操作应当只能由指定的受过训练的人员进行。

(4)要保持起升机作业区没有障碍物、油脂、润滑油、废料垃圾和其他杂物。

(5)在将汽车拖引到起升机上之前,定位好支架和杆臂,以保证有合适的空间。不要碰撞或越过起升机杆臂、连接器或轴支架,这样会损坏起升机或汽车。

(6)将汽车装上起升机要小心,在没有起升到预期工作高度之前,按照使用说明书检查连接器或轴支架是否安全地与汽车接触。注意,不安全的承重是很危险的。

(7)汽车的门、发动机罩和行李舱在起升汽车之前应关闭好。切勿提升载有乘客的汽车。

(8)在车下工作时,起升机应当起升到锁定装置可以啮合的足够的高度。

(9)在汽车起升到预期高度之后,一定要降低装置到机械安全的位置。

(10)有些汽车部件的拆卸(或组装)可能引起严重的重心漂移,从而导致汽车的不稳定。在进行汽车部件拆卸时,应参照汽车制造厂家的维修手册规定程序进行。

(11)在打算降下起升机之前,要查清楚工具架、支柱等是否已从汽车下移开,依照说明书,松开锁定装置。

(12)从起升机作业区移开汽车之前,定位好杆臂、连接器或轴支架,以保证汽车或提升机不受损坏。

(13)要每天检查起升机。假如它工作不正常或已经损坏,或者有零件损坏,切勿继续使用。

一台起升机如果发生下列现象,应密切注意:

(1)起升时跳动或振动;

(2)不用时缓慢地升起;

(3)使用时缓慢地下降;

(4)下降非常缓慢;

(5)排泄管中喷出润滑油;

(6)在密封垫处有渗漏。

如果液压起升机损坏需要维修,只能使用原设备的零部件进行修理。

3.6 液压工具使用注意事项及故障排除

3.6.1 使用注意事项

(1)液压工具应随手可取,且要有预防性的检修,以避免在关键时刻失效。

(2)液压工具虽充满着液压油,但并不意味着它肯定有适当的润滑,其运动部件应定期进行润滑。

(3)灌装液压油时,不应装得过满。容器中必须有一定量的空气。假如完全地充满液压油,会产生太大的真空,液压油将不能从容器中流出,从而影响正常工作。

(4)应使用优质的液压油,不要用制动液、齿轮油或其他油,除液压油外,其他液体能损坏油杯和密封圈,腐蚀金属零部件。对于气动液压泵,可参考相关专业产品的使用手册。

3.6.2 常见故障排除

(1)弹性现象。空气聚集在液压系统中,容易引起弹性现象。解决措施是将泵放在高于软管和液压缸的位置,目的是让空气漂浮上升,回到油箱。关闭阀门,使液压缸尽可能伸长,完全打开阀门,让油和空气回到油箱。重复此程序,直到手柄一开始动作,液压缸就动作。通常用该技巧2~3次即可消除此现象。

(2)液压缸不能延伸到全程。这种故障通常是液压油太少引起的。充油到油标尺的标记,但不要过满。应当完全缩回液压缸来检查油箱油位。如果没有油标尺,可参照制造厂家的加油说明。液压装置油箱中需要有一定量的空气,它使油箱在半真空状态下工作。

(3)液压缸不能缩回。这种现象经常是由于系统中的油或气太多所致,需对系统进行排气,检查油箱油位并保持合适位置。如果这些措施不能解决问题,再检查柱塞是否弯曲,如果还不行,则很可能是快速连接器已损坏,应更换。

(4)液压缸在压力下泄漏落下。应查明排泄阀是否完全关闭,如排泄阀关闭而液压缸仍然泄漏落下,可能止回球阀中有灰尘。检查球阀,并用酒精或煤油进行洗涤。如果问题仍然存在,则是球阀损坏,整台装置应送到专业修理厂检修。

(5)手柄反转。有灰尘在止回阀中,应进行清洗。如止回阀损坏,应送到修理厂检修。

(6)正常工作一次,不能进行第二次工作。在阀门系统中有灰尘和气泡,清洗并重新注油。

第四章 车身结构

汽车车身既是驾驶员的工作场所,也是容纳乘客和货物的场所。

车身应对驾驶员提供便利的工作条件,为乘员提供舒适的乘坐条件,保护他们免受汽车行驶时的振动、噪声、废气的侵袭,以及外界恶劣气候的影响,并保证完好无损地运载货物且装卸方便。汽车车身上的一些结构设施和设备,还有助于安全行车和减小事故损失。

汽车车身结构从形式上说,主要分为非承载式和承载式两种。

4.1 非承载式(车架式)车身结构

4.1.1 非承载式车辆的结构

早期的汽车大多采用车架式车身承载的结构,后来车身设计逐步发展,现今使用车架式承载的汽车主要是一些SUV、高级大排量轿车、货运汽车(包括皮卡)以及部分大型客车,图4-1是典型的非承载式车身的底盘大梁,起主要的承载作用。前后悬架和动力总成直接安装在底盘大梁上。

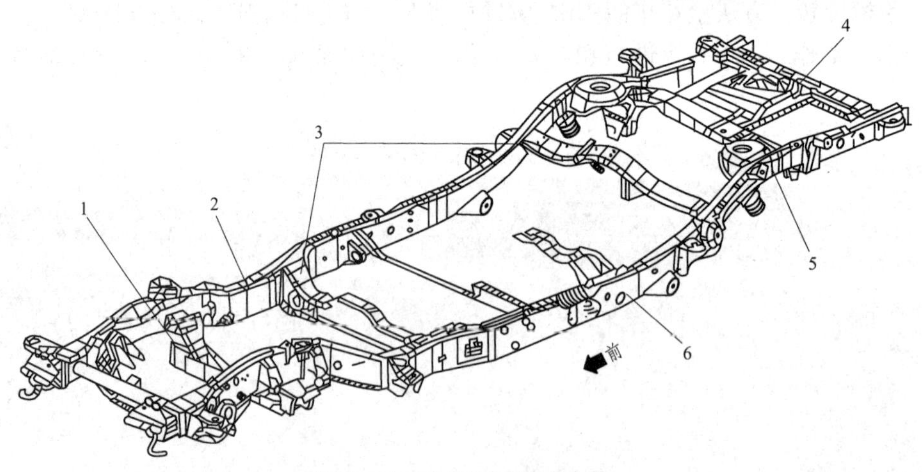

图4-1 非承载式车身的底盘大梁

1-前横梁;2-右纵梁;3-横梁;4-后横梁;5-减振器支架;6-左纵梁

非承载式车身的汽车有刚性车架,又称底盘大梁架。车身本体悬置于车架上(图4-2),用弹性元件连接。车架的振动通过弹性元件传到车身上,大部分振动被减弱或消除,发生碰撞时车架能吸收大部分冲击能量,在坏路行驶时对车身起到保护作用,因此车厢变形小,平稳性和安全性

好,而且厢内噪声低。但这种非承载式车身比较笨重,汽车质心高,高速行驶稳定性较差。

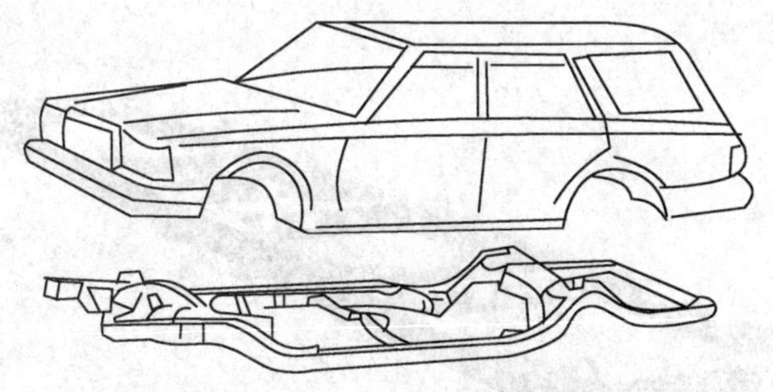
图4-2　非承载式车身由底盘大梁和驾驶室总成组成

这种车架由两根纵梁以及连接它们的一系列横梁组成。大多数典型车架前部窄后部宽。狭窄的前部结构允许前轮有较大转角,较宽的后端能够给车辆提供较好的支承。

4.1.2　非承载式车身特点

(1)汽车质量较大。

(2)碰撞过程中车架吸收了大量能量。

(3)悬架和传动系统能够很快地安装到车架上。

(4)沉重的车架由大约3mm厚金属板制成。

(5)汽车的质心通常离地面较高。

4.1.3　非承载式车身车架的类型

车架纵梁是在两侧贯穿汽车的长钢梁。转矩箱是在车架上设计的通过产生一定的扭曲变形来吸收路面冲击和碰撞冲击的结构。车架角是车架纵梁的最前端,用于支撑发动机、悬架以及其他底盘总成。有时在车架上设置弹簧座以支撑悬架系统的弹簧,车身橡胶悬置安装在车架和车身之间,以降低噪声和振动。

典型的车架是独立的部分,因为它的上面没有焊接任何主要的车身外壳元件。坚固的边缘通常制成U形或箱形截面,上面的各种托架、支撑臂和孔用来安装底盘总成。

周边式车架的边梁布置在外侧或汽车的周边上,是典型车架最普遍的形式。它利用边梁的全长在中心部分的四角上设计了转矩箱。周边式车架有较好的侧碰强度。

X形车架(图4-3)是将两根长梁交叉布置在车架框架的中部,也叫脊背式车架。它在中部设有一根粗梁。组合式车架综合采用了周边式和X形结构,是最坚固的车架设计方式之一。

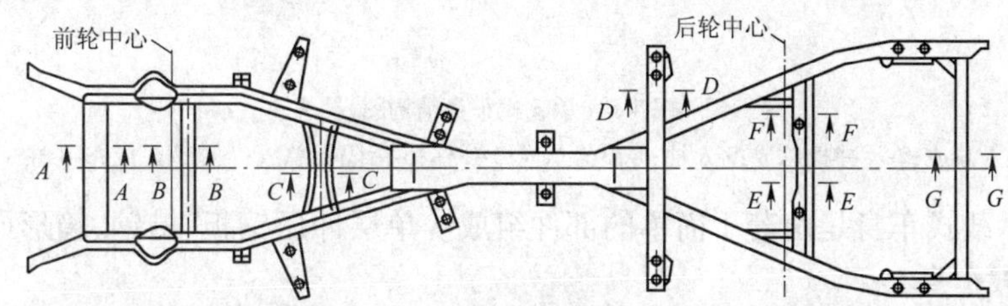

图4-3　X形车架

梯形车架(图4-4)有长的车架纵梁,并将一系列直的横梁布置在不同位置,它是周边式车架的一种变形。

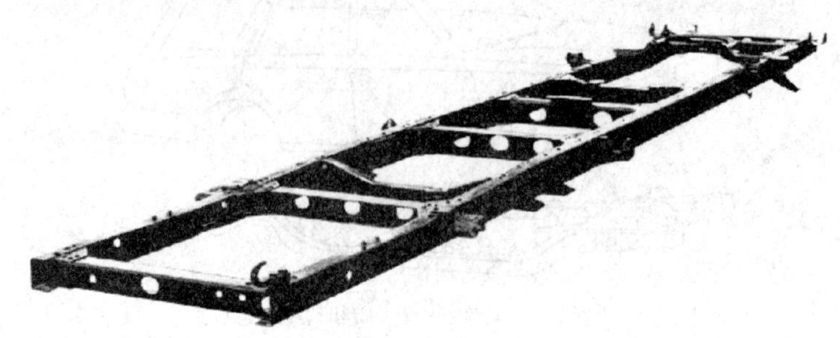

图4-4 梯形车架

部分式车架横置于实际车架和承载车身之间。当承载车身支撑汽车的中间部分时,在汽车的前后部都采用了副车架装置。副车架用于支撑悬架系统和传动系统。

4.2 承载式车身结构

承载式车身结构(图4-5)是将车身零部件焊接、铆接或者螺栓连接在一起而形成的一个承载的车架。在车身下面不需要独立的沉重的钢制车架。在承载式车身结构中,沉重的冷轧型钢被轻而薄的高强度合金钢或铝合金所代替。

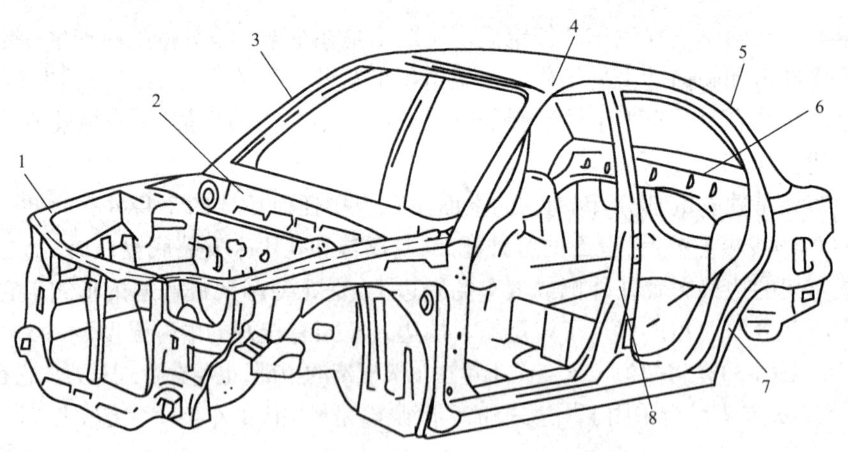

图4-5 承载式车身结构图

1-前地板总成;2-反冲板总成;3-A柱;4-顶盖总成;5-C柱;6-后隔板总成;7-侧围总成;8-B柱

基本上,承载式车身是由若干简单的部件组成。单层冲压钢板、槽钢、箱形或者封闭截面型钢构成了承载车身。

从组成结构上,承载式车身可以被分解为地板总成、左右侧围总成、顶盖总成和活动部件总成。

4.3 车身零部件

4.3.1 地板总成

地板总成包括前地板、中地板和后地板，是车身底部的承载总成（图4-6）。

前地板包括左右前纵梁、前减振器塔和前围板（也叫“火墙”），也有的包括散热器和前大灯支撑架。这些总成组成了发动机舱，左右纵梁整齐地固定在承载车身的底部来支撑发动机、变速器和悬架，它们被布置在高应力区来减少车身的变形。

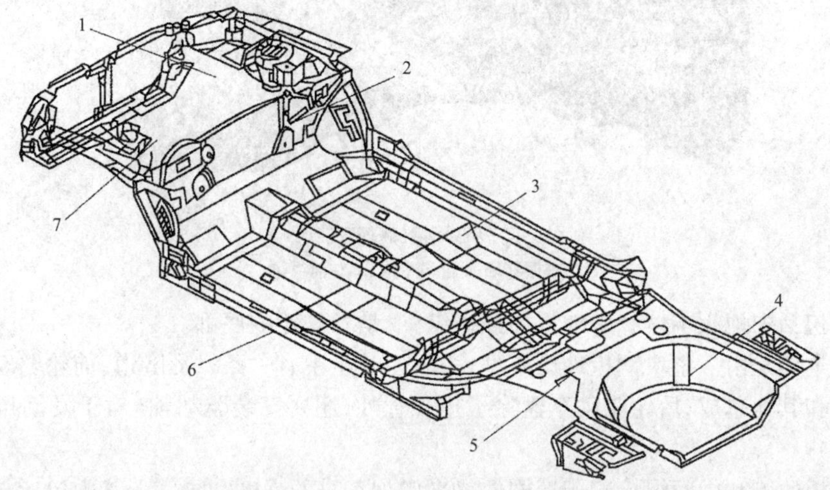

图4-6 承载式车身的地板总成

1-前纵梁和挡泥板总成；2-前围板；3-中地板本体；4-后地板本体；5-后地板；6-中地板；7-前地板

左右前纵梁是在车身底部下延伸的箱形截面梁（图4-7），通常是承载车身最坚固的部分。在车辆安全性的设计中，将纵梁设计成变截面梁（图4-8），形成车身前部吸能区域。前纵梁的后部焊接在中地板下面，后端与中地板纵梁连接，前端与前保险杠连接。在碰撞时，力沿着梁方向传递，即使变形很大时，前纵梁也会自动下沉，防止动力总成进入驾驶舱。

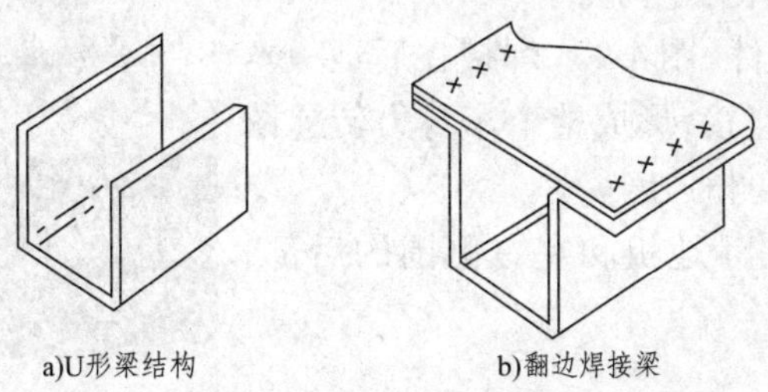

图4-7 箱形截面的典型结构（U形梁结构和翻边焊接梁）

在纵梁的上方焊接前减振器塔，用来支撑悬架系统的上部，螺旋弹簧、吸振器安装在塔内。后部一般焊接前围板。前减振器塔也是承载式车身的主要受力部件，所以选用高强度材料并被加强。通常翼子板通过螺栓与其连接。

前围板将发动机舱与驾驶舱分割开来，在风窗玻璃的正下方，汽车的一些控制拉线和线束从其中穿过。

图4-8 变截面梁(碰撞吸能区)
1-减振器塔及轮陷总成;2-左前纵梁

中地板包括中地板本体和中地板加强横纵梁，是驾驶舱的底部。

中地板本体是由一整块钢板冲压成型，一般在其正中有一条拱形隧道，前轮驱动车辆用来安装排气管和其他总成；后轮驱动车辆除了排气管外，还要安装驱动轴(对于发动机前置后轮驱动的车辆)。

在中地板两侧和中间焊接着槽形构件梁来增加车身的强度和刚度。其中包括与前纵梁连接的纵梁和与侧围连接的开口向外的槽形纵梁。横向梁一般位于前座椅的下方，用来固定座椅。

后地板结构与中地板类似，由后地板本体、加强梁和后围板组成。

后地板本体也是用一整块钢板冲压成型，一般在中心冲有备胎舱，其前部与中地板后部搭边焊接在一起，下方安装油箱，上部安装后座椅。

后地板也存在槽形构件(图4-9)，焊接在后地板本体的梁，后端与后保险杠连接，形成整个车身力传递的路径，同时提高地板的刚度和强度。

后围板通常也焊接在后地板和左右侧围的后部，形成行李舱空间。

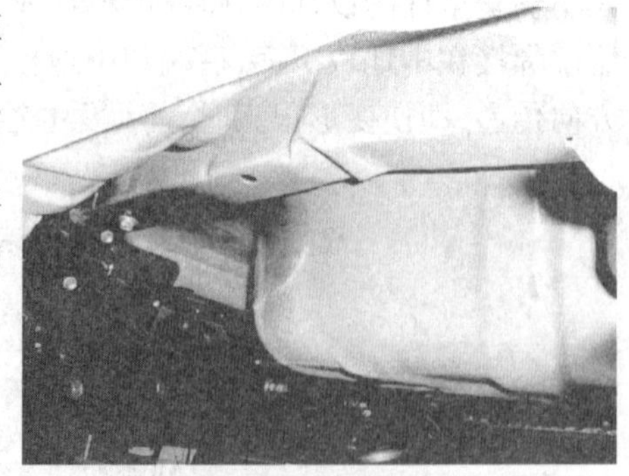

图4-9 后地板梁(在车辆碰撞后吸能变形)

4.3.2 左右侧围总成

在一般的承载式车身的结构中，车身左右侧围总成基本对称，其中可能只因为如加油口和天线位置不同而稍有区别。侧围总成由侧围外板、侧围内板、内板加强板和后减振器塔组成，是车身侧面承载的主要构件。车门等部件一般都安装在侧围总成上。

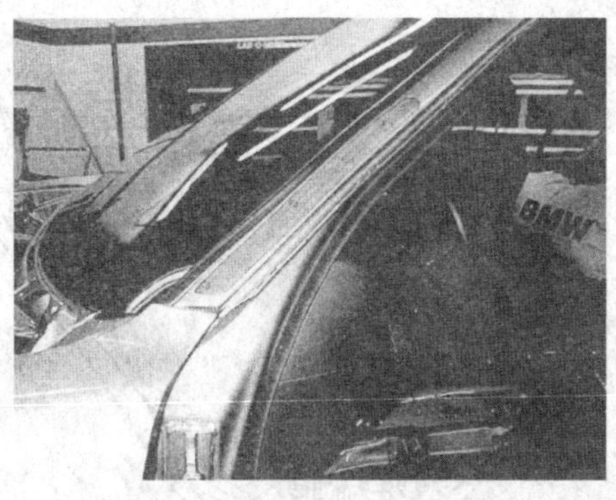

图 4-10　车身 A 柱内的加强梁结构

侧围外板由整块钢板冲压成型，包括前后车门框以及后翼子板，是形成 A 柱、B 柱、C 柱的最外层钢板。支柱是汽车车身上用以支撑车顶板的梁，它还可以在发生碾压事故时保护乘客安全。前支柱向上延伸到前风窗玻璃末端，必须足够坚固以保护乘客，也称 A 柱（图 4-10）；中间支柱，也称 B 柱；后支柱从后围板向上延伸用以支撑车顶的后部和后风窗玻璃，也称 C 柱。由于侧围处于车身的外观部分，侧围外板的表面质量就十分重要。

侧围内板由多段钢板焊接形成，主要包括 A 柱、B 柱和 C 柱的内板，与侧围外板 A 柱、B 柱、C 柱的槽形结构对称，翻边焊接组成口字形截面梁；底部的槽形结构与地板两侧梁翻边焊接也组成口字形梁结构，翻边焊缝形成侧围裙边。

由于 A 柱、B 柱和 C 柱是侧围总成主要的承载结构，所以，一般设计中总要存在对它们加强的内部结构，在内板和外板中间存在一层形状与内板相似的加强板，主要用来增加 A 柱、B 柱和 C 柱的刚度和强度，并固定安全带等。

后减振塔焊接在侧围的后部，后翼子板的内侧。作用与前减振塔相同。

4.3.3　顶盖总成

顶盖总成在两侧围的上部，和侧围地板一起组成承载式车身的空间结构。顶盖总成由顶盖外板、横加强梁等组成，如果车身带有天窗，那么还包括天窗环形加强梁。

4.3.4　活动部件总成

包括：发动机罩总成、车门总成（数量种类依据车辆设计不同）、行李舱盖总成、左右翼子板总成。活动部件一般通过螺栓、铰链等与车身连接，具有可活动、拆卸、替换的特点。在制造上一般采用外板内板包边工艺，使用包边胶黏合。由于外板参与车身造型，所以外观质量十分重要。内板一般用于加强加固。为了减少振动，在内板和外板中间加入胶。

其中，车门内板和外板中间焊接有防撞金属杆或者波状板（图 4-11），用来对保护乘客。

将活动部件安装到车身上后，完整的承载式车身就完成了。

4.4　安全设计要求

车辆的安全性主要取决于车身结构、碰撞吸能技术、焊接工艺等多种因素。出于对车内乘员的安全考虑，从力学研究的角度出发，是不应该把碰撞的巨大能量转嫁于乘员身上的。分析车辆在碰撞过程中的碰撞力的传递路线（图 4-12），来决定吸能区域和刚性区域，以最大程度保护驾乘人员安全。所以，车身设计应该做到：该柔软的地方柔软，该刚硬的地方刚硬。也就是让车体的前部在碰撞时吸收大部分能量，而让坚固的驾驶舱尽量减少变形以避免乘员受到挤压。

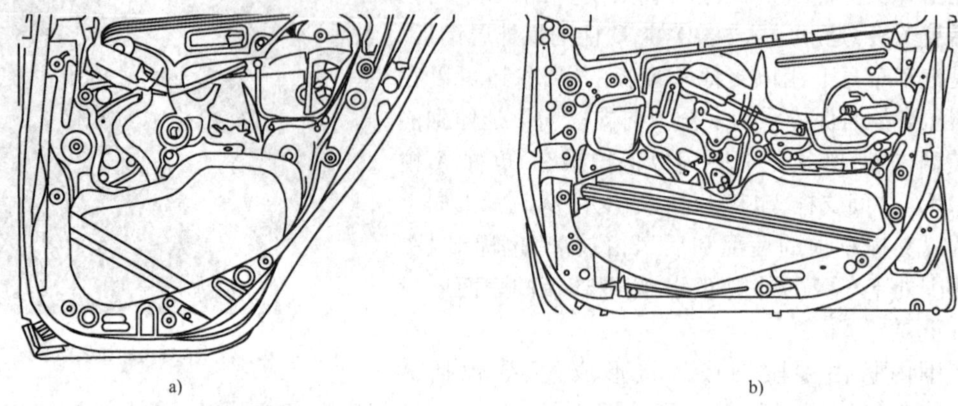

图 4-11　车门防撞杆

安全性能高的车身,在前部设置有较空旷的碰撞变形区,以及中强度的保险横杠。而一些高档车,在固定保险横杠的两条纵梁里,内壁的钢板厚度是渐变的,越靠前越薄,越靠近驾驶舱越厚。这样,在发生碰撞时,纵梁可以逐级线性变形,从而吸收大部分撞击能量。也有将纵梁设计成边截面形式,使碰撞的变形发生在已经设计好的小截面处。有的车型甚至不惜代价,将其设计成波纹管式(图 4-13),其实也是同样的道理。另外,它们的发动机支脚也是采用铝合金材料,在发生碰撞后很容易断裂而下沉,保证其不会像炮弹一样冲入驾驶舱伤害乘客。包括转向柱以及制动踏板等,在受到碰撞时要能及时断裂,这也是减少伤害的有效方法之一,否则,它们容易对驾驶员的头、胸、腿等部位构成威胁。还有一些车在加强车身侧面防撞能力时,都会利用 B 柱的特殊设计,把能量分开导入车顶和车底可变形的钢制构架上来缓解碰撞能量。但一些中级以下的车,由于空间布局关系,很难做到这一点,多通过在两侧门夹层中间放置一两根非常坚固的防撞杆,来减轻侧门的变形程度。

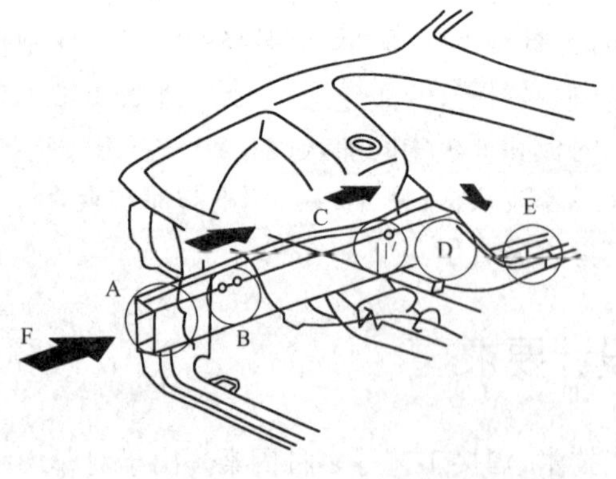

图 4-12　碰撞力在前纵梁传递路线

图 4-13　波纹管式纵梁结构

第五章 碰撞对车身的影响

本章主要讲述碰撞对车身的影响和损伤的诊断方法。

由于碰撞造成的车身板件或车身结构件的损伤,轻微的会影响车容的美观或引起锈蚀而造成构件的强度下降,使用寿命缩短;严重的将影响整部车辆的使用性能甚至报废。因此,正确判定损伤,及时且有效地进行修复,是非常重要的。

5.1 面板损坏

车身上各种构件所受的间接损坏虽然形状上各异,但本质是一样的,总是产生弯曲变形,具有拉伸和压缩应力。由于板件或结构件的结构、形状不同,会产生不同的折损类型。折损就是金属受到外力产生变形并超过其弹性极限或强度极限而形成的永久变形或断裂损伤。根据车身构件的形状不同,折损通常有以下几种类型:单纯铰折、凹陷铰折、单纯卷曲和凹陷卷曲等。不同的折损要用不同的工艺修复。

5.1.1 单纯铰折

单纯铰折即平面(或近似平面)金属板受到碰撞力的作用产生弯曲,形成像铰链折叠一样的损伤变形。单纯铰折总是形成一条"直线"形的折损,是金属平板沿其整个长度均匀地弯曲(图 5-1)。单纯铰折很少引起板件轮廓的拉伸和压缩,是折损中损伤最轻的一类,但如果校正方法不正确,会在中间铰折部位周围造成新的加工硬化,并延展了整个板件的长度尺寸,给修理带来很大的不便。校正单纯铰折的正确方法是沿造成铰折的碰撞力相反的方向施加拉力,将铰折大致展平,在保持拉力的情况下,再在铰折部位加工硬化区域沿铰折线用钣金锤和顶铁做轻敲整形校正,如图 5-2 所示。

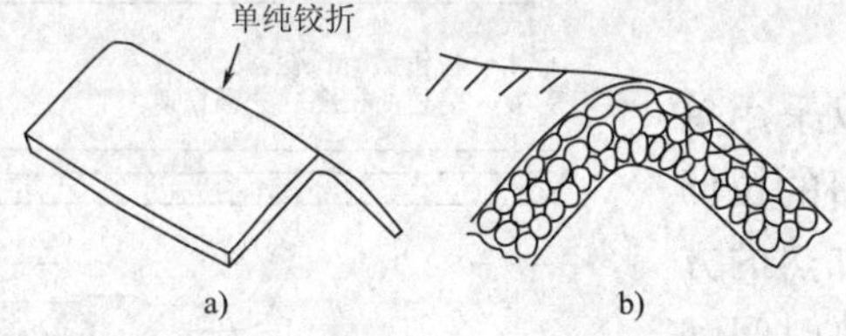

图 5-1 单纯铰折的板件和其内部金属晶粒结构

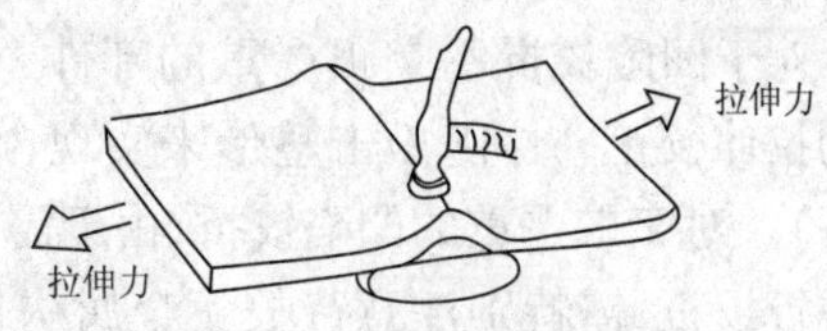

图 5-2 单纯铰折的校正

形成单纯铰折时,金属板上部受到拉伸力,使晶格产生变形,而下部晶粒被推挤到一起产生压缩变形,中间部位的晶格基本上没有变。在对单纯铰折的金属板施加反向拉力的时候,下部被压缩的金属晶粒受到拉力有回复的倾向,而上部已经被拉伸的晶粒又受到挤压逐渐恢复原来的形状,手锤和顶铁的轻敲可以促进这种回复运动。在用手锤与顶铁进行轻敲动作时,一定要注意动作要轻,切不可由于挤压力量过大而造成校正部位金属板变薄而使板件延展。另外,拉伸力也不能过大,否则,会将板件拉长。

经过上述的校正之后,金属板的晶格得以重新恢复到原来的形状,应力被消除了。由于中间未变形的晶粒在校正过程中仍然保持不变,整板的长度尺寸也可以得到保证。

5.1.2 凹陷铰折

以上单纯铰折的描述只是针对实心的金属板而言,但空心的箱形加强结构和空心管等构件在产生弯曲时,其结果与实心板件有很大的不同。箱形加强结构和空心管等构件由于截面中心是空心的,没有强度,所以在发生弯曲时上部的金属板被向下拉而不是受到拉伸,或者很少受到拉伸;底部的金属板受到两边的挤压而向中间空心部位凹陷,两侧的金属板(针对箱形结构)被向外挤出,形成两个"尖"状的凸起(图5-3)。这种铰折形式称为"凹陷铰折"。

凹陷铰折通常发生在箱形加强结构件上,由于加强筋加强和折边加强部位有与箱形加强部位相类似的结构,所以这些部位产生弯曲时也有类似凹陷铰折的折损。在整体式车身上有许多结构复杂的箱形截面构件,如箱形截面的侧梁、车门槛板、车顶支柱和车顶梁等,甚至每个翼子板也可看作具有局部箱形加强的构件(图5-4)。

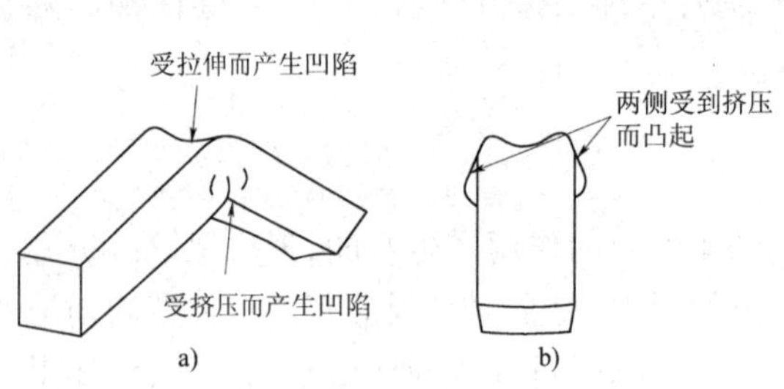

图5-3 箱形加强结构的"凹陷铰折"

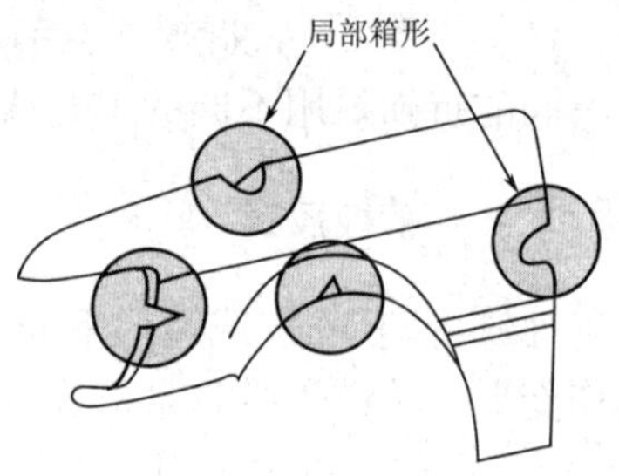

图5-4 翼子板的局部箱形加强结构

当箱形截面发生凹陷铰折需要进行校正时,必须采用加热的方法并伴随拉伸操作,用手锤对两侧金属受压凸起的部位进行敲击复位,才能使其恢复。图5-5为错误的和正确的校正方法产生的结构的比较。

对于凹陷铰折不是很严重的部件,有时可以采用单纯的拉伸校正并伴随敲击整形来实现(使用专门的拉伸设备)。对于较严重的凹陷铰折,由于需要用到加热的方法进行校正,需特别注意待校正金属构件的加热时间和温度限制,对于不能采用加热的方法进行校正或对加热校正后的强度没有把握的,最好采取整体更换或局部更换的方法来进行修复。

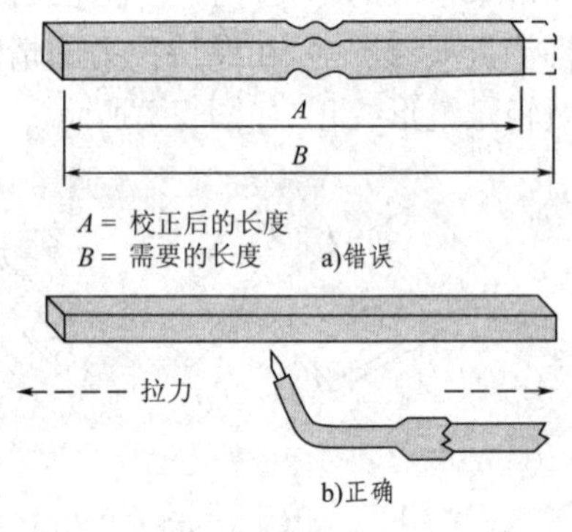

图5-5 对凹陷铰折金属构件进行校正的比较

5.1.3 单纯卷曲和凹陷卷曲

当车身板件受到碰撞力产生的折损穿过隆起加强的板件表面时,所发生的折损与前面所述的两种类型又有不同。由于折损贯穿的是弧形的表面,所以产生的变形与凹陷铰折有类似的地方,都是顶面的金属被向下拉产生凹陷,但是因为隆起加强的表面是弧形的,随着折损的扩展,弧面对折损的抵抗就越强,于是在折损的两端尽头出现了非常严重的挤压变形,形成两个像“箭头”样的损伤形状,箭头的尖端和两侧受到挤压而隆起并向下翻卷,箭头的下面受到拉伸而凹陷产生向上的翻卷,这种折损称为“凹陷卷曲”,如图 5-6 所示。

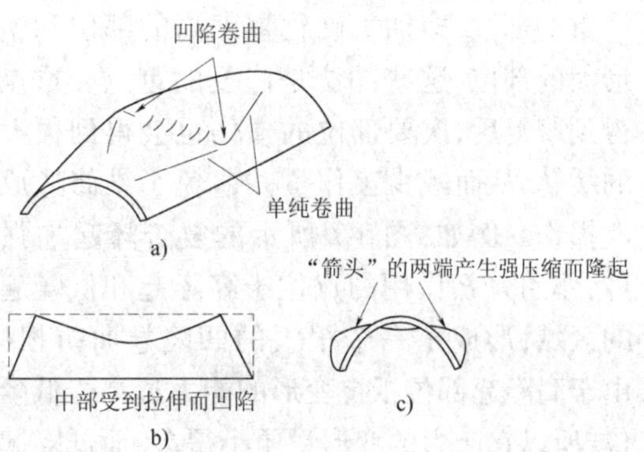

图 5-6 隆起表面产生的凹陷卷曲和单纯卷曲比较

对于凹陷铰折部位的校正比较简单,只要在折损区域沿铰折方向的横向施加一定的拉伸力,促进中间被拉下凹陷的金属部位回弹就可以在很大的程度上恢复其轮廓形状。由于整个折损只有箭头的端部加工硬化程度最高,其他部分都为弹性变形,所以,在施加拉伸力使大致轮廓得到恢复后,用手锤和顶铁调整箭头端部的轮廓形状就可以了。对于箭头两侧的单纯卷曲变形,只要箭头端部得到整理,单纯的卷曲就会回弹,基本不用过多的整形操作。

5.1.4 金属板件损伤的“压缩”与“拉伸”

在前面讨论金属构件和板件的折损变形时,多次提到“压缩”与“拉伸”,压缩与拉伸是在描述金属变形时常用到的两个概念,理解压缩与拉伸的概念可以很好地指导损伤的修复。

在任何损坏发生以前,金属的内部就已经存在压缩和拉伸,这是由于构件制造时冲压成需要的形状而形成的。例如,所有隆起的部位都是受到压缩力而形成的塑性变形。但这里所讲的压缩并不是我们讨论金属板件损坏时所提到的压缩。车身碰撞所产生的撞击力沿板件传播时会对板件造成新的压缩,这种压缩力使金属板件向外隆起形成高点(因为金属板多采用向外隆起的加强形式,所以板件在受到挤压也多是向外隆起),这个压缩力才是我们讨论的压缩力。由于部分金属受到挤压而聚集并向上隆起,在其周围的金属则必然受到拉伸,拉伸结果或是使周围金属变薄而产生延展,或是向下凹陷而低于原来的轮廓。所以,在分析金属板件损伤的时候,一定要明确板件未受损伤时的轮廓形状,凡高于原轮廓的部位一定是受到压缩的,需要用拉伸力使其展开或是采用敲击的方法使其沉降并展开;凡是低于原轮廓的部位一定是受到拉伸的,需要释放压缩处的金属使其恢复原有形状,对于已经被拉伸延展的金属板有时还要用到“收缩工艺”,促使其恢复。

校正板件损伤时,分析压缩区与拉伸区与分析损伤类型同样重要,然后根据实际情况确定修理方法和正确使用工具设备。决不可用手锤敲打拉伸区域,也不能对拉伸区域施加拉力,这样会造成更大的损坏。同样,也不能用填充的方法修整压缩区,这样会使原本高于原轮廓的部分更高。

正确分析构件和板件的损伤有助于合理的修复，在进行修复时还要考虑到损伤的重点部位和次要部位。对损坏面积较大的板件进行修复时，要将整个损坏部位进行划分，区别出损伤严重的部位，即加工硬化程度高的部位和塑性变形大的部位，这些部位是修复的重点。重点区域得到修复后，次要部位的损伤也会得到很大程度的缓解，从而减少工作量并避免了维修造成的二次损伤。例如，图 5-7 所示的复合隆起加强的板件，作用力 P 作用的点位于高隆起和低隆起交汇的区域，形成了一个很大的凹陷卷曲折损区域。由于高隆起部位抵抗变形的能力远高于低隆起部位，所以它产生的变形量要小得多，而低隆起部位抵抗变形的能力差，所以变形量大且面积也很大。在对这类损坏进行修复时，哪里是修理的重点区域呢？很显然是 PB 段。因为这一段加工硬化程度高，对整个折损的限制力也大，当这一段得到恢复时，PA 段的大部分变形已经得到恢复，只要对 A 点周围区域进行简单的修整即可使整个板件的轮廓得到恢复。如果认为 PA 段是整个损伤中区域较大的部位而首先进行整理，那么在整理到 PB 段时，由于进入到高隆起区域，维修造成的二次变形会使已经得到修整的低隆起部位又产生新的变形损坏。

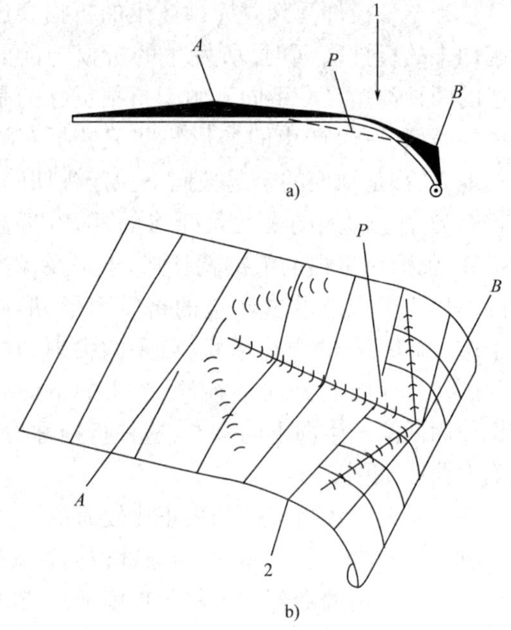

图 5-7　复合隆起加强板件的修整

P-作用力；A-低隆起区域的凹陷卷曲尖端；B-高隆起区域的凹陷卷曲尖端

1-作用力的方向；2-高隆起和低隆起交汇处

5.2　结构损坏

5.2.1　碰撞对非承载式车身的影响

许多车辆采用非承载式车身结构，如皮卡、越野车辆等。这些车辆在发生碰撞时由于有坚固的车架承受巨大撞击力，车身的损伤程度往往会轻一些，因此，在对车辆进行修复时，重点在于车架的校正。

非承载式车身有坚固的车架，车身通过螺栓和橡胶垫固定在车架上。这类车身在发生碰撞事故时，由车架承受大部分的冲击载荷，车身本体受到的损伤相对于承载式车身要小许多。非承载式车身的车架上也设计有碰撞缓冲区，在遭受较大的冲击时发生变形来吸收碰撞能量，如图 5-8 所示，图中圈出的部位为车架和车身上较柔和的缓冲部位，主要用来缓冲来自前端或后端的碰撞冲击。

车架的变形大致可以分为以下五个类型：

1）左右弯曲（图 5-9）

从一侧来的碰撞冲击经常会引起汽车车架的左右弯曲。左右弯曲通常会发生在车架的前

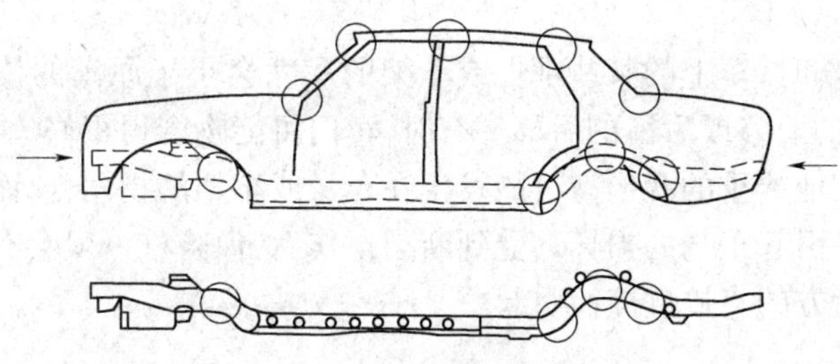

图 5-8 车架和车身上的缓冲部位

部或后部，一般可以通过观察钢梁的内侧及对应钢梁的外侧是否有皱曲来确定。此外，通过车门长边上的裂缝和短边上的皱褶、车辆一侧明显的碰撞损伤、车身和车顶盖的错位等，也可初步断定左右弯曲的变形。

2）上下弯曲（图 5-10）

与承载式车身的上下弯曲损伤类似，从车辆的外表观察，通常有前部或后部低于正常车辆的现象，整个车身在结构上也有前倾或后倾的现象。大多数前端后端碰撞的车辆都会出现上下弯曲的车架变形，严重的上下弯曲变形能够破坏车架上车身钢板的准直，即使在车架上看不出皱褶和扭曲。

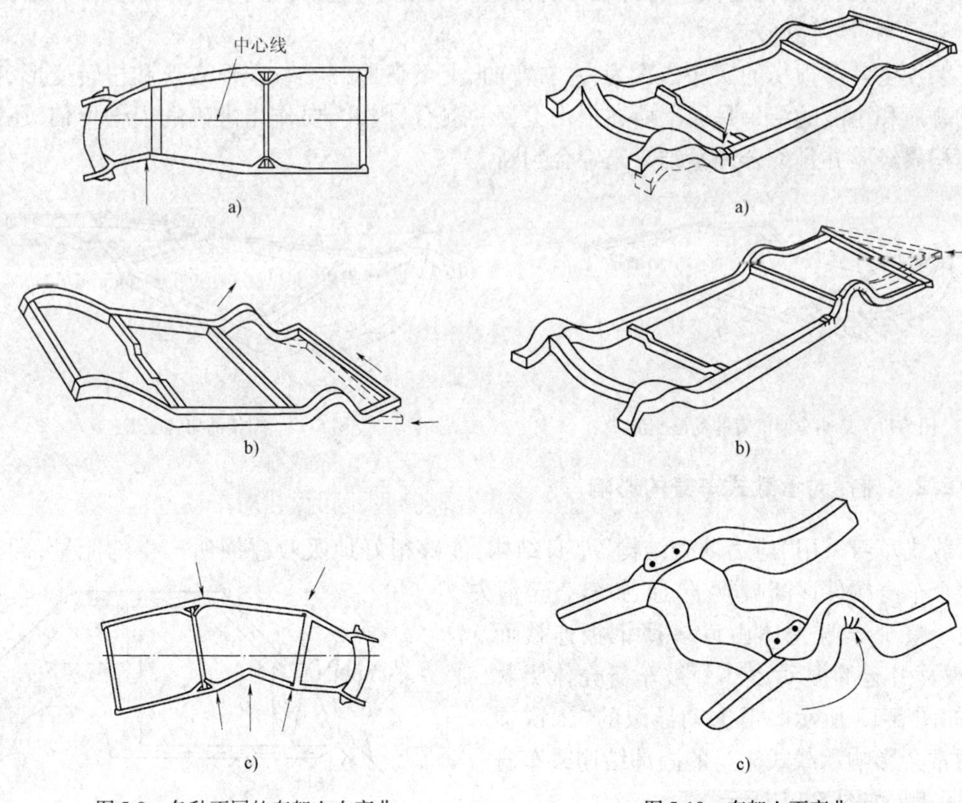

图 5-9 各种不同的车架左右弯曲

图 5-10 车架上下弯曲

3）断裂损伤

车辆在有断裂损伤时，车上的某些部件或车架的尺寸会小于原车的技术尺寸。断裂损伤通常表现在发动机罩的前移或后窗的后移。有时，车门可能吻合得很好，看上去也没有受到任何的干扰，但褶皱或其他严重的变形有可能发生在车身或车架的拐角处，而且侧梁还会在车轮挡板圆顶处向上提升，引起车身的损坏。受到断裂损伤后，保险杠一般会有一个非常微小的位移，多为来自前方或后方的直接碰撞而引起。

4）菱形变形

车架的一角或偏心点受到来自前方或后方的撞击时，其一侧整体向前或向后移动，引起车架或车身的歪斜，使其形成一个接近平行四边形的形状，成为车架的"菱形变形"（图5-11）。

菱形变形会对整个车架造成影响，而不仅仅是汽车一侧的钢梁。从外观上，我们可以看到发动机舱盖和行李舱盖发生错位，在接近后车轮罩的相互垂直的钢板上或在垂直钢板接头的顶部可能出现褶皱，同时，在主车地板或行李舱地板上也可能出现褶皱或弯曲。

通常，菱形变形还会附有许多断裂及弯曲损伤的组合损伤。

5）扭转变形

车架的扭转变形（图5-12）与承载式车身的扭转变形相似，但在车架上的表现更为明显，车架的对角方向明显要高于另外两个对角。由于车架的变形影响，车身与车架的连接会出现裂隙，影响车辆的行驶稳定性。有时在车身上直接观察并不能发现车架的扭转变形，往往需要进一步进行测量才能确定。

车架发生各类损伤的次序依次为：左右弯曲、上下弯曲、断裂、菱形变形和扭转变形，但大多数的碰撞和事故的结果是以上所述损伤类型的混合，因此，要作出准确的损伤评估，还需要不断地积累经验并且配合测量结果来综合判断。

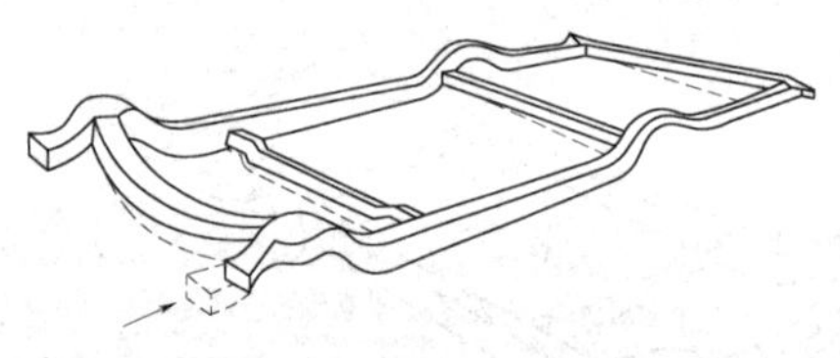

图5-11　影响车架准直的菱形变形

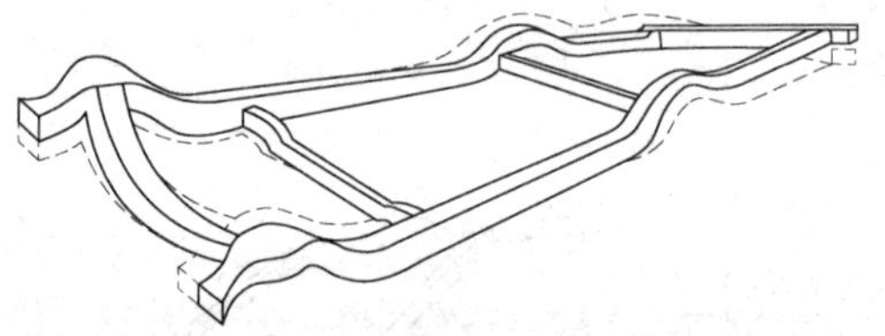

图5-12　车架的扭转变形

5.2.2　碰撞对承载式车身的影响

承载式车身采用"应力薄壳结构"车身结构，能够很好地吸收碰撞所产生的能量，即碰撞力被整个车身构件逐渐吸收、传递、扩散直至消失。

由于整个车身壳体由许多薄钢板连接而成，碰撞及引起的振动大部分被车身壳体吸收掉了，如图5-13所示。但振动导致的"二次损坏"，通常会影响承载式车身的内部结构或车身的另外一侧，如图5-14所示。

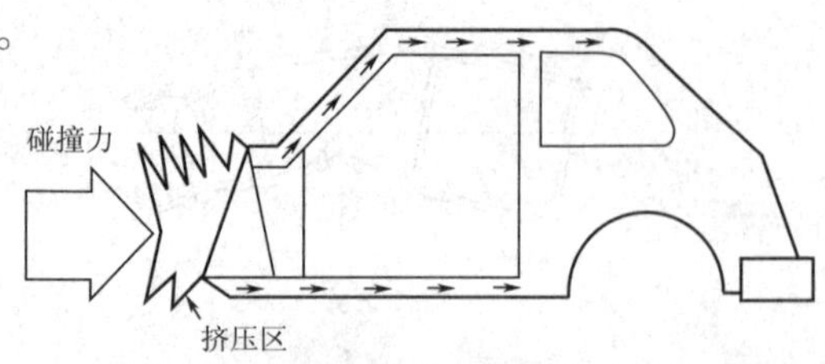

图5-13　碰撞能量沿车身结构件传递

为了控制二次损坏变形并为乘客提供一个

更为安全的乘坐空间，整体式车身在其结构上采取了不同刚度等级的方法，在其前部和后部都设计有“碰撞损伤缓冲区”，车辆前后部发生碰撞时，这些缓冲区可以吸收大量的碰撞能量，从而保护中部的乘员空间；来自侧向的撞击则被主车地板侧梁及其加强梁、中心立柱、侧向防撞杆等加强部件抵抗和吸收。下面主要介绍一下承载式车身在碰撞时的损伤情况分析。

承载式车身的碰撞损伤情况大致可以分为以下几种：

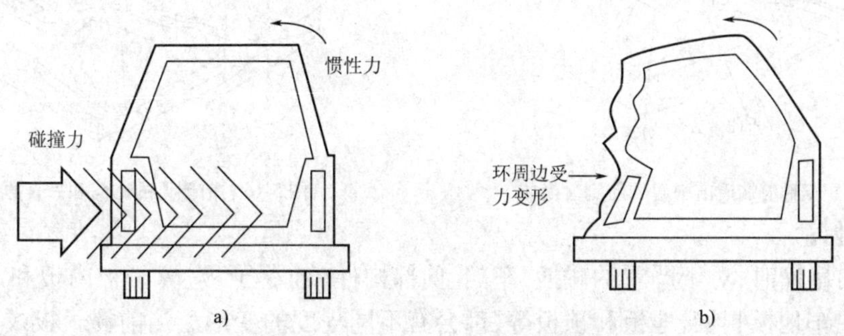

图 5-14 碰撞对车身另外一侧的影响

1）前端碰撞

前车身碰撞变形的程度与碰撞力的大小、方向和碰撞对象等有很大的关系。

正面碰撞程度较轻时，一般会使车前部保险杠及其连接支架受到损坏，并首先波及水箱及水箱支架、前翼子板和发动机罩等。有时由于前翼子板内板受到碰撞力的作用而变形，前轮悬架也会受到影响。

正面碰撞程度较重时，其损坏的范围会扩大很多，前翼子板后移，造成前门开启困难；发动机罩严重变形并伴随铰链翘曲，有时可触及前围上盖板；水箱和水箱支架严重变形，波及风扇和空调散热器等其他机件；前侧梁发生弯曲或裂伤（图 5-15），前悬架严重变形等。

严重的前端撞击则会使前保险杠、前翼子板、水箱支架、发动机罩、前翼子板内板、前侧梁等主要结构件和板件产生严重的损坏和变形，通常大部分已达到不可直接修复的程度（可采取更换的方法）。碰撞力沿车身传递的结果，会造成 A 柱、前门 B 柱等产生不同程度的变形和损坏，如前门下垂、门隙增大、主车地板及顶板拱曲变形等。车辆的许多机械总成和构件也会有很大程度的损坏，如发动机及变速器支撑错位甚至损坏，前驱车辆动力传动和转向机构损伤等。

如果碰撞来自斜前方，前侧梁的连接点则会成为旋转中心或旋转面，发生侧向和垂直方向的弯曲，如图 5-16 所示。侧向碰撞引起的振动还会从碰撞点传递到另一侧的前部构件，即两侧的车身前部构件均会发生变形损坏。前部斜向碰撞主要会导致前翼子板、翼子板内板、水箱支架和前悬架的变形。

2）后端碰撞

车辆受损的程度取决于碰撞的面积、碰撞时的车速、碰撞的对象和车辆的总质量等。如果碰撞较轻微，后保险杠、后地板（或行李舱地板）、行李舱盖、后翼子板等变形，相互垂直的车身板件扭曲；如果碰撞比较严重，后顶盖的侧板会塌陷至顶板底面，四门车的 B 柱、C 柱可能弯曲，车辆的顶板弯曲。

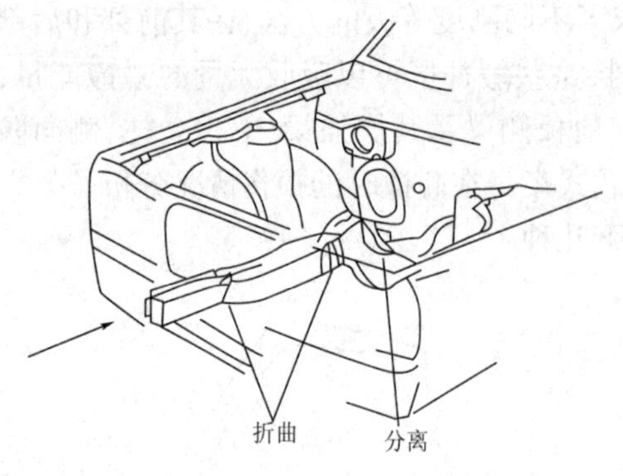

图5-15　车辆前端撞击引起的前侧梁损坏

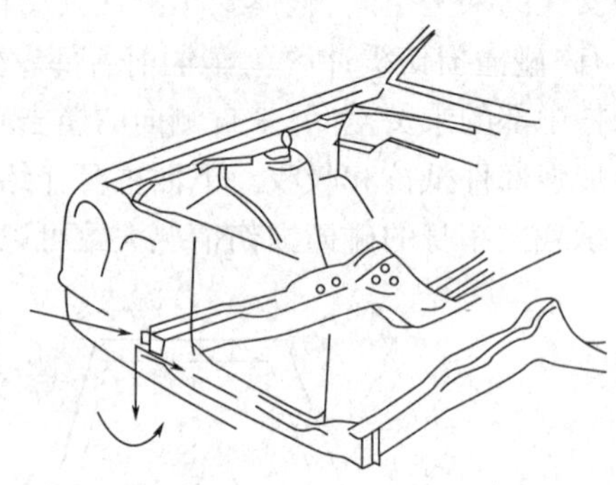
图5-16　前侧梁的侧向和垂直的弯曲

3)侧面碰撞

发生侧向碰撞时,对于严重的碰撞,车门、前部构件(前翼子板、翼子板内板和前侧梁等)、中心立柱及主车地板侧梁、地板和顶板等,都会有不同程度的变形。当前翼子板或后顶盖侧板受到垂直方向上较大的碰撞时,振动波会传递到车辆的另外一侧,使车辆整体产生弯曲。当前翼子板中心位置受到碰撞时,前轮会被推进去,振动波也会传到前侧梁,甚至通过副梁传递到另一侧车轮,造成另一侧车轮定位失准,发动机支承、转向系统等也会因此而发生损坏。

4)顶部碰撞

汽车顶部受到坠落物体碰撞时,受损的不仅仅是车顶钢板,车顶侧梁、后顶盖侧板以及车窗等可能同时损坏。

如果车辆倾翻之后,车身支柱和车顶钢板已经弯曲,那么相反一侧的支柱同样也会损坏。汽车损坏的程度可通过车窗车门的变形来确定。有时,在车辆倾覆后,车身的前部和后部部件也可能被撞伤。

5)承载式车身碰撞损坏的过程及损坏分析

(1)损坏过程。以轿车发生严重的正面碰撞为例。在碰撞的瞬间,碰撞的力量试图使汽车的结构缩短,从而引起中部车身横向及垂直方向的弯曲变形,而且碰撞力以冲击波的形式开始向撞击点以外的区域扩散。但略有弹性的刚性车身结构力图使车身保持原来的形状,变形并没有马上产生。随着碰撞的持续作用,在碰撞点上和前部的碰撞缓冲区就会产生显著的挤压而导致变形和断裂,碰撞的能量被结构的变形吸收。同时,冲击波加剧扩散,其他区域也出现皱褶、断裂和松动。如果碰撞的能量足够大,将引起中央车身向外鼓起变形,以保护乘客不受伤害,车门能够顺利打开。

(2)损坏分析。承载式车身的损坏形式和损伤顺序一般为:左右弯曲变形、上下弯曲变形、断裂、扭转变形和外胀损坏等。

①左右弯曲变形。从一侧来的碰撞冲击经常会引起车身的左右弯曲或一侧弯曲。左右弯曲通常发生在汽车的前部或后部,一般可通过观察车辆一侧明显的碰撞损伤,车门等板件与周围板件的缝隙及高度的变化,车身和车顶的错位等来判断。

②上下弯曲变形。上下弯曲是碰撞中最为常见的一种损伤,一般由前方或后方的直接碰撞而引起,可能发生在汽车的一侧,也可能是两侧,基本现象是车身倾斜或离地间隙不一致。可以通过查看车门的缝隙是否在顶部变窄、下部变宽、车门在撞击后是否有下垂等来判断。

③扭转变形。当轿车高速撞击到路缘或道路的中央隔离墩时,可能导致扭转变形。发生扭转变形以后,汽车的一角通常较正常为高或低,而另一侧的情况与撞击一侧相反。

即使最初的碰撞直接作用于中心点,但再次的冲击还是能够产生扭转力的,从而引起车身的扭转损坏。整体式车身的扭转变形与非承载式车身车架的扭转变形相似,通常是最后的碰撞结果,可以通过测量其高度或宽度的尺寸变化来判断。

④外胀式损坏。对承载式车身而言,正面碰撞时传到乘客室的碰撞力会使侧面结构弯曲远离乘客(而不是向内侧挤压),同时侧梁变形,车门的缝隙增宽。通常可以通过测量门隙的变化和门高的变化加以判断。

第六章　车身碰撞损伤分析

要彻底修复好一辆碰撞损坏的车辆,就要对其碰撞受损情况作出准确的诊断。就是说,要确切地评价出汽车受损的严重程度、范围及受损情况。确定完这些之后,方可制订修复计划。彻底的、精确的撞伤诊断无论如何强调也不为过。一辆没有经过准确诊断的车辆会在修理中发现新的损伤情况,这样修复方法及工序必然将随之改变,最后的修复结果同样可能不会令人满意。这就还需要再进一步的修理。因此,最优秀的车身修复技师往往把大量的精力放在损伤评估上。

下面为基本的汽车碰撞诊断步骤:

(1)了解汽车车身构造的类型。

(2)以目测确定碰撞位置。

(3)以目测确定碰撞的方向以及碰撞力的大小,并检查可能有的损伤。

(4)确定损伤是否限制在车身范围内,是否还包括功能部件(如车轮、悬架、发动机等)或元件。

(5)沿着碰撞路线,系统地检查部件的损伤,直到没有任何损伤痕迹的位置。

(6)使用电子/机械三维数据测量系统测量汽车车身底盘及车身上部的关键点的三维空间数据尺寸。比较各关键点在三维空间内的尺寸变化情况,并作出车身受损变化的矢量分析图。

(7)用适当的工具或装置检查悬架和整个车身的损伤情况。

一般而言,汽车损伤评估按图 6-1 所列的步骤进行:

在开始汽车损伤评估之前,应注意以下安全事项:

(1)汽车进入车间后,应先查看汽车上是否有破碎玻璃棱边及锯齿状金属。破碎玻璃棱边应贴上胶带纸并标上“危险”字样。锋利的金属刃口也可以粘贴上胶带纸,但最好用便携式电动砂轮机或锉刀将其磨平。

(2)如果变速器油或润滑油等从车辆上泄漏下来,一定要将其擦净,以防止有人滑倒。

(3)在开始焊接及切割之前,务必将储气罐的气或油箱的油放干净,并防止气罐漏气或燃油泄漏,以防引起爆炸。

(4)检查电气系统线路时,先要关闭蓄电池,以避免发生突然点燃易燃气体或液体的情况,同

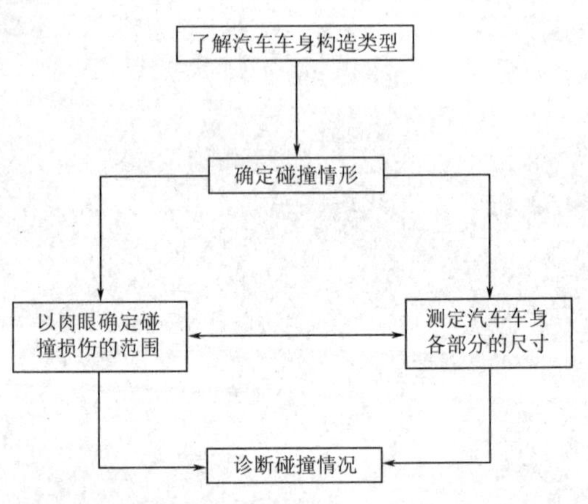

图 6-1　汽车损伤评估步骤

时也应保护电气系统。

(5)应在照明良好的车间进行撞伤诊断。如果涉及到功能件或机械部件,就需要在车身底盘下进行细致的检查,必要时还需要运用举升机或工作台。

(6)在车身修理车间进行诊断修理工作时,还应注意其他安全规范。

6.1 目测确定损伤程度

图 6-2 碰撞后,车辆后纵梁变形

在大多数情况下,碰撞部位能够显示出结构变形或者断裂的迹象。用肉眼进行检查时,先要后退离开汽车,对其进行总体估测。从碰撞的位置估计汽车受撞尺寸的大小及方向,判断碰撞如何扩散并造成损失。同样,先从总体上探查汽车上是否有扭转、弯曲及歪曲变形,再查看整个汽车,设法确定出损伤的位置以及所有的损伤是否是由同一碰撞引起的。

碰撞力沿着车身扩散并使汽车的许多部件及某些部位发生变形(图 6-2)。

因此,为了查出汽车的损伤,必须沿着碰撞力扩散的路径直达车身最薄弱部位,按顺序一处一处地进行检查,确认出变形情况,如观察钢板连接点的错位、油漆层、内涂层及保护层的裂缝和剥落的情况。这样,损伤就可以从以下部位识别出来:

(1)零件的截面突然变形:零件断裂或遗失;加固材料上的断裂;各零件间的连接点。

(2)零件的棱角和边缘:检查车梁部件的损伤程度时,极易判别出部件凹面上的损伤,因为它是以严重的凹痕或扭结形式而不是较轻的翘曲形式出现,后者一般出现在部件的相反一侧。

设计车身时,要使碰撞中产生的能量能够沿着一条既定的路径传播,从碰撞点开始沿着汽车结构扩散,直至所有的能量消失。因此,损伤的迹象通常在碰撞点附近比较显著,当能量在邻近的结构逐渐消散时,其损伤的程度也相应减弱。但有时,碰撞点上的损伤迹象很小,能量却能穿过碰撞点而传递至车身内部很深的部位。

6.1.1 检查车身每一部位的间隙和配合

车门是通过铰链装在车身支柱上的,这就可以通过简单地开关门及观察门的准直来确定车身支柱是否受到损伤。

这种检查也适用于由铰链连接或螺栓连接所有的车身覆盖件与车身间隙断差的检查。特别在汽车前端碰撞事故中,检测损伤最重要的是检查后车门与后顶侧板或车门板之间的间隙以及断差(图 6-3)。另一个较好方法,则是比较汽车左侧与右侧部件的间隙。

车门铰链在使用一段时间之后,总要趋于下垂。驾驶员一侧的车门开关极为频繁,尤其如此。因为门的配合可因车身柔性而受到影响,为此,将车身提升起来进行细心的检查是很有必要的。

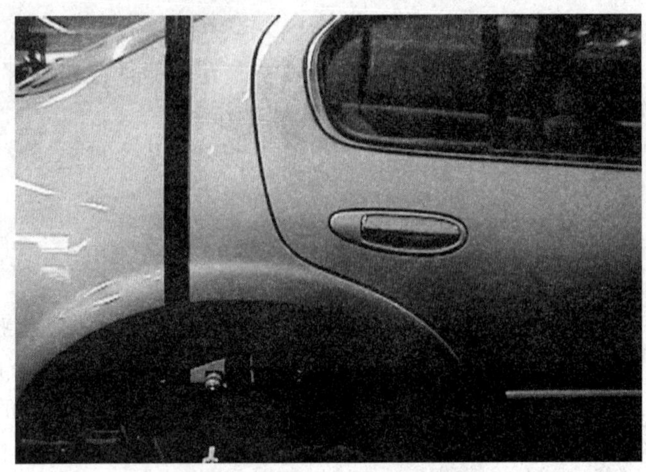

图6-3 观察测量后门的间隙与断差

6.1.2 检查汽车的惯性损伤

当汽车受到碰撞时,一些沉重部件的惯性会转化成巨大的作用力,使其向相反方向靠移而发生冲击,产生损伤,这就需要对固定件、周围部件及钢板进行检查。对于整体式车身汽车,车身安装在橡胶隔离垫上以减小由于其惯性所产生的损伤。但在碰撞过程中,剧烈的碰撞也会引起车身和车架的错位,破坏车身上的隔离件。

6.1.3 检查来自乘客与行李的损伤

乘客与行李在碰撞中由于惯性的原因还可能引起对车身的二次损伤,损伤的程度因乘客位置及碰撞力度而异,其中受伤几率较高的部位有仪表板、转向盘、转向支柱和座位靠背。同时,行李舱中的行李也可能成为引起车身后顶板、侧板损伤的一项原因。

现在车身修复车间还必须要有精良的车身数据测量设备,以精准的测量来保证修复的精度。

开始先进行肉眼观测受损情况。在诊断过程中,通过走到车辆的对称面,观测另一侧是否有二次损坏是非常重要的,用目测检查、手触摸检查表面和确定应力集中受损部位。车身上应力集中损坏,可以通过观测漆面反射荧光来判断。

按照位置判断车辆受损:

1)前部损坏(图6-4)

在目测时,下列项目必须检测:

(1)前门关闭是否合适,检查门有无下坠现象。

(2)检查侧梁是否向上后向内挤压隔板 ,这意味着隔板有无变形。

(3)上部A柱部位是否向上挤压变形,可以通过A柱和前门之间缝隙的变形很直接地观测到。

(4)车顶部在B柱前是否有损坏变形。

(5)底梁是否有变形。

(6)如果可以,拆卸下座椅、面板和地胶,目测检查底盘和隔板,确定凹痕和应力集中损坏

图6-4 前部损坏

部位。事实上,在地板和隔板及A柱接触部位通常都会有变形损坏、凹痕和应力集中损坏。

(7)诊断。

2)侧面撞击损坏(图6-5)

除了目测检查损坏外,下列项目必须检查:

图6-5 侧面撞击损坏

(1)表面接合缝隙(开启)。如:发动机罩、行李舱,撞击对侧门产生的开启缝隙等,缝隙要求必须精确。

(2)发动机和驱动单元,是否在发动机舱产生二次损伤。

检查项目:

①所有发动机安装位置完好(发动机底部安装位置可以从车底下检查)。

②发动机舱不同的部件互相之间没有发生碰撞。

③所有的电器连接完好。

④蓄电池完好并与车身连接牢固。

⑤空调系统以及空调在车身上支架连接全部完好。

(3)拆掉坐椅、仪表板和地毯并且仔细观察车内地板。检查在地板上和梁上的定位孔和受到挤压后的损坏。油漆和密封胶的裂口通常地板因挤压而受损。另外,需要检查地板上的这种损坏是否是由于二次损坏造成。

(4)在车辆下方仔细观察事故车辆。使用底盘快速检测尺检查发动机下支架和其他总成支架,如转向机支架连接和散热器下支架的连接。确定车身上和结构梁上更加隐蔽的挤压损伤,并且要检查排气是否完好。

3)后部损坏(图6-6)

除了目测检查损坏外,下列项目必须检查:

(1)安全带张紧装置有没有启用。

(2)油箱是否损坏。

(3)车身后部的任何损坏。

(4)发动机支架连接有没有损坏(主要是上部)。

(5)所有的孔、线和接触部位完好。

(6)从车身下方仔细观察。彻底检查排气系统是否没有损坏,例如,是否向后驱动轮倾斜。

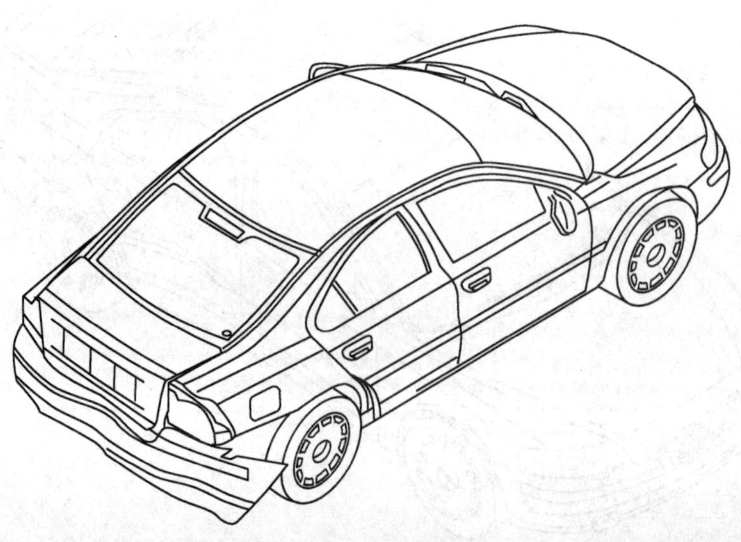

图6-6 后部损坏

4)诊断测量(图 6-7)

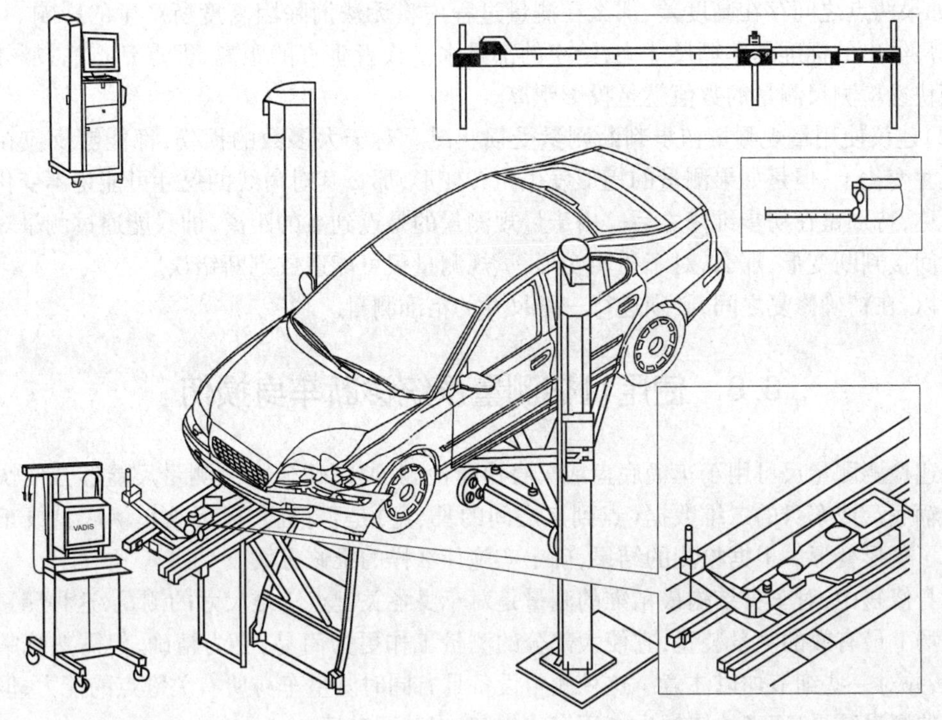

图 6-7 诊断测量

当完成对整个车身的肉眼检查后,就应该使用测量系统检测。

诊断测量可以从下面的两种方法中任选一种:使用车身快速测量尺或者卷尺。

诊断测量要按照顺序进行:

(1)确定车身和底盘不同部件的移动方向和因此造成的部件间产生的噪声。

(2)评估损伤程度,并确定需要更换和修复的零部件。

6.2 使用量规测量系统诊断车身损伤

在现代车身修复的工艺中,对于车体结构的测量可以使用快速检测系统,其测量原理和方法与传统的使用卷尺的点到点测量原理相同。

量规测量系统测量结果必须对照汽车制造厂给定的标准数据,如果数据对照结果存在长度和宽度方向偏差,说明测量两点之间存在损伤。这种测量用于前后悬架处效率较高。

如果与制造厂给定的数据比较后,没有发现明显偏差,那么可以选择两组对称点,测量由这两组对称点组成矩形的对角线。通过比较两条对角线的长度,判断测量区域是否发生的菱形变形。

也可以测量两组对称矩形的对角线,如测量左右前门框,比较受损一侧与未受损之间的差别,从而判断变形的趋势和程度。

使用量规测量能够相对迅速地判断出测量的变形情况,但是使用时要注意:

(1)建议使用快速测量尺代替卷尺测量。传统的卷尺测量出的是点到点之间的直线距离,即如果两点之间存在高度差,那么在测量过程中将无法消除因高度所产生的影响。但是,在生产厂给出的标准的车辆尺寸中,给定的都是水平或者垂直的距离,即点到点的投影距离。而使用快速检测尺测量的数值就是投影距离。

(2)建议使用量规测量初步判断测量受损状况。对于大多数的损伤,都能够反应在对角线的尺寸变化上,但是如果测量的矩形发生扭转变形,那么其对角线的尺寸可能是不变化或是基本对称,特别是在初步维修之后。由于量规测量的是点到点的距离,即只能通过测量对角线的尺寸间接判断变形,那么,对于扭转变形,量规测量很可能造成判断错误。

所以,在精确修复之间,必须进行三维尺寸的精准测量。

6.3 使用机械测量系统诊断车身损伤

快速检测测量尺可用于车辆底盘或车身快速检测,使用快速检测测量尺能够方便快捷地检测车辆底盘或车身的二维数据(点到点之间的长、宽)是否精确,以反映车辆底盘或车身是否发生了菱形变形。根据检测的结果,确定实施什么样的维修方案。

车身修复中,对车身结构最精准的测量是对车身各关键点三维尺寸的测量,这种测量设备也是市场上最有效的测量装置,它使大部分的测量工作更为简易,更为精确,但需熟练掌握操作技术,并对一些细节加以注意。这种测量设备具有同时测量车身所有关键点的能力,但要得到正确的测量结果,还必须依据生产厂家的规定,将其调整好。

车身上每一个关键点都有长、宽、高精准的三维尺寸,每个关键点的精确修复都直接影响到汽车的整车性能及安全性。

现在,这种车身关键点精准三维空间测量设备,可分为机械测量系统和电子测量系统两类。

机械测量系统配合专用的车身校正平台使用,通过调整测量系统与车身的位置,将车辆与机械系统调整平行。对照数据表中的测量点,拉动滑尺和高度测量尺,读取长、宽、高的数值,再与数据表中的标准数据比较,确定变形和损伤情况。

6.4 使用电子测量系统诊断车身损伤

机械测量系统与电子测量系统的测量原理都是一样的。首先,根据车身数据依靠所用的测量系统确定车辆的中心线,所确定的中心线必须正确;然后,以中心线为基准对车身数据表中显示的各关键点进行无应力三维数据测量,依此测量得到的结果与车身数据表进行校对。两者相减,如有差值出现,则说明此点在三维空间内已产生变形。判断是那个方向的具体变形量,就要看是在那个方向数值上产生的差值是多少。

电子测量系统与机械测量系统所不同的是:使用电子测量系统更为快捷,测量精度更高,并且测量后的数值、变形量、车身变形情况都由计算机代为计算完成。而使用机械测量系统时,则必须要由人工计算车辆各关键点的三维空间的变形尺寸,从而判断车辆的变形情况。

第七章　车身测量原理与方法

车身测量是顺利完成各种车身修复所必需的程序之一。在所有车辆尺寸说明中，有两个重要的尺寸参照基准：基准面和中心线。

中心平面将汽车分成左右相等的两半——乘员侧和驾驶员侧，中心线位置通常写在整车俯视图或仰视图的数据表中。利用中心线标记能方便迅速地测量横向尺寸。

7.1　车身测量参数的确定

7.1.1　标准参数法

参数法以图纸或技术文件中的规定来体现基准目标。汽车车身尺寸图中注明了车身上特定的测量点。以此为基准对车身的定位尺寸进行测量，可以准确地评估变形及其损伤的程度，是比较可靠也是较为普遍的测量方法。

以图纸规定为基准的参数法在测量中，定向位置要求，用点与点之间的距离来体现；对称性要求，用模拟轴线与实际对称轴的相对位置来体现。

7.1.2　对比参数法

对比参数法以相同汽车车身的定位参数来体现基准目标。当然，所选择的车身应该完全符合技术文件规定要求的状况，必要时，还可以通过增加车辆数量来提高目标基准的精确性。

7.2　车身测量的方法

车身测量可以分为通用量具测量与专用量具测量。通用量具测量的方法适用于所有车型，只需要确定所测车辆的测量参数就可以测量，适用于维修车辆种类较多的维修单位。专用量具测量是针对某种特定的车辆设计的量具，只能测量单一车型，如果维修车辆车型单一，那么可以采用专用量具测量。多数的测量过程是以上两种测量的结合。

7.2.1　通用量具测量方法

1）轨道式量规

轨道式量规一次只能测得一个尺寸，记录下每一个尺寸，并从另外两个控制点进行交叉检验，其中至少一个为对角线测定。用轨道式测量的最佳位置为悬架和机械零件上的焊点，因为它们对于部件的对中具有关键性。

常用的轨道式量规包括钢卷尺和测量杆式快速测量尺,当然所用的量具都必须在精度校验后才能使用。

在车身构造中,大多数控制点实际上都是孔洞,车辆图纸和技术文件中给出的尺寸都是中心点至中心点的距离。通常孔洞的直径比钢卷尺的尖端要大。因此,使用带有测量孔洞和螺栓量具的杆式测量尺的测量精度比使用钢卷尺的测量精度要高很多。并且,杆式测量尺能够提供测量点水平的直线距离,避免了测量歪斜造成的误差。

2)机械式坐标测量

坐标测量就是以车辆的基准面和中心线为坐标零点,将全车所有的控制点都按照距离此零点的距离的数值给出控制点的长度、宽度和高度值。测量结果也是三维数据即长度、宽度和高度值,并与数据表中或车辆文件中的坐标比对,从而在测量后得到测量的变形情况。

机械式坐标测量系统,就是将测量系统的中心线与基准面和被测车辆的中心线与基准面重合,通过再次测量,读出长度、宽度和高度值。

机械坐标测量系统一般由长度测量尺、宽度测量滑尺和高度测量管组成。现以 CAR-O-LINER 公司的机械测量系统为例,简单介绍机械测量系统的使用方法。

(1)一般测量分为确定中心线、确定长度零点、测量数据、记录结果四个步骤。

(2)确定中心线:在受损区域,找到两组对称点,使用两组测量滑尺,使对称点的宽度值相同,调整长尺位置,使得这两组对称点的宽度和高度值与给定的数据相同。

(3)确定长度零点:当确定中心线完成后,将长度尺上的刻度调整到其中一组对称点的长度值,即长度刻度与宽度滑尺的焦点为数据表中的长度值,并固定。

(4)测量数据,记录结果:完成以上两步后,就可以按照给定的控制点测量数据了。可以通过数据调整滑尺和高度管,观察量头所在位置与实际的控制点的偏差;也可以先调整滑尺高度管使量头与控制点重合,再同度数与数据表给定的数据比较。在测量过程中要记录下测量的结果,便于以后修复比对。

3)电子式坐标测量

与机械式的测量原理相同。不同点在于将车辆数据、测量度数与记录电子化,并将测量结果与车辆数据自动进行对比后分析车辆变形情况。

现以 CAR-O-LINER 公司的 CAR-O-TRONIC 电子测量系统(图 7-1)为例,简单介绍其使用方法。

图 7-1 使用电子测量系统进行车辆底盘的快速检测

(1)电子测量系统的组成。电子测量系统一般由硬件和软件两部分组成。硬件部分包括:机柜、计算机、测量长尺、测量滑尺、测量套筒及测量探头;软件包括:数据安装光盘和操作手册。

(2)电子测量系统的安装。在安装完成电子测量系统软件后,可以进行硬件安装。

将测量长尺安装在长尺支撑台车(M802)上(图 7-2)并固定牢靠。

接着把测量滑尺放置在长尺上,按动靶心键,启动测量滑尺(图 7-3),按照图中①~③的步骤,设置测量滑尺的零位。

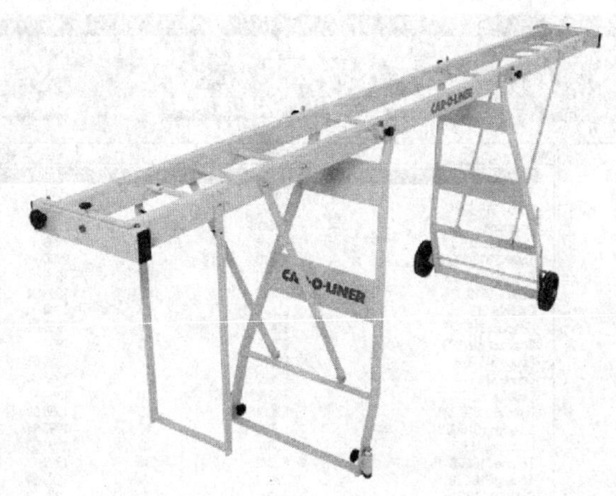

图 7-2　长尺支撑台车

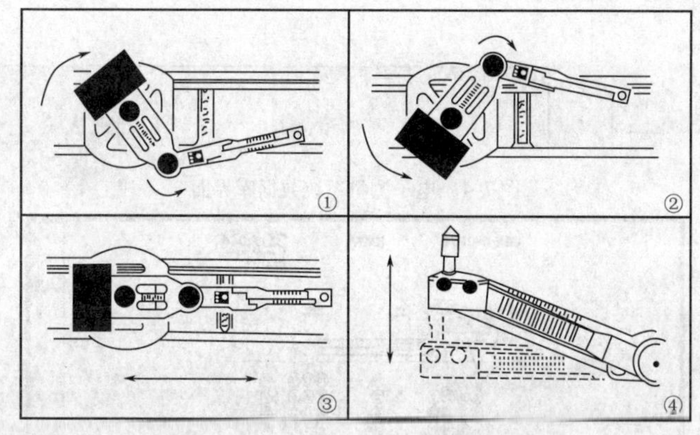

图 7-3　设置滑尺零位

按照以上步骤安装后,就可以使用电子测量系统了。

(3)测量工艺及测量结果分析

①车身数据。CAR-O-TRONIC 电子测量系统,提供强大的车身数据库(图 7-4)。数据库中收纳了 10000 余种车辆的车身数据,为维修车辆提供精准的标准。数据库按照车辆品牌划分,在每款车辆数据的描述中,包含:名称、型号、轴距、底盘号、车身形态、首辆车生产时间以及数据编号和更新时间等信息。

每一款车一般包含两个车身数据表,一个是车辆底盘数据(图 7-5),另一个是车身上部数据。对每款车进行全面的数据描述,每个数据表中包含有一定数量的测量点,以及测量点的编号,长、宽、高数据,简图上的位置,系统使用的测量工具等。按照给定的这些信息,可以快速进行测量。

②建立修复档案。每次的测量一般都是按照建立维修档案、确定中心线、测量车身以及测量数据的输出等四个步骤进行的,见图 7-6。

系统包含:F2-建立维修档案;F3-确定中心线;F4-测量车身;F5-测量数据输出。

建立维修档案是整个测量的开始,是建立测量文件的过程,一次测量中每一步都是基于在

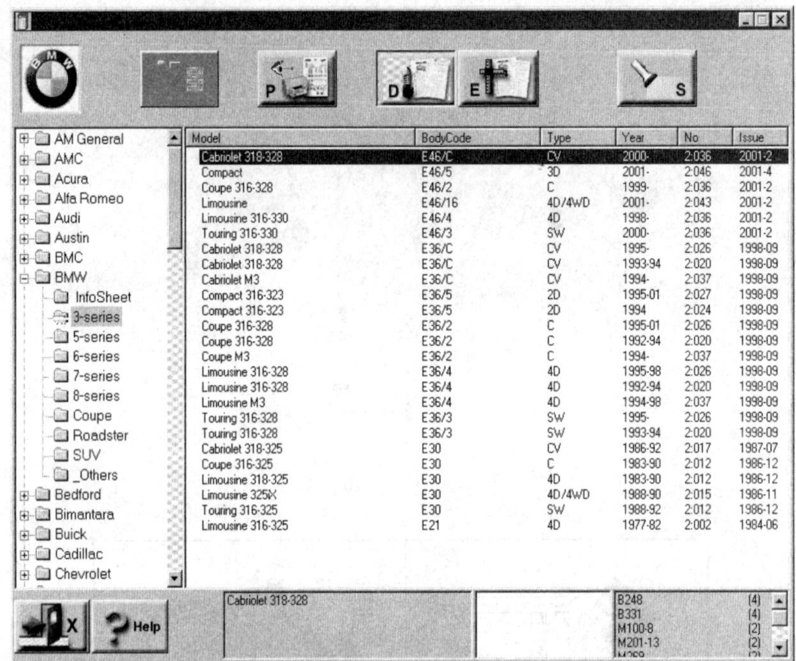

Model	BodyCode	Type	Year	No	Issue
Cabriolet 318-328	E46/C	CV	2000-	2:036	2001-2
Compact	E46/5	3D	2001-	2:046	2001-4
Coupe 316-328	E46/2	C	1999-	2:036	2001-2
Limousine	E46/16	4D/4WD	2001-	2:043	2001-2
Limousine 316-330	E46/4	4D	1998-	2:036	2001-2
Touring 316-330	E46/3	SW	2000-	2:036	2001-2
Cabriolet 318-328	E36/C	CV	1995-	2:026	1998-09
Cabriolet 318-328	E36/C	CV	1993-94	2:020	1998-09
Cabriolet M3	E36/C	CV	1994-	2:037	1998-09
Compact 316-323	E36/5	2D	1995-01	2:027	1998-09
Compact 316-323	E36/5	2D	1994	2:024	1998-09
Coupe 316-328	E36/2	C	1995-01	2:026	1998-09
Coupe 316-328	E36/2	C	1992-94	2:020	1998-09
Coupe M3	E36/2	C	1994-	2:037	1998-09
Limousine 316-328	E36/4	4D	1995-98	2:026	1998-09
Limousine 316-328	E36/4	4D	1992-94	2:020	1998-09
Limousine M3	E36/4	4D	1994-98	2:037	1998-09
Touring 316-328	E36/3	SW	1995-	2:026	1998-09
Touring 316-328	E36/3	SW	1993-94	2:020	1998-09
Cabriolet 318-325	E30	CV	1986-92	2:017	1987-07
Coupe 316-325	E30	C	1983-90	2:012	1986-12
Limousine 318-325	E30	4D	1983-90	2:012	1986-12
Limousine 325iX	E30	4D/4WD	1988-90	2:015	1986-11
Touring 316-325	E30	SW	1988-92	2:012	1986-12
Limousine 316-325	E21	4D	1977-82	2:002	1984-06

图 7-4　电子测量系统数据库界面

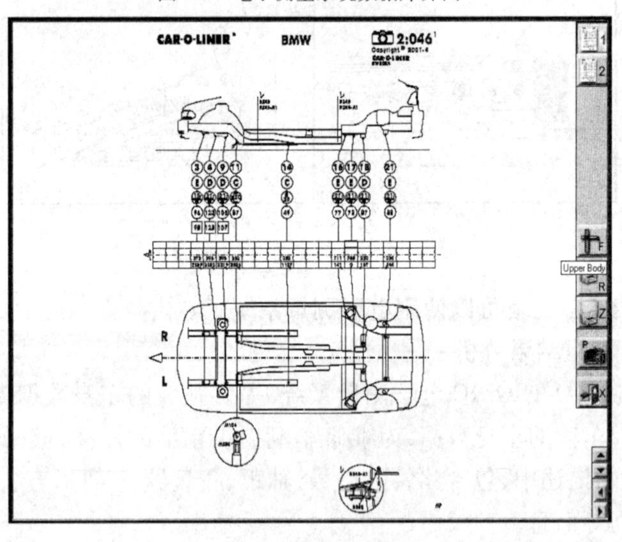

图 7-5　车辆的底盘数据

测量开始时建立的维修档案。

建立维修档案是录入维修基本信息的过程,包括车辆的信息、车辆所有人的信息和维修人员的信息等。

具体的过程是:

a. 创建新的工作单。

从输入工作单的名称或编号开始。点击进入表格(F2)时,工作单的对话框(图 7-7)通常排列在屏幕的左上方并突出显示。直接输入新的名称或编号即可覆盖以前的记录(旧的信息

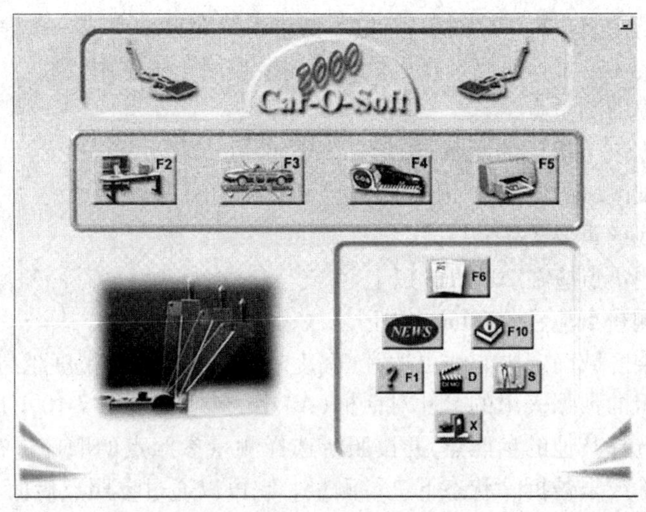

图 7-6 电子测量系统主界面

会自动保存)。

使用 TAB 键或回车键可以在表格的各个栏目间移动选择。

SHIFT 和 TAB 键一起使用可以在工作单表格里反向移动,或使用鼠标/光电笔指向所选区域或图标,点击即可选择。

图 7-7 工作单对话框

b. 打开车型查询目录。

当信息输入完毕后,点击车型查询目录按键(图 7-8)查找所要的车型数据。

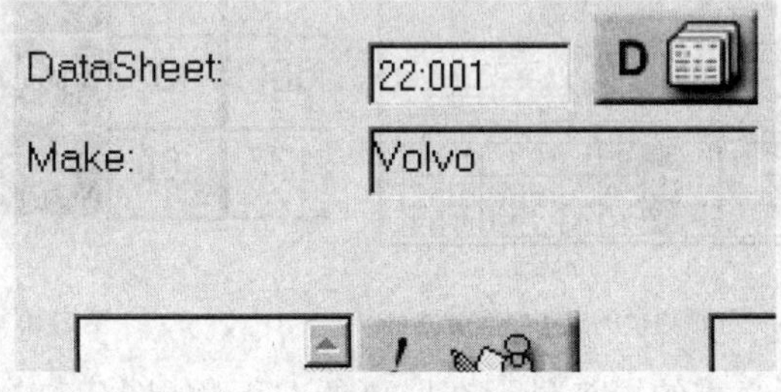

图 7-8 车型数据编号和查询目录按键

c. 选择制造商。

点击激活左侧的窗口,选择正确的汽车制造商。输入制造商的第一个字母或移动光标,直到找到正确的制造商。点击选择,使其突出显示。

d. 选择车型。

点击激活右侧窗口,按照选择汽车制造商的同样方法,选择正确的车型。

完成以上步骤,就完成了建立维修档案(工作单)步骤。

③确定中心线。任何测量系统都要首先确定基准,确定中心线是电子测量系统测量车身

的基准。在对车身若干点(图 7-9)测量后,电子测量系统会自动生成一条虚拟的车辆中心线。

为了获取理想的中心线，建议选择尽量多的测量点用于确定中心线：

a. 使用没有受损的测量点。

b. 利用车身数据表上提供的测量点。

c. 尽量选用驾乘区域的测量点,相互距离尽可能大的间隔。

获得合格中心线的重要提示：

a. 在长度上的测量点应在 2000mm 以上。

b. 在宽度上的测量点应在 1000mm 以上。

c. 在车辆的驾乘区域确定中心线更适宜(幅度越大，中心线的精度越高)。

点击用编号标识的数据表里的尺寸对话框(A)中的参照点(图 7-10),选择用于校准中心线的测量点。继续选择其他的参照点,并按照所选择测量参照点的顺序进行测量。有些参照点可以在部件被拆除或未被拆除状态下进行测量。它可以通过参照点后面的阴影(B)标识出来(图 7-10)。点击该标识的参照点,获取该参照点的有关选项设置。

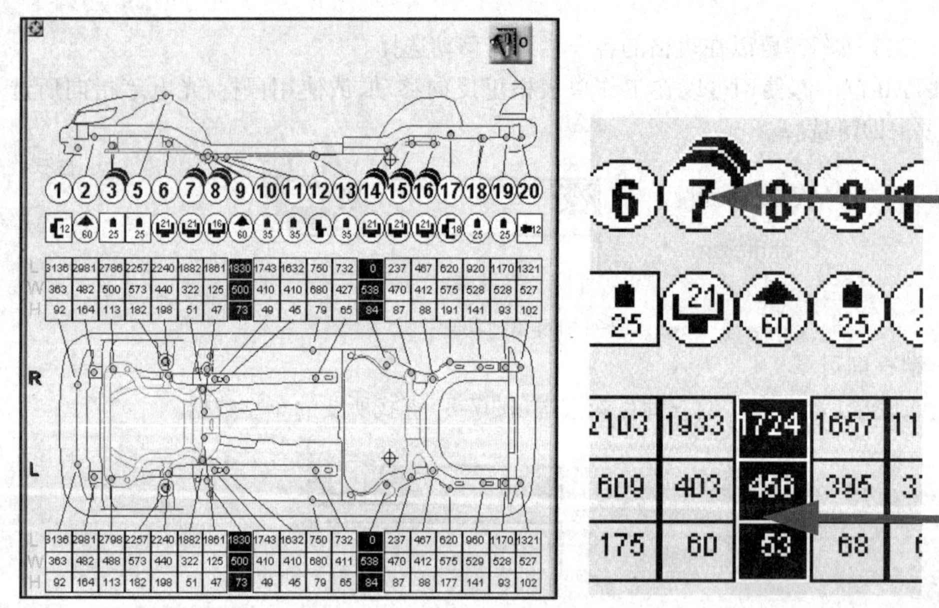

图 7-9　确定中心线需要测量的点　　　图 7-10　测量点信息

测量被激活参照点所必需的探头显示在屏幕的左下角(图 7-11)。用圆圈括住的探头表示部件未拆除状态下获得的测量值。用方框括住的探头表示某些部件有必要被拆除才可测量该参照点。确信选择便于接近测量参照点的延长套管。CAR-O-TRONIC 电子测量系统可以自动识别套管的长度。

将测量滑尺放到第一个测量点并按压靶心键记录测量值(图 7-12)。当记录完第一个测量结果后,下一个测量点将被自动激活。记录该测量结果并继续测量其他用于校准中心线的参照点。注意,请按照输入电脑的参照点的顺序进行测量。

出现在参照点输入区域旁边的靶心符号意味着该校准中心线的参照点已被测量完毕。如

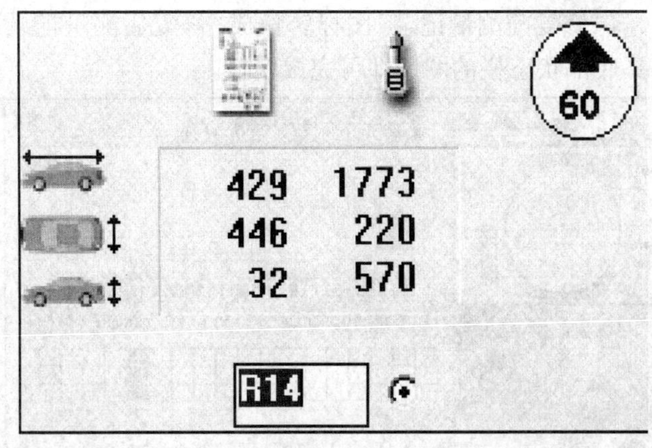

图 7-11 被激活参照点信息框

果某一测量点没有被正确记录，请标记它重新测量。当所有的校准中心线的参照点测量记录完毕，中心线校准的精确参数值将被计算出来。如果对校准中心线的测量结果不满意，找到最不精确的参照点重新测量或删除它，并选择其他参照点测量，见图 7-13。

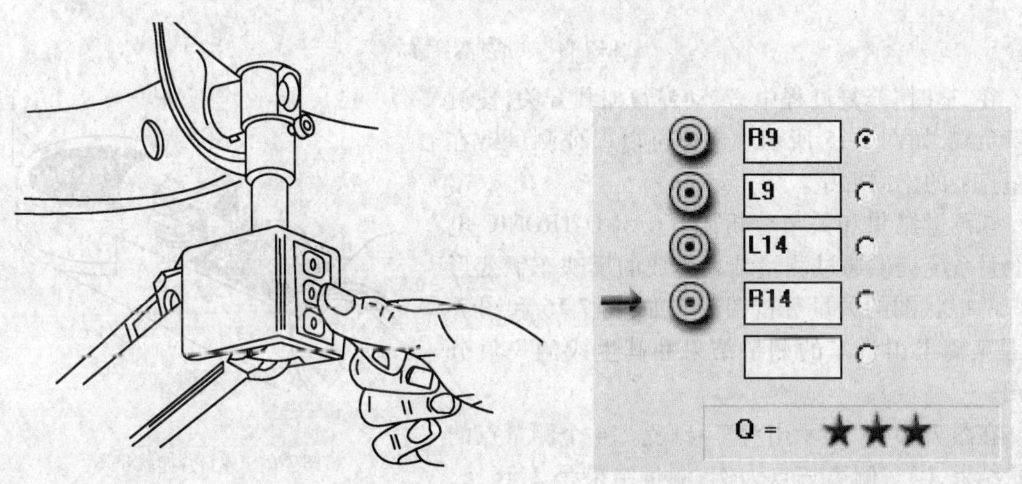

图 7-12 测量按键的使用方法　　图 7-13 中心线的质量评价

④车身测量孔的确定。测量的基本原理（测量探头、套管的选择，部件拆除或未拆除的状态等）与校准中心线参照点的测量是一样的，见图 7-14。测量点的测量值被保存在电脑的存储器里，可以在需要时随时调用。使用数据表里提示的探头进行测量是非常重要的。同时，选择参照点的选项设置（部件拆除或未拆除的状态）也是必要的。被激活参照点的测量探头的正确选择，显示在窗口的左下角。

如果系统处于"打开"状态，距测量滑尺最近的点总是被激活的参照点。无需告诉系统哪个参照点将被测量，电子测量系统会自动跟踪下一个测量点。

如果系统处于"锁定"状态，必须点击选择屏幕上相应的尺寸对话框的测量参照点。要"打开"系统，点击激活的测量点的尺寸框或锁定图标。

碰损诊断完成后,将"修复前测量记录"图标转换成"修复后测量记录"图标,然后继续进行修复工序。点击屏幕底部状态栏的图标即可完成转换。

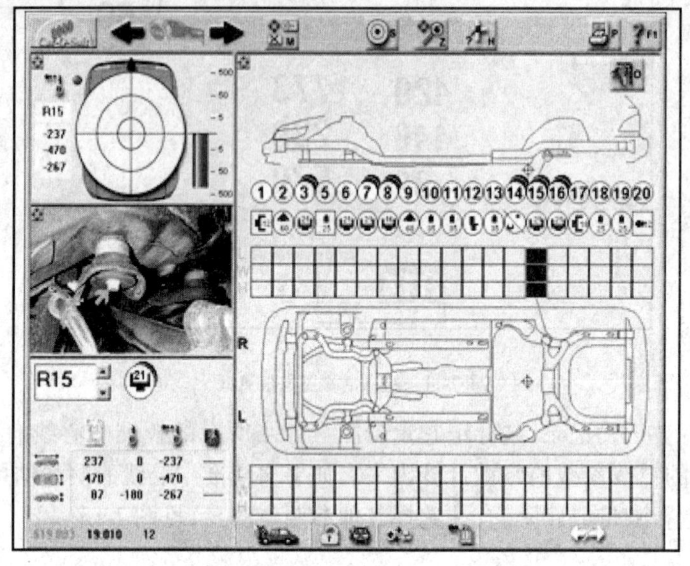

图 7-14 测量步骤界面

在"适时"修复过程中,转动弹簧加载开关,使测量臂负载,如图 7-15 所示。这样可以保证测量臂在测量点上的牢固可靠。

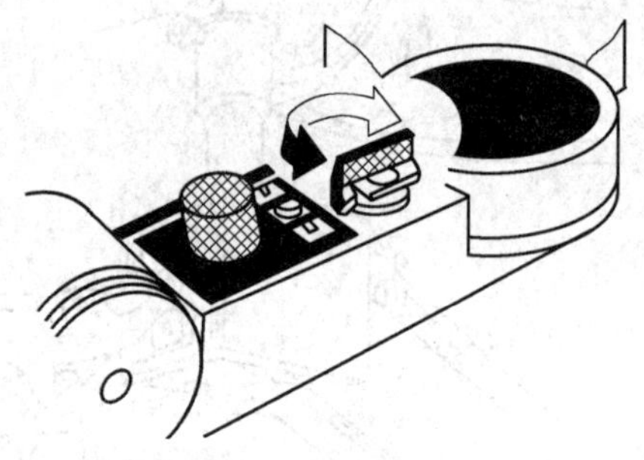

图 7-15 弹簧臂加载开关

⑤测量结果和矢量分析图。CAR-O-TRONIC 电子测量系统提供通过测量结果生成的反映车辆变形情况的棍状图的矢量分析图。例如,图 7-16 和图 7-17 是某辆丰田汽车的测量结果和其生成的矢量分析图。

在图 7-16 中,显示出对车身底盘 14 个测量点的测量结果,以右侧第三点为例:测量结果是 2、16、6,其表示该点长度方向、宽度方向和高度方向的变形量是 2mm、16mm、6mm。变形的方向是:长度方向向前变形(远离原点),宽度方向向右侧变形(远离中心线方向),高度方向向上变形。

那么,该处的车身变形的量的大小在矢量分析图中就以一定长度的线条表示,线条的长度与变形量成正比。变形的方向就是线条的偏移方向,如右侧 3 点,其变形方向就是向前、向右、向上。前两个变形可以通过俯视图体现,高度变形从侧视图体现。

每一个点的变形都会自动地从矢量分析图中表示出来,这对于变形情况比较复杂的车辆尤为重要。很难从大量的数据中体现出车辆整体变形情况。矢量分析图在对测量结果逐点表示后,能够给出车辆直观的损伤情况。例如,图 7-17 能够清楚地显示车辆前部左侧向右变形,右侧向右变形;车辆中后部也受到损伤。同时,也能够分析出车辆碰撞过程,车辆受到来自左前部的撞击,左前部受到损伤;此撞击引起车辆右前部分的间接损伤;在车辆发生碰撞后,前部被迫停止,但是车辆后部由于惯性继续运动,造成间接损伤,也是惯性损伤。同时,造成车辆后

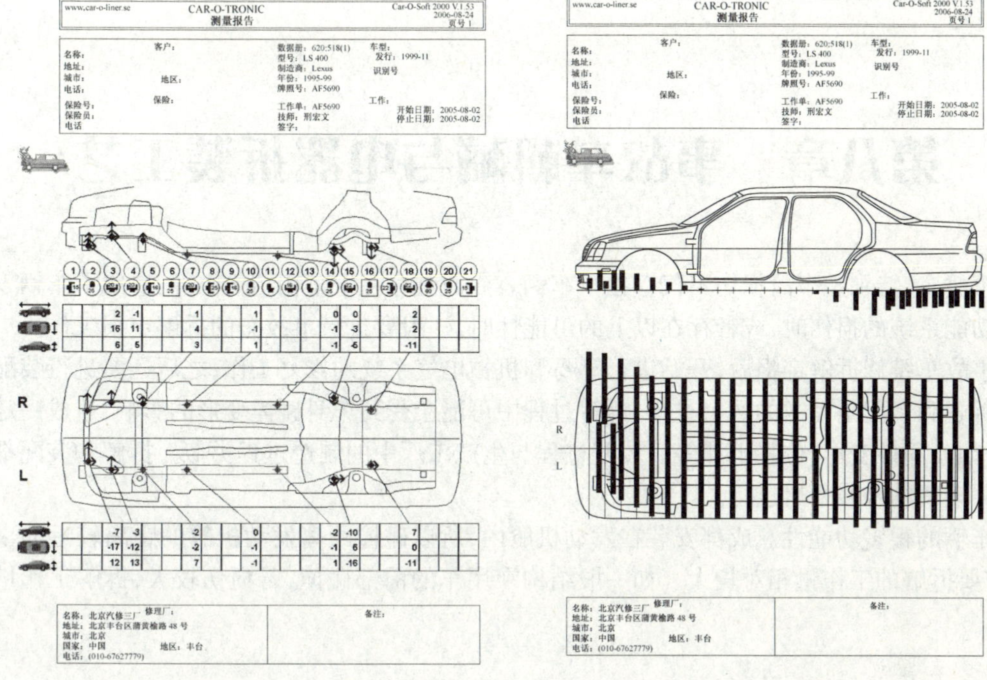

图 7-16　某丰田汽车测量数据　　　　图 7-17　矢量分析图

部下沉。

⑥测量数据的输出。测量结果可以直接由打印机打印输出，也可以保存成电子文档的形式。打印内容包括：修复前测量结果，修复后测量结果；车身底盘测量结果，车身上部测量结果；普通测量测量结果，对比测量结果，绝对测量结果，以及矢量分析图等。

还可以保存输出数据表。

输出形式可以是图片形式，也可以是纯文本文件形式。

7.2.2　专用量具测量法

对于专一车型，仿照生产过程中定位夹具的定位方法，制作定位量具作为车辆的控制点的定位与支撑。由于存在定位实物，所以也是三维测量。不同的是没有具体的数字表示。

测量的一般过程是，按照制定的方法，拆去车身零部件，可能包括动力总成、车身装饰件等。将车用举升机举起，将量具放在车辆下方，降低举升机调整平台，使控制点与量具重合并固定。受损部位通过拉伸等修复方式，使控制点与量具重合，当所有控制点都与量具重合时，车辆即修复完成。

与通用量具相比，专用型更直观，但是如果修复多款汽车就必须购买多款量具，并且每次修复不同车型都要更换量具。

第八章　事故车机械与电器拆装工艺

事故车,特别是事故损伤不仅存在于车辆表面而且存在于车辆结构内部,造成了车辆零部件和功能系统的损伤时,或者存在以上的可能性时,一般要进行事故车的拆解定损工作。

事故车维修拆解定损后,开始进行车身和机械电气系统的修复工作,之后还要进行装配。

拆解和装配是互逆的两个过程,拆解过程中可能会受到车身碰撞变形的影响,造成一定的困难,如紧固件变形、位置干涉等。装配过程与生产工厂中的制造过程类似。拆解和装配都可以参照车辆的维修手册进行。

车辆的很多功能性总成都安装在发动机舱内,所以碰撞距离发动机舱的距离较近的事故车,需要拆解的工作量相对较大。如一般结构乘用车的前部碰撞,若损伤较大,拆解工作量也大些。

8.1　事故车机械类总成的拆装

8.1.1　发动机冷却系统

前置发动机的车辆,在前部碰撞时,发动机冷却系统很容易受到损伤。发生事故后,如果发现车辆有冷却液的渗漏,那么就要对冷却系统进行拆解了。其拆装没有任何难度,将前保险杠拆解后,可以直观地进行操作,一般地,如果损伤已经涉及到冷凝器,那么,前保险杠一定需要换修。

需要注意的是,要防止冷却液的突然涌出造成的污染,所以,拆解前首先要排空防冻液;同样地,安装新的冷凝器后要按照手册加入足够的冷却液。

现在,发动机冷却系统维修,一般以更换新总成为主。

8.1.2　传动、制动、转向和悬架系统

如果车辆发生碰撞部位在车轮处,车辆的传动、制动、转向和悬架系统都可能受到损伤。

前轮驱动发动机前置车辆,在发生上述碰撞情况下,一般会将动力总成等全部拆解;而后再进行分总成的拆解。观察变速器的损伤,判断是否需要进行更换,半轴是否损坏等。

装配时,一般将发动机变速器总成安装在车身上,之后安装传动系统的其他部分。

带有助力机构的系统,如转向和制动,判断执行总成和动力总成的损伤情况,如损伤涉及到了制动分泵,那么总泵是否受损;转向器、转向助力泵和转向助力油壶哪些需要更换。

按照内外顺序拆装。注意收集油液和按照剂量加满排气等。如果只须拆装系统内部分总成,注意保护油管和接口,以及接口处的清洁等。

悬架拆装需要使用专用工具,注意悬架的安装顺序,防止错装。

8.1.3 加热和制冷系统

空调的冷凝器一般和冷却系统距离较近,容易在前部碰撞时损坏。一般地,在拆解发动机散热器时同时拆卸。空调系统,还包括制冷剂储藏罐、空调压缩机等。如果碰撞损伤特别严重,可能会涉及到空调机鼓风机,在拆卸发动机后,可以拆卸鼓风机。

在装配时,与上述的系统一样,需要加注制造工厂要求型号的制冷剂,并且要加注足够的剂量。

另外,机械系统拆卸一般按照自然形成的位置关系顺序进行;装配时,要按照维修手册要求的步骤和方法进行,特别注意,在紧固螺栓时,按照对角加力的原则,按照维修手册要求的力矩扭紧螺栓。

8.2 电气系统的拆装

电气系统与机械系统越来越密不可分,机械系统更多地受到电气系统的控制,所以车辆碰撞事故发生后,电气系统受损的几率也是越来越高。电气系统的拆装也成了一项很重要的工作。

电气系统,更多的使用了集中线束,如果其中一根线束受到损伤后,就需要更换整个线束总成。

乘用车线束一般包括地板线束、发动机线束、仪表板线束以及安全气囊线束等。各系统基本都包含自己的控制线束。

拆装线束要注意,首先将蓄电池电源切断;注意保护,防止电线短路,同时搭铁要牢靠等。

电气系统还包括用电设备,如前照灯、雾灯、转向灯以及车内照明灯等,也包括汽车喇叭、车内音响以及其他的车内豪华设备。

以上设备可能在碰撞中遭到损坏,由于电气设备的价值较高,而且自身坚固性较差,所以,建议在拆装时要格外小心,防止磕碰损伤。

现代车辆设计时,更多使用快速电源连接接头进行线束和电器的连接,所以,在拆卸时要找准接头处卡子的开关,最好自己制作专用的工具撬别卡子开关。

发动机电脑、自动变速器控制模块、安全气囊模块、ABS 控制模块等电子控制系统,也可能在事故中受损。首先,使用解码器对车辆故障进行扫描;然后,对损坏的总成进行更换。

第九章　手工成型工艺

手工成型工艺即利用手锤和顶铁等手工工具对金属板件进行整形操作的工艺。车身上大部分正反两面可以用手触及到的地方,都推荐使用这种成型工艺,因为手工成型工艺整形的力度可以完全由人来进行控制,对形状的要求可以很好地把握,造成二次损伤的情况较少。正因为如此,手工成型操作需要熟练的操作技能和丰富的工作经验,它是每个车身维修工作人员都必须掌握的。

当金属面板有内骨架或内板也存在相当严重的损伤时,应首先使用撑拉设备对结构性的损坏进行修复,然后再利用手工工具逐一进行整形。必要时,可以将内板和外板剥离,分别进行修整,修整后再装合在一起。例如,车门、发动机罩等都可以剥离后分别修整。有些部位在进行手工整形作业时需要在板件上额外施加拉伸力,此时应用拉伸设备辅助,在整形过程中始终保持一定的拉伸力,直到表面整形完毕。

在进行钣金修复之前,必须使用磨光机将修理区域的旧漆层和黏附的沥青、泥土和锈渍等清除干净,板件内部阻碍操作的部件如隔声层、涂层等也要拆除和磨去。加工时,必须保证每一次操作都落在金属表面上,这样,有利于腾出更大的加工空间,方便金属板件的修整与检验。

9.1　手锤敲击整形

在车身修理中,经常要使用手锤对隆起部分的金属进行敲击,促使其表面回弹。在对车身板件进行整形时,要精心选择合适的铁锤,铁锤的工作面必须符合金属板的形状,具有平坦工作面的锤头适合于平坦的或低隆起的表面,高弧面的锤头适合于敲打金属板内侧的弧面;重的敲击锤一般用来作大致的修整,较轻的整形锤应用于最后的精整形。

正确使用手锤的方法是:用右手的小指和无名指握住锤柄的后4/5处,后面留有20~30mm的量,用拇指和食指捏住锤柄,中指则虚搭在锤柄上配合手锤的回弹,握好后的手锤应与小臂基本呈120°角。挥动手锤时,以小指和无名指作为支点,其他手指配合手腕和小臂的力量将锤头向下推,不可用整个手臂或肩部的力量。当锤头回弹时,手腕轻轻抖动,使锤以小指和无名指为支点作环状运动,如图9-1所示。

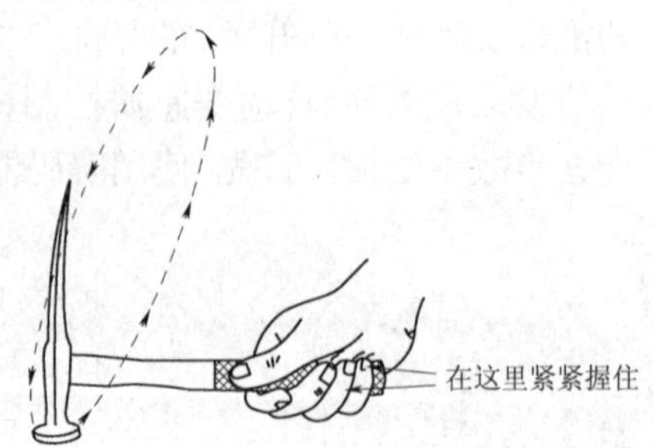

图9-1　手锤的正确使用方法

在对金属进行敲击时,应采用弹性敲击的方式,让铁锤从金属表面弹回来再继续敲击。锤面要与金属表面垂直,敲击的频率以每分钟100~120次为宜,每次锤击的落点根据需要修整的面积来定。使用更轻的精修锤时的要领是快速轻敲,每

一次都使用腕部的力量来控制锤的落点和轻重,落点相对要密集一些,频率也要适当加快。

以上是钣金锤的使用方法,无论是单独使用钣金锤进行整形,还是配合顶铁、匙形铁等工具进行整形,都要采用上述的敲击方法。

单纯用手锤对金属板进行整形时,必须敲打板面隆起的部位,切不可锤击凹陷的区域,锤击必须准确有力。应该明确,要在什么部位、什么时间、用多大的力来敲打多少次。在锤击修复时,应随时检验效果,并不断地调整。

9.2 手锤与顶铁的配合整形

用手锤敲击隆起的金属部位只能使其沉降而不能使其延展,而且用手锤单独校正的隆起部位必须是高隆起、高加工硬化的部位,对于平坦的或低隆起的板件则不能单独使用手锤。实际上,在绝大多数情况下,手锤都是与顶铁或匙形铁等工具配合使用的。

在整个整形过程中都需要用到顶铁。在大致整形阶段,顶铁可以用作冲击工具,敲击金属板的内侧,使凹陷的部位提高或展开折损区域;在精整形阶段,顶铁作为手锤的砧铁可以延展收缩了的金属或支撑较平坦的金属表面,协助手锤完成敲击整形。

顶铁作为配合手锤整形的支撑工具,有两种使用方法:一种是铁锤在顶铁上的敲击方法,铁锤与顶铁之间是需要整形或延展的金属,这种方法称为手锤与顶铁的“对位敲击”,有时也称为“实敲”。另一种方法是,顶铁顶在金属内侧凹陷的部位,而用手锤敲击金属板外侧邻近的隆起部位,两者的作用力不在同一作用线上,这种方法称为手锤与顶铁的“错位敲击”,有时也称为“虚敲”。图9-2为对位敲击与错位敲击的示意图。

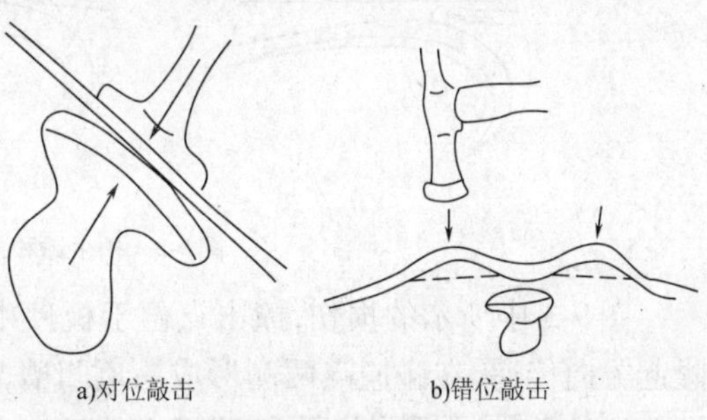

图9-2 手锤与顶铁的对位敲击和错位敲击

对位敲击多用于使收缩的金属延展,而错位敲击则多用来进行整平工作。无论哪种敲击方法,都要求顶铁工作面的形状与加工金属尽量吻合,以免加重损伤。

在进行错位敲击时,顶铁都要从金属上稍微回弹一点,多少会使金属有所提升,回弹力的大小由施加在顶铁上的压力以及顶铁与金属板接触部分的大小和形状有关。当手锤在离顶铁最近的地方敲击时,这种回弹量比较大,敲击的地点离顶铁越远,这种回弹就越小。因此,采用错位敲击时,尽量使顶铁和手锤的距离近一些。

对位敲击的方法适用于修理较小、较浅的凹陷和折损,也可以促进金属的延展,这些情况多出现在隆起加强的部件。铁锤对顶铁部位的敲击必然造成顶铁的回弹,因而,顶铁也会从背面敲击金属。随着顶铁对金属板压力的增大,金属板逐渐恢复到原有的形状。对位敲击的优点是可以将被修整的金属表面整理得非常平滑,但操作不当也可以引起不必要延展的金属发生延展。车身修理人员必须先估计出金属板需要延展的量,然后才可以采用这种方法进行整形,并在整理过程中随时加以检验。由于准确判断金属需要延展的量需要很多车身金属修理的经验,因此尽量避免过多的对位敲击。

图9-3a)所示为车身板件上的典型凹陷卷曲折损,可以使用手锤和顶铁进行整形修复。在进行修复时,首先应分析板件损伤的受力情况和折损发生的先后顺序,辩证地进行校正修复,一般情况下,应按照与折损发生的顺序相反的次序进行修整校正。

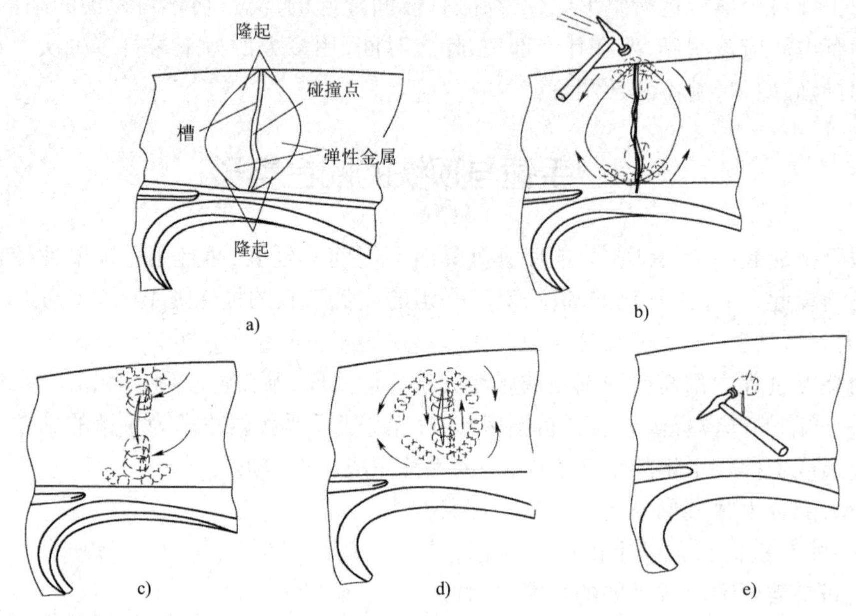

图9-3　用手锤和顶铁修复凹陷金属的步骤

图9-3中所示的损伤,撞击点位于板件中部,由于板件属于隆起加强表面,所以碰撞力沿隆起方向传递,在碰撞点两侧形成一道凹槽,这个凹槽是除碰撞点以外最大的变形区域。随着凹槽向外的扩展,隆起加强对碰撞力的抵抗也越来越强,最终在凹槽的两端形成新的压缩隆起(箭头),箭头的两侧为单纯卷曲变形,凹槽部位实际上是弹性变形区域。

分析了具体情况后可以确定,该处损伤应首先从折损的外端压平,逐渐向中心处(碰撞点)接近,按照与发生损伤相反的顺序进行。

首先,将顶铁紧压在槽端部箭头部位的内面,这里的弯曲程度最轻,但压缩最严重,且加工硬化程度最高;然后,使用平工作面的钣金锤在隆起处的外端离顶铁最近的地方进行轻度到中度的错位敲击,敲击迫使隆起的部位逐渐下降,顶铁处上顶的力量迫使端部凹陷的金属向上抬升,形状逐渐得到恢复。在槽的另一端箭头部位和箭头部位的两侧也重复同样的过程(图9-3b)。

随着隆起处和槽内变形应力的释放,周围的弹性金属必然会返回到它们原来的位置。同时,也可以用顶铁在槽的内面向上敲击,促使回弹(图9-3c)。当折损处的形状基本恢复以后,再用铁锤与顶铁进行对位敲击的方法加以整平(注意,不要引起过多的金属延展),操作顺序参考图9-3d)、e)。最后,完成精修工作,涂覆填充原子灰,整形工作即告完成。

9.3　利用拉拔工具进行整形操作

由于现代车身的结构日趋复杂,许多车身板都由于受到焊接在一起的内部板件和车窗等结构的限制而难以触及它们的内部;或是因为损伤比较轻微且只局限于金属外板,内板没有损坏,如果拆卸内板或拆卸相关构件,对于车身维修来讲,工作量会无形之中加大很多,生产效率大大降低。因此,车身维修中还使用了另一种方法专门用于上述的情况,即将凹陷的金属板件用拉拔的方法抬高,在拉拔的同时,用钣金锤对高点进行敲击。这种方法,有些类似于手锤和顶铁的错位敲击,其工作原理也是一样的。

将凹陷的金属板拉拔出来的方法有很多,以前通常使用的方法是在需要抬高的金属凹陷最低处钻出一个小孔,然后用钩勾住小孔周围的金属,用手向外拉拽,同时轻敲凹陷周围隆起的金属,如图 9-4 所示。对于较大的凹陷可以同时打若干个孔,同时使用几根拉钩向外拉(图 9-5)。

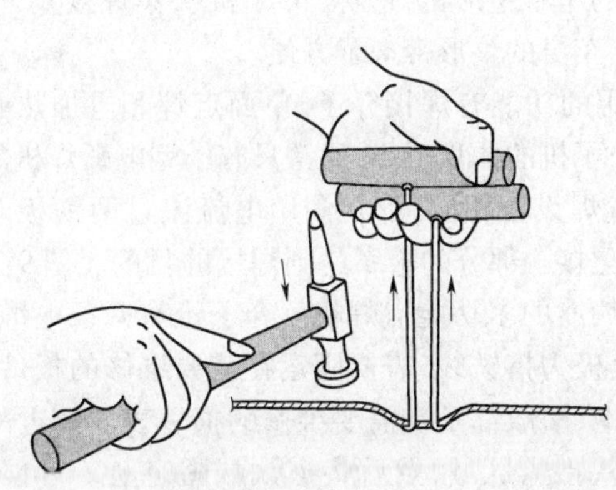

图 9-4　用拉钩将凹陷部位拉出,同时用锤轻敲凹陷周围的高点

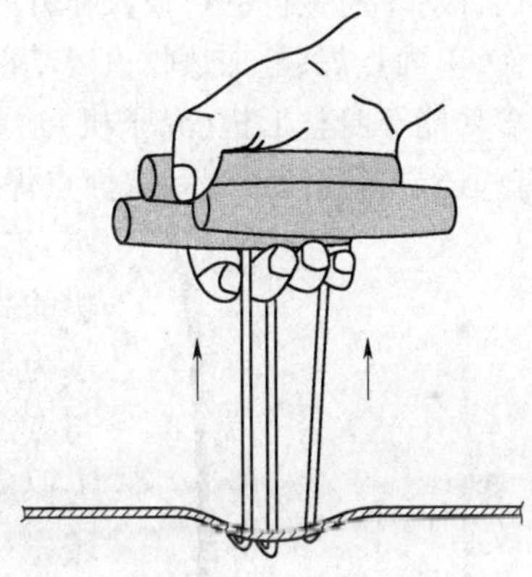

图 9-5　用几根拉钩拉起较大的凹陷

另一种常见的拉拽方式是使用惯性锤拉拽。使用惯性锤时,首先要在金属板凹陷的地方利用焊接或打孔的方式固定一个可以为惯性锤的锤头(通常是钩子)挂住的物件,通常是焊接一个普通的垫圈。挂住惯性锤后,一手扶住惯性锤的把柄,将惯性锤的锤杆摆放成与需要的拉伸力相同的方向,另一手握住惯性锤的滑动锤向后猛拉,利用滑动锤滑动到锤柄时产生的冲击力,将凹陷的部位拉伸出来,如图 9-6 所示。

使用拉拽的方法进行修复时,应首先认真研究损伤情况,确定出最初发生碰撞的位置和方向,然后沿着最初形成的折损凹陷,以 30mm 左右的距离打孔或焊接垫圈,从凹陷最低处逐渐将凹槽拉出,拉伸的同时不断敲击拉拽处周围的高点。采用这种方法,不要一次就将凹陷的位置拉到位,有时需要反复几次才可以达到理想的校正效果。对于第一个拉拽的部位尤其要注意,只能向上稍稍拉出一点,接着再拉下一个位置。这样做的原因是:一是,凹陷最低的地方加工硬化程度高,如果拉伸作用力过于集中、力量过大,可能会引起撕裂;二是,随着周围金属的不断提升,凹陷中心部位也会不断升高,若一次升高过多,可能待修整完毕后凹陷最大的点反

而成了鼓起的点,又需要反过来进行校正,给修理带来麻烦。

需要说明的是,采用拉拽的方法修整的表面没有用手锤和顶铁修整的表面那样光滑,必须填充原子灰进行表面整形,有的时候还要用收火的方法对额外延展的金属进行收缩。

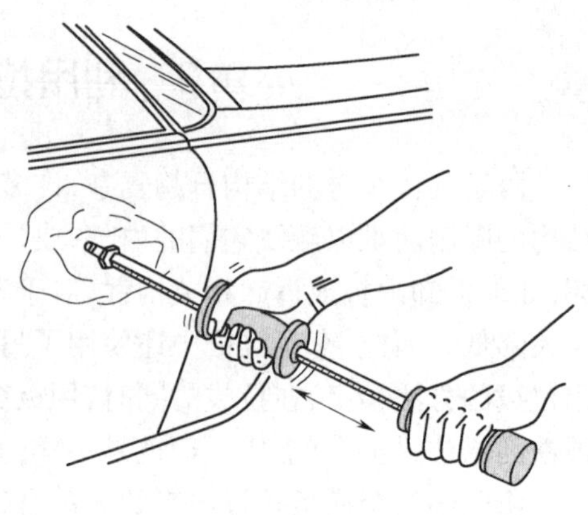

图 9-6　利用惯性锤将凹陷的部位拉出来

采用打孔的方法进行拉伸虽然比较有效,但整形后留下大量的孔,这些孔需要用焊接的方法进行填补,操作不好,既浪费了时间又可能造成更大的损坏,因此,现在已经不推荐使用了。用焊接垫圈采用惯性锤拉拽是很好的校正方法,不论车身结构如何,都可以通过点焊,将垫圈等拉拽介质固定于其上,避免了在车身上打孔,排除了潜在的腐蚀,应用非常广泛。现在,有很多车身维修设备制造厂商还专门针对车身板件的拉拔操作开发了多功能的车身整形机,俗称“介子机”,集焊接介子、拉拽操作、单面点焊、电加热收火等功能于一体,给车身的整形带来了方便。

多功能车身整形机(介子机)功能强大,常用的功能有焊接介子、单面点焊和电加热收火等,有些还具备连续点焊和双面点焊的功能。介子机的体积很小,通常只有小型电弧焊机的大小,工作原理与点焊设备相同,都是利用电流流过两铁板时产生的高电阻热熔化接触部分的金属达到焊接的目的。图 9-7 所示为带有介子机功能的多功能点焊机。介子机有两条电缆线,与点焊机相同,负极为搭铁线,需要固定在需要维修的板件上,为保证可靠地接地,一般都是在需要维修的损坏表面较近的区域先打磨出一小块裸露区域,然后将搭铁端固定上,不可随意将搭铁线连接在车身铁板上,防止造成接触不良而产生电火花引起危险。正极电缆线与焊把相连,焊把可以根据不同工作的需要更换各种不同的接头,如惯性锤、电面点焊头、铜极收火头和炭棒收火头等等。介子机的操作非常简单,在工作面板上设有为各种工作而设好的工作挡位,需要进行何种操作时,就将控制柄扳到相应的挡位即可,不必再调整通电电流和通电时间等参数。

图 9-7　带有介子机功能的多功能点焊机

介子机可以焊接的拉拔介子有很多,常用的有普通垫圈、小螺钉和销钉等,可以根据惯性锤的头部结构更换。焊接时,要首先接好负极,然后在正极焊把上夹住选用的介子,选择适当的挡位后就可以操作了。将选用的介子用力顶在需要拉伸的凹陷部位,轻轻按动正极焊把上的电源开关按钮,只要几百分之一秒的时间,介子就可以牢固地焊接在需要的位置。由于焊接介子时焊机的程序是设定好的,因此不必担心供电时间过长或电流过大而熔穿金属薄板,通电只是一瞬间的事,即使仍

然将手按住开关电钮也不会继续通电，除非是将开关抬起后再继续按压，才会再次通电一次。焊好的介子与板件的接触非常牢固，不可用钳子等工具将其撕拽下来，否则，可能将铁板拉出一个孔洞，需要将其取下时只要夹住介子轻轻拧动即可。

使用介子机时要注意以下事项：

(1)正确调整介子机的功能手柄，并保证可靠接地，不适当的工作状态可能会造成严重的后果。

(2)使用介子机时，必须拆掉车辆的电瓶电源线，防止大电流通过时将车上的电子设备损坏。

(3)清理车身周围，尤其是工作区域周围，不可有油渍等易燃物品，防止火灾。

(4)注意绝缘保护，操作人员应穿戴绝缘手套和绝缘鞋等工作装，不可将线缆放置在有毛刺的金属板断面上。

(5)不要用这种方法修整汽车的油箱、油管路或油箱周围易燃易爆的区域。

(6)将需要焊接介子的地方彻底打磨干净，介子的焊接点也要打磨干净，否则，可能会造成焊接不实。

(7)不要选用纯铜或铝制的介子，因为铜、铝等金属与钢材的焊接强度很差，或根本焊接不到一起。

介子机的其他功能也是应用其同样的原理，如单面点焊和铜极、炭棒收火等，都是利用接触电阻热来达到目的的，因此，在使用其他功能时，也要同样注意以上关于安全的问题。

9.4 金属的收缩操作

对金属构件折损处进行以上的修复，只能使板件的大致轮廓和尺寸得到恢复，但受到拉伸的金属由于拉伸力的作用，使晶格产生变形，晶粒将相互远离，使板件的厚度变薄并发生加工硬化。在对金属进行校正时，也会造成板件厚度变薄而产生延展。由于板件的总体尺寸并没有变化，中间延展了的金属在整形后不会是平整的，而是向上或向下产生隆起或凹陷，并且在轻微力的作用下能够来回弹跳。将拉伸的金属推向凹陷，若在凹陷处填充原子灰，虽然可以得到良好的外观，但由于金属板的弹跳作用，会使原子灰附着不良，最终剥落，因此不是正常确修理方法。

对产生拉伸的金属唯一的修理方法是使其收缩，将金属分子拉回到其原来的位置，使其恢复到应有的厚度，从而使形状得到复原。

收缩金属的方法有多种，对于板件边缘部分延展的金属，可以利用前述的“收边”工艺进行收缩。对于车身修理来讲，绝大多数的延展都是发生在金属板的中部，不能利用收边工艺收缩，所以，一般采用收缩锤进行收缩和利用金属的热变形进行收缩。

9.4.1 利用收缩锤进行收缩

使用收缩锤进行收缩，主要是利用收缩锤工作面上纵横交错的锯齿状凹槽，配合顶铁进行对位敲击的方式来完成的。当用有锯齿状凹槽的锤面锤击金属表面时，必然有部分金属被挤压到凹槽中，形成波浪状而产生金属的堆积。随着锤击次数的增多，堆积的金属就越多，于是延展了的板件局部就可以得到收缩。由于收缩后的金属表面并不平整，在收缩后还要用平面工作锤进行修平工

作,修平也是采用对位敲击的方法,因此,要格外注意,不要令已经收缩的金属又产生延展。

利用收缩锤收缩金属时要注意,有些顶铁的工作面也刻有纵横交错的锯齿面,决不能用收缩锤与收缩顶铁配合使用,两者必须有一个是平面的,否则,可能会使金属不但得不到收缩,反而产生更大的延展,甚至破裂。

使用收缩锤收缩的方法的缺点是,由于每次锤击的收缩效果都不明显,所以需要多次锤击才能达到收缩的目的。但多次对金属板件的局部进行反复锤击又会造成局部加工硬化,使收缩工作变得更加困难,还有可能因为加工硬化程度过高而造成破裂。因此,这种方法只对面积非常小且延展不是很严重的区域适用,对板件中部较大范围延展的收缩,基本上都是采用加热收缩的工艺。

9.4.2 加热法收缩金属——收火

对延展的金属表面加热促使其回缩的原理,在前面讲述金属的加工性质时已经讲述过,这里不再赘述。现在车身维修中对金属加热收缩的加热方法基本上有火焰加热和电加热两种,其中火焰加热在我国应用比较普遍。主要采用氧—乙炔焊的焰炬配合较小号的焊嘴来完成。

1)焰炬加热

在进行收缩操作之前,必须尽量将损坏部位的金属校正到原来的形状,然后对需要进行收缩的部位进行准确地判断,收缩部位必须是在延展最为严重的地方。可以通过来回弹跳延展的金属,判断哪里是延展最薄的区域,通常延展最薄的区域弹跳幅度也最大。找出延展最大的金属区域后就可以对其加热了。

加热的焰炬能率对收缩的效果影响很大,过大的火焰能率会使收缩加热工作难以控制,往往还没有加热到需要加热的范围时,加热中心部位就已经被烧化了;过小的火焰能率又会造成加热时沿板件向外传递的热量过多,加热时间过长,引起较大范围金属强度的弱化和收缩效果不良,因此要调节焰炬的火焰,以中性焰较好。

收缩和加热的范围要根据待收缩部位的剩余金属量来决定,加热的范围越大,热量越难以控制,一般的收缩加热范围为直径 15mm 左右。平坦的金属板应采用较小的加热面积,因为这样的金属板更容易变形,加热面积一般不超过 $10mm^2$。加热时,使焰心靠近金属 4mm 左右的距离并保持稳定,直到金属开始发红(约 500℃),然后缓慢地从加热中心向外沿圆周运动,直到整个需要加热的面积都变成鲜红色(约 800℃),如图 9-8 所示。

当焰炬加热金属上的一小块区域时,受热的金属开始膨胀,周围冷硬的金属产生压缩应力。随着加热热量的增加,受热的金属变得比较柔软,受到压缩应力的作用逐渐堆积并在受热处隆起(图 9-9)。此时收起火焰,用小铁锤在加热区域周围轻敲,促使金属分子之间的靠拢(图 9-10)。在此之间不需要用顶铁支撑金属,除非是发生了凹陷。当金属上的红色消退时,便可以用手锤和顶铁错位敲击的方法(有时根据情况也可以对位敲击)对加热点进行整平了。当金属上的红色完全消退并经过整平后,用一块棉纱蘸冷水使收缩部位冷却,这样做可以使金属更大程度低收缩,也有利于观察收缩的情况,这种做法称为"激冷"。激冷同时也会产生轻微的变形,必须在校正激冷引起的变形后,才能进行下一次的收缩。

对较大的延展面积进行收缩时,首先要收缩的是其最高点,然后再收缩下一个最高点,依次类推,直到整个板面都恢复到原来的形状,如图 9-11 所示。

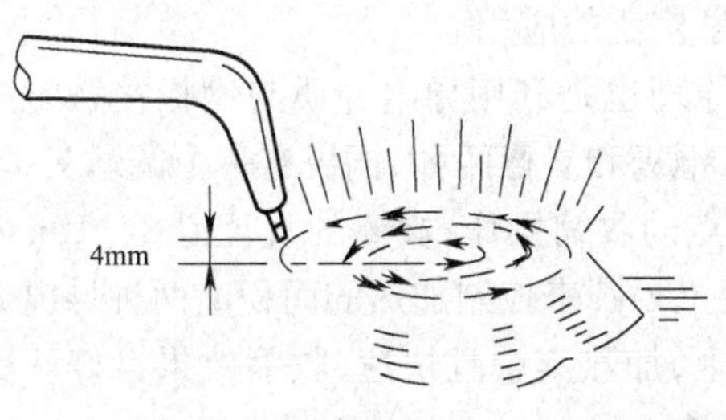

图9-8 焰心和板件保持4mm左右的距离,从中心开始沿圆周方向移动焰炬

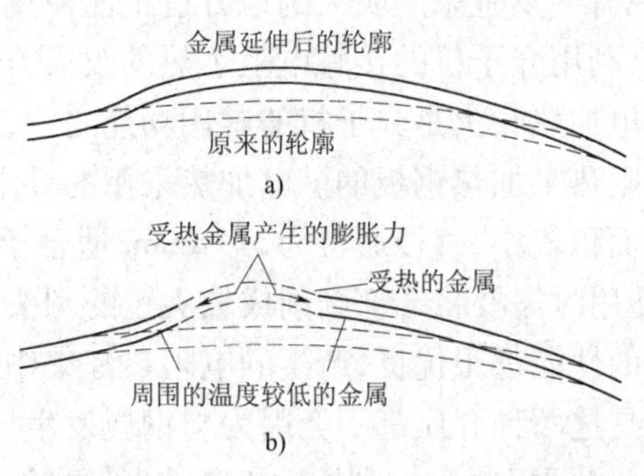

图9-9 加热部位的金属产生收缩

对一块延展的金属需要收缩多少次要根据收缩的状况来定,一次收火不会产生很好的效果。对于较大的延展,有时一次收缩还达不到理想的收缩目的,此时不能继续在原加热点加热,而必须在其附近以梅花状分布其他的加热点,每个加热点之间的距离应保持在20mm左右,不能距离过近。周围分布的各点加热面积一般要小于中心点的面积。

很难准确判断出每一个加热点将会产生多大的收缩量。当收缩过的部位完全冷却下来时,经常会出现过量的收缩。当某一部分产生过量的收缩时,最后一次收缩的金属通常会塌陷或被拉平,收缩区域周围的金属甚至会被拉出原有的轮廓。校正过量收缩的方法,是用较重的钣金锤与顶铁采用对位敲击的方法延展最后一次收缩的金属,最后一次收缩通常是造成过量收缩的直接原因。

在现代汽车修复理念中,由于明火焰加热受热面积大,不容易控制温度,容易造成车身板材强度下降,所以禁止使用明火过度加热车身。

2)电加热收缩

使用氧—乙炔焊的焰炬加热的收缩方法较普遍,操作也比较简单,但也有一定的局限。例如,对某些高强度钢板进行收缩时,加热的范围不易把握,因为收缩时加热的温度必须达到金属

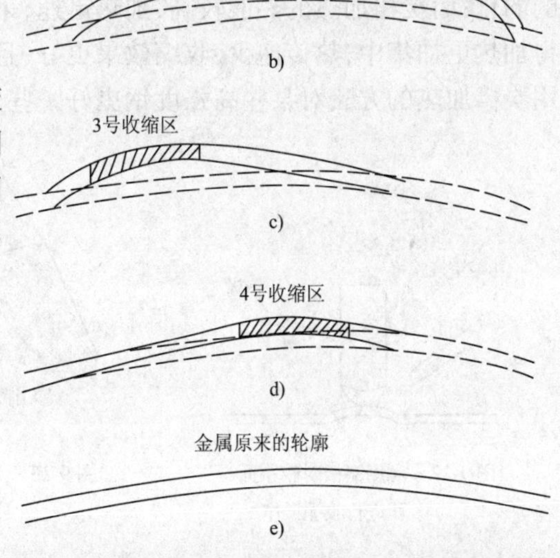

图9-11 对大面积延展金属收缩时,始终要对最高点加热

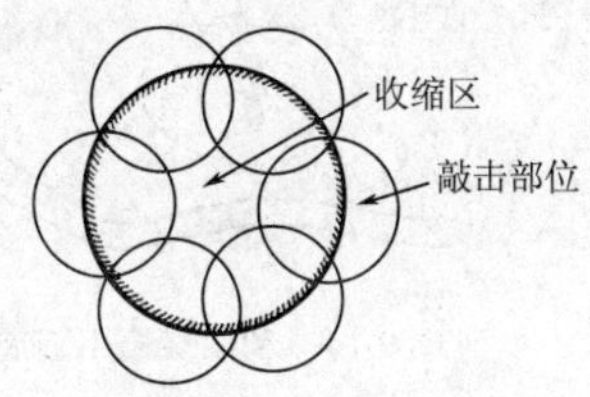

图9-10 用铁锤在加热部位周围轻敲,促使金属回缩

软化的程度，所以加热时沿板件向周围传递的热量会比较多，引起更大范围的强度弱化。另外，在有些不宜采用明火的地方也不能使用氧—乙炔焰炬。因此，开发了其他形式的加热收缩工具，利用介子机的接触电阻生热的收火方法得到了广泛的应用。

电加热收火是介子机的常用功能之一，其工作原理也是利用导电介质与钢板接触时产生的电阻热来加热钢板的。电加热采用的导电介质有铜极和炭棒两种，铜极有一个圆球头，端部接触面积较小，直径通常为5～8mm，适合于较小的点的收缩操作；炭棒的直径以8～10mm较多，使用时需要将端部磨削成较尖锐的圆头，在钢板上划圆来控制加热的面积。两种导电介质导电的性能都很优良，产生的电阻热都集中在钢板上，加热集中且快速，收缩效果良好。更主要的是这两种介质都不会因为与钢板发生接触而粘连。

(1)铜极收火。利用铜极收火时，要将介子机的工作程序手柄调整到铜极收火位置，将介子机正极焊把上固定铜极，负极连接到要修复的钢板。操作时，将铜极顶压在需要收火的部位，按动通电开关，此时通电约1s左右，产生的电阻热将接触部位加热到鲜红色。保持顶压力，用压缩空气吹枪对加热部位进行冷却，促使收缩(图9-12)，待基本冷却后3～5s，停止压力和压缩空气的吹拂，移开铜极，用小钣金锤在加热点上及周围轻敲整形。

(2)炭棒收火。使用炭棒收火时，需要将炭棒截取30mm长左右固定在正极焊把上，太长会引起操作的不稳定，炭棒的前部磨削成略尖的圆头(图9-13)。将介子机调整到炭棒收火的程序挡位(此时是连续供电)，连接负极。将炭棒接触到需要收火的板件部位，确定好需要加热的范围后(通常为直径15mm的圆)，按动电源按钮，从加热范围的外圆周逐渐向内画圆直至圆心，如图9-14所示。接触电阻热将加热的范围加热到鲜红色，移开炭棒，以下的操作与用氧—乙炔焰炬收火时相同。

从以上的操作过程可以看出，铜极收缩不在收缩表面移动，只对小面积的凸点或凹陷进行收缩；炭棒则作为加热的工具，可以对较大的范围进行加热，与焰炬相似。但炭棒加热与焰炬加热最大的区别是，焰炬加热由于加热能率较低，采取的是从加热中心逐渐向外画圆直至达到加热面积为止，在加热期间，热量会向四周传递，扩大加热区域，影响收缩效果和引起板件强度的弱化；而炭棒加热的热能较高，加热迅速，采用的是从加热区域外围逐渐向内画圆的方式，使得加热更加集中，热传递少，收缩效果更好，且对板件强度的影响只集中在加热区域。因此，采用炭棒加热的方法对某些高强度钢更好一些。

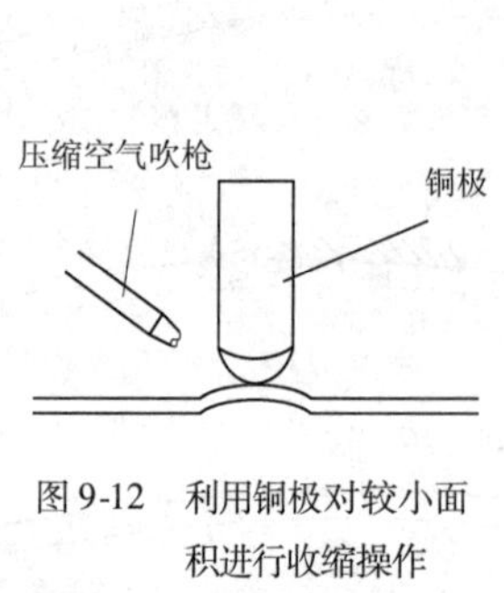

图9-12 利用铜极对较小面积进行收缩操作

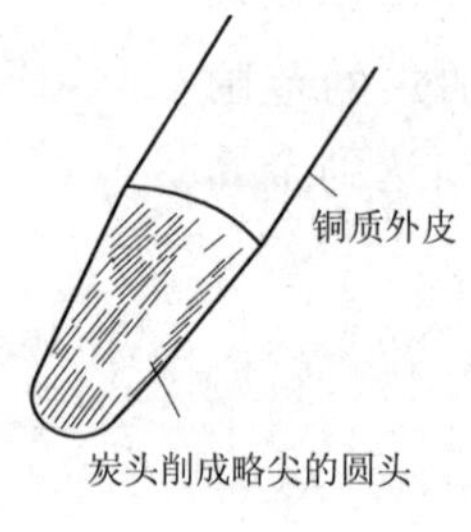

图9-13 将炭棒磨削成略尖的圆头

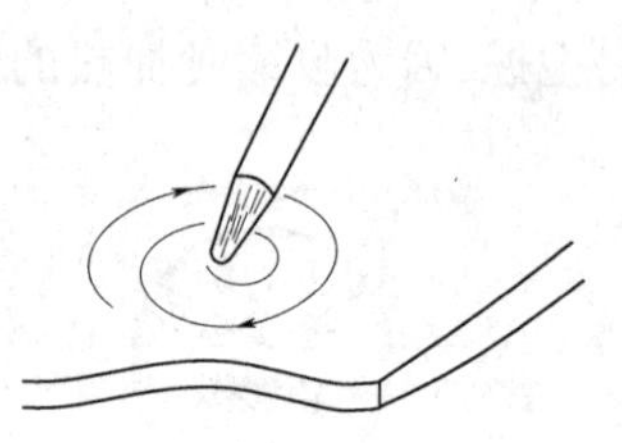

图9-14 利用炭棒由圆周外围心画圆加热控制面积

第十章　车身校正的基本原理与方法

车身的校正与拉拔过程,通常被认为是一种笨重的体力操作过程。实际上,具备适当的设备时,该操作过程相对来说是比较容易的。但重要的是要精确,因为车身校正的质量将直接影响到车辆本身的安全性及车辆行驶的综合性能。同时,消除由于碰撞而造成的车身和车架上的应力变形与应力也是非常重要的。为了达到这些目的,必须使用液压拉拔装置等设备,同时,也要有精准的测量装置来保证拉拔的质量。

10.1　车身校正基础

进行车身校正时,首先要明确车身结构的变形情况。尤其是对整体式车身的汽车需要更加注意。因为整体式汽车车身的结构更加复杂,碰撞力更容易扩散到整个车身,所以,需要根据车身结构的变形情况,能够想像出车辆在发生撞击时碰撞力在车身上是如何进行传递的,要明确车身上的碰撞区域与结构变形区什么部位是直接碰撞导致的变形——直接变形;什么部位是由于在直接碰撞产生时,碰撞力在车身上进行传递而导致的变形——间接变形;什么部位是由于碰撞力在车身上传递而导致车身部件产生应力——惯性变形。

校正车身时,有一个基本的原则,即按与输入力相反的方向,在碰撞区施加拉力进行拉拔。当碰撞很小,损伤比较简单时,这种方法很有效。但是,当出现褶皱这样的局部损伤,或者发生的是剧烈碰撞时,简单地用这种拉伸操作方式就不能使车身恢复原状。例如,车身板件遭受碰撞后,变成了复杂的形状,同时其强度也改变了。如果只在相反方向施加拉力,是无法使其复原的,因为每一个板件的强度与屈服极限(恢复率)都不相同。所以,在拉拔过程中,要清楚每种板材的强度与恢复率,根据每种板材的强度与恢复率来改变拉拔力的大小与方向是非常必要的。这种情况在校正车身时经常碰到。

确定施力方向后,把校正设备安放在使施力方向与凹痕垂直的位置,然后进行拉伸。当然,在进行设备拉拔工作时,有必要考虑使用辅助支撑系统固定需要固定的车身部件。这样做的目的是为了在拉伸修复车身变形部位的同时,保护车身没有变形受损的部位。因为整体式车身结构比较复杂,在车辆发生碰撞时碰撞力容易扩散到车身其他部位,同样,在进行车身拉伸修复时,其牵引力也容易使需要拉伸部位以外的部位发生结构改变。所以,在拉伸过程中,为确保修复的精度,有必要使用辅助支撑系统对未受损变形的部位加以保护。

拉伸中改变拉力方向的一种方法,是把拉力分解为两个或多个方向的力(这是一种改变力的组成和方向的方法)。由于把力加在一个点上不容易取得好的修复效果,所以建议在不同的点上、在不同的方向上施加拉力,巧妙地运用力学中力的合成与分解原理对受损部位进行拉伸修复。综上所述,把力加在与变形相反的方向可以看作是确定有效拉力方向的原则。

10.2 校正维修工艺及校正的安全事项

10.2.1 确定车身修理程序和工艺

任何修理工作之前，首先要确定采取的碰撞修理程序，也就是车身修复工艺。

首先，我们需要精准的测量设备对碰撞后受损变形的车辆进行全车各关键点空间三维尺寸的精准测量，并依此进行车身受损分析。在这种分析上多用点时间，可以使整个修理程序节约很多的时间。

在牵拉开始之前，拆去车上的部件，情况会好些。除非损伤只限于不重要的外部装饰板件。因为整体式车身的损伤较容易扩散到较远处，且有可能会扩散到一些意想不到的位置，有些甚至就藏在这些需要拆下的部件或系统里。在大多数情况下，没有必要将金属板件从整体式车身上拆下，除非是为了修理。

拆卸汽车零部件通常的原则是：只拆卸那些为了靠近汽车上需要修理的部位而必须拆除的部件。将整体式车身的汽车放置在校正平台上之前，拆去悬架和传动装置，过去是被认为必须要做的。现在有了高性能的测量设备与校正设备，有些较轻程度的损伤就不需要再这样做了。在进行修理前，就要根据车身结构、损伤位置和损伤程度等，确定从哪儿拆去这些部件更方便。要仔细研究汽车结构和损伤程度，决定应拆去什么。

决定了整体式车身结构的损伤程度并完全弄清楚了损伤区域之后，就可以进行牵拉和校正。校正的控制点可作为进一步牵拉的有用参考。

计划修理（拉拔）程序时，应记住两条基本原则，以保证通过最小的金属加工量来修复不准直和损坏的部件，并且不会造成进一步的车身结构损伤。

（1）按与碰撞损坏相反的顺序，修理碰撞时出现的损伤（先里后外）。

（2）以与引起损伤的方向相反的方向来设计牵拉顺序。

10.2.2 车身牵拉修复

现在应用在车身修复车间内的主要有两种牵拉系统：

1）单拉系统

单拉系统能在汽车的损伤表面作简单的单向牵拉。对于车架式车身汽车的原始损伤部位，这种系统很有效，并且可以连续地使用。而且这种单拉系统能够有效地调整拉伸的角度。但是这种系统在牵拉修理其他部位损伤时，还需要配备辅助支撑系统对车身没有损坏的部位加以保护。

2）复合牵拉系统

复合牵拉系统（图 10-1）具有支撑和牵拉，甚至双向牵拉的能力，这种能力在修复整体式车身的间接损伤与惯性变形时是很需要的。使用复合牵拉系统，能对任何牵拉进行严格地控制，并大大改进牵拉的精确度。复合牵拉系统可以同时从三点或四点上精确地按所需方向成功进行牵拉。这样就能对整体式车身修理进行必要的控制。多点复合牵拉极大地减小了每个点上所需要的力，因此降低了轻型钢板被拉断的危险。当代的汽车车身设计中，在很多情况下,基本没有足够的可供连接的位置,以便为完成修理传送足够的力。

图 10-1 复合拉伸系统对车辆前部和后部同时拉伸

车架式车身汽车车架牵拉时,可以通过在车架的固定孔(位于车架的架梁上)内放置适当的塞钩的方法固定。为使塞钩与架梁对中,需要用垫块进行调整。如果用猛力牵拉,建议在孔上加一加强垫片。汽车两边用的塞钩状况应相同。

整体式车身汽车,可在车身上压焊若干固定夹,并利用车身底盘夹具与辅助支撑系统很好地将车身固定。在进行牵拉校正准备时,倾向将固定夹"固得紧一些"、"夹得紧一些"。固定夹的安装,必须使拉力方向的延长线通过夹齿的中间。如果做不到这一点,夹子就会受扭力而被拔出,就有可能对这一部分造成进一步的损伤。

对整体式车身汽车进行牵拉操作时,应注意如下事项:

(1)必须用多点固定的方式。如图 10-2 所示,至少需要 4 个固定点,根据车身结构,有时或许还需要另外的固定点。

图 10-2 固定整体式车身的通用型夹具

(2)对于损坏部位的维修或控制,一定要找到 1 个以上的牵拉点。双重牵拉允许拉力增加1倍,而在接触点上引起的损坏很小。

(3)对车身部件和板件进行牵拉操作时,要使用多点牵拉。因为现在的车身金属板很容易发生移位、收缩、延伸。这就是为什么不正确的牵拉(过于集中)更可能增加车身部件的损坏,还不如拆掉更换的原因。

(4)一定要配置安全保护钢索,将安全保护钢索连接到汽车底盘或校正平台的实体结构上。

(5)每一个损伤部位都作为一个独立体看待,因为现在生产的汽车都考虑了对碰撞损伤的隔离。

(6)对于首先发生损伤和后来发生损伤的部位,要认真遵守“后进先出”的原则。在开始牵拉时,有可能偶尔违背这一原则,但在整体式车身维修的“精校”阶段,则总是正确的。

(7)在设计牵拉夹钳进行多点牵拉时,需要充分发挥创造力,包括按照车身局部形状使用金属材料制作仿形的拉具,以及使用其他连接设备作为牵拉工具。

尽管车身结构在设计荷载方向特别结实,但如果使用的是定位夹具去固定车身的话,那么在进行车身牵拉修复时与车身相连的定位夹具会部分过载并损坏,而且如果用定位夹具去固定车身,牵拉时车身金属板材产生的应力也不容易卸去。

将汽车固定在车身校正平台上,要从中心部分向外进行牵拉和校直。要使用电子测量系统的适时监控功能。拉伸修复过程中,注意每一被拉伸的关键点的三维空间位移量。按需要调整牵拉的角度和位置,以完成校正工作。开始时,一边间歇地施加拉力,一边检查车身部件的运动,进一步确定所施加拉力对损坏部位是否有效。如果一些褶皱折叠得太紧,金属有被撕裂的危险,就需要对其加热。加热时要注意,只能在棱角处或两层板连接太紧的地方加热。如果是在车架轨梁内侧低点位置,或在箱形截面部分加热,只能使其状态进一步恶化。加热只能作为消除金属应力的一种手段,而不能把它作为软化某一部分的方法。切记:在车身修复工作中如需要用到加热的工艺,千万不可拿乙炔焊加热!可选择专门用于车身修复工艺中加热的设备。

在预先确定的地方和方向上施加拉力,将损坏变形的钢板慢慢地、小心地恢复其尺寸和形状,完全消除弯曲钢板的应力,就可以实现一流的车身修理。通常牵拉校正的顺序是:长度校正、宽度(侧向)校正和高度校正。

如果校正过程中不能精确地、经常地测量,则很可能牵拉过度。为防止牵拉过度而影响到损坏整体的车身结构,在用任何一种牵拉装置进行牵拉校正的过程中,都要对损坏部位的校正进程进行测量。切记:可以将一块钢板拉长,但要反过来进行推压使其缩短则是不可能的。任何损坏的钢板,在拉拔伸直后,超过了极限尺寸,就很难再收缩和被压缩了。很多情况下,牵拉过度唯一的修理方法就是替换。

在修复前端碰撞、后端碰撞及侧面碰撞导致车身变形的车辆时,首先要观察车辆的变形情况,正确地分析车辆受损的部位是属于直接损伤还是间接损伤,或是因为碰撞力沿着车体传递而导致的惯性力损伤。通过对车体车身进行全面地测量,观察分析车身变形的状态,从而确定应力集中区。修复的原则就是按照车身部件变形相反的方向及相反顺序对其修复。

整个牵拉校正程序的基本任务是将损坏的车身恢复到原来的形状,同时,使金属恢复到原来的状态也非常重要。应当注意非常重要的一点是,外形和状态不是同一事物。有些东西能

变回原来的外形,而不能恢复原来的状态。在牵拉过程中,需要解决两个独立的问题:

(1)恢复车身原来的形状。

(2)减小由于事故使车身变形扭曲而积累在车身中的应力,这叫做恢复原来的状态。

10.3 消除应力

平直金属材料中的晶粒都处于相对松弛的状态。一块金属弯曲时,这些晶粒相对变形,就产生应力。一旦压力解除,如果金属有足够的弹性,晶粒将回到原来的状态。如果金属在碰撞中弯曲的很厉害,外侧的晶粒受张力而严重扭曲,而内侧的晶粒则受压力而扭曲。由于大量应力的存在,就会保持住这种外形。如果牵拉校正允许这些有微小变形和不均匀晶粒的金属恢复外形,而不考虑其状态,那么金属即使恢复到原来的状态,则金属内部的晶粒也不能均匀的分布,这仍处于扭曲状态,形成新的扭曲区域。如将损坏区域整平,而其晶粒强度大大减弱,但还有修复的可能。用控制加热(或不加热)和锤击,晶粒能被激活,重新松弛,恢复原来状态。所以,整个过程应当是:加力使金属恢复到原来的状态,卸去应力,使金属恢复到尽可能的平直。最后,也是最重要的,使金属保持它原来的状态。

第十一章　车身金属材料的修复

对于受损的车辆,维修过程中会遇到无法通过表面形状的修复来恢复到原来的状态,这时一般要通过对损坏部件的更换来达到修复的目的。去除受损的零部件,更换新的车身部件是车身维修过程中最常见的修复形式。正确地切割受损部件,按照制造商规定的方法进行组焊,才能保证车辆在修复后恢复到原来的性能。

现代的车身工艺中,在焊接或铆接的同时也使用黏结工艺,以增强整体式车身的刚度和强度。而修复过程的工艺手段要与生产工艺保持一致,以确保车辆的修复质量。

11.1　结构件的分割

车身结构件更换一般是通过分离焊接接缝进行。但是,对于必须分离深处车身内部的接缝才能更换的零件,也可以将受损部位截断,单独更换零部件的受损部位,这样能够大大降低维修费用。但是,这样的操作必须遵循制造商的维修手册的规定。

由于车辆,特别是整体式车身的车辆,在设计过程中就考虑到安全区和吸能区的强度不同,所以,在更换零件后也要保证各区域的功能与原车一致。特别是存在特殊吸能结构以及车辆材料中存在高强度钢板或者特种钢板时,这一点就更加重要。

如“4.4　安全设计要求”中,介绍了现代汽车车身结构中存在吸能结构。在切割受损区域时,一般要避开这些吸能结构,而整体更换包括这些结构的总成。

切割零部件时,要尽量避开车身工艺孔、加强筋以及发动机等安装的吊耳或安装支架,如前后悬挂螺栓安装点、座椅安装支撑点等。对于多层钢板结构的总成,在切割时一定要小心,防止错误切割到并不需要更换的内层板件。

更换车身板件时,新板件与车身之间使用加强筋加固,加强筋一般从损坏的零部件上获取,所以在切割损坏部件时,要预留出 40 ~ 50mm 加强筋的余量。在测量切割新板件时,要在测量出的尺寸上多预留些余量,根据实际车身位置尺寸,再二次切割。

11.1.1　切割车身梁

车身结构梁存在两种形式,一种是自我完全封闭,如一些车辆的发动机支撑纵梁;另一种是自身为槽形,与其他板件焊接后形成封闭空间。

对于第一种结构,一般更换时采用对接焊工艺,内部加加强筋,所以,在切割时以对接尺寸为标准;而对另一种梁,一般采用搭接焊工艺,在切割时,新的部件要预留出相当于加强筋的余量长度。

11.1.2 切割车门栏板

整体式车身的车门栏板结构,存在两层板与三层板两种结构。不论对于哪种结构,由于此处属于外观部件,所以使用对接工艺更换。在加强筋与新板件和车身之间,要使用塞焊焊接,对接缝隙要焊牢磨平。

切割时,如果接近 B 柱或 C 柱部位,要环绕切割。如果两层板均要更换,这时切口处要错开 20 ~ 30mm。

11.1.3 切割立柱

如果需要更换的立柱为双层板,或者只更换一层板件,则使用加强筋的对接焊接即可。

如果必须更换两层钢板,则需要采用偏置对接焊工艺。如图 11-1 所示,B 柱外板的上下

图 11-1 使用偏置焊接工艺的焊接 B 柱焊缝(B 柱外板没有焊接)

两个焊缝与 B 柱外板加强板的两个焊缝均不在一条直线上,偏置的焊缝在切割时也必须偏置切割,再焊接外板覆盖件。

11.1.4 切割地板

更换中地板以及后地板本体时,不需要切割任何加强梁,使用搭接焊接即可。在板件上钻孔,塞焊焊接,必须对焊缝处密封,防止有毒有害气体进入。

11.2 气体保护焊

气体保护焊可称为熔化极气体保护焊(GMAW),通常又称为熔化极惰性气体保护焊(MIG)。焊接过程中,用惰性气体将电极、电弧区、金属熔池与周围气体隔开,这样,在焊接过程中减少了焊缝受周围空气的影响,并且在焊接过程中由于其熔池较小,产生热量小,因此焊接质量较高,且焊接变形小、对焊件强度影响小、外表美观、焊接速度快、工作效率高,所以,在现代汽车车身维修中被大量应用。

广泛意义上的气体保护焊根据其所使用保护气体的不同,可分为惰性气体保护焊(MIG),

如使用氩气或氦气、氩气氦气混合气、氩气氧气混合气(氧气含量在4% ~5%)作为保护气体;熔化极活性气体保护焊(MAG),即使用二氧化碳气体作为保护气体。对于大多数钢材可以使用二氧化碳气体保护焊进行焊接,而要焊接铝材时应使用氩气或氦气作为保护气体的惰性气体保护焊。

在国内汽车维修行业中,使用二氧化碳气体作为保护气体的气体保护焊接应用较多,下面我们主要从二氧化碳(CO_2)气体保护焊角度,详细介绍气体保护焊。

11.2.1 气体保护焊接设备

1)气体保护焊的设备组成

如图 11-2 所示,气体保护焊主要由焊丝卷轴、送丝滚轴、焊丝、二氧化碳气瓶、焊枪喷嘴、焊机电源组成。在焊接过程中,焊丝连接焊机电源的正极,焊件连接电源的负极,送丝滚轴以一定的速度向焊枪喷嘴和焊件之间输送焊丝进行焊接,同时,从二氧化碳气瓶中经过减压、调流量的二氧化碳气体也输送到焊枪喷嘴内,起到保护作用。

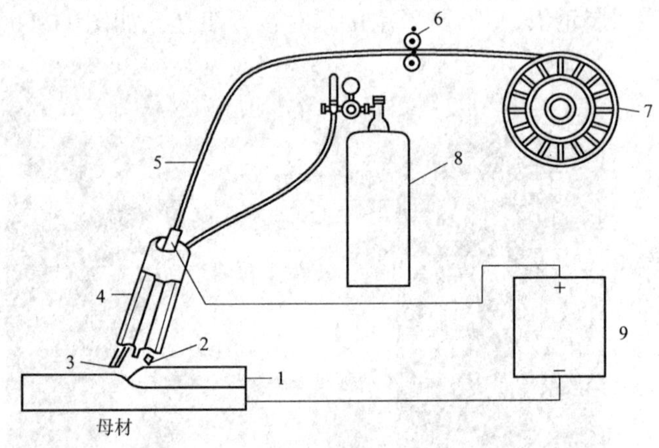

图 11-2 二氧化碳气体保护焊的设备组成

1-焊件;2-二氧化碳保护气体;3-电弧;4-焊枪喷嘴;5-焊丝;6-送丝滚轮;7-焊丝卷轴;8-二氧化碳气瓶;9-焊机电源

2)气体保护焊原理

气体保护焊的焊接原理是短路过渡电弧焊。如图 11-3 所示,在焊接过程中焊丝与焊件金属短路,焊丝的端部产生电弧,此时电弧产生的热量熔化了焊丝金属,形成金属液滴,液滴与焊件相接触形成短路,同时,强电流流过金属,短路部位受到积压力的作用而分离(回烧),分离的金属被转移到焊件上,电弧熄灭,处于熔化状态的金属冷却变平,焊丝以一定速度不断送丝,再次和焊件发生短路,电弧又造成焊丝端部金属熔化,此过程不断反复,实现焊接。

具体的气体保护焊焊接步骤如下:

(1)焊丝在焊接部位出现瞬间的短路、回烧,同时产生电弧,如图 11-4 所示。

(2)每次循环从焊丝端部有一滴金属液滴转移到熔化的焊接部位,同时有二氧化碳气体在焊丝及焊件熔池外形成保护层,避免熔化的焊丝和焊件熔池与周围大气接触,也使产生的电弧更加稳定。

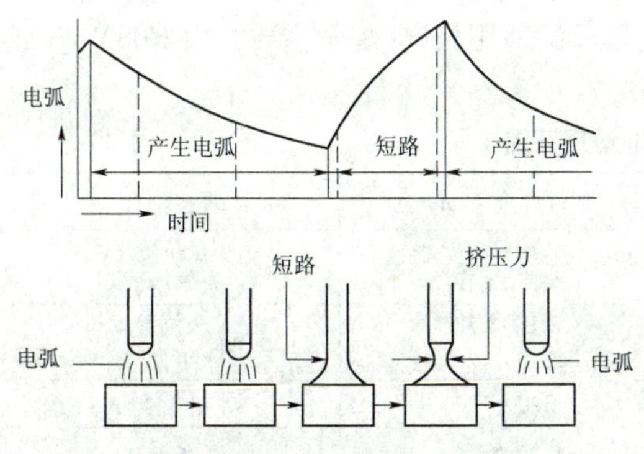

图 11-3 短路过渡电弧焊的工作过程

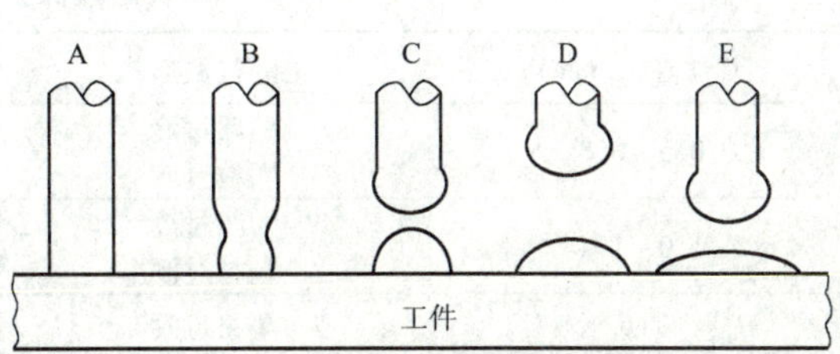

图 11-4 焊丝回烧的典型过程

(3)送丝滚轴以一定速度送丝,焊丝与焊件形成短路,产生的热量使焊丝开始熔化、变细、收缩,这更加速了收缩部位的受热。熔化的收缩部位被烧毁,在焊件上形成熔池并产生电弧,电弧使熔池变平并且回烧焊丝,当间隙达到最大时,焊丝冷却并重新送丝接近工件,焊丝端部又开始升温,并使熔池变平,但不能阻止焊丝与焊件接触,形成短路,电弧熄灭,上述过程又一次重新开始。一般的气体保护焊这种循环次数可以达到 50~200 次/s。

3)气体保护焊的特点

气体保护焊与其他焊接方法相比有显著的优点,因此,它被大量地应用到汽车车身的维修中。气体保护焊有以下优点:

(1)操作简单,容易掌握。

(2)在焊接过程中焊接飞溅小、焊渣少、焊缝清洁美观。但是,使用不同的保护气体焊接效果不同,使用纯二氧化碳作为保护气体的焊接飞溅要比使用二氧化碳—氩气混合气(二氧化碳 25%、氩气 75%)或纯氩气作为保护气体的焊接飞溅多。

(3)不同厚度的金属板材都可以使用气体保护焊。由于气体保护焊在焊接过程中焊接电流较小,焊件加热区产生热量少,板材焊接后变形小,减少了焊接对板材强度的影响,尤其是在对薄板焊接,效果最为明显。

(4)焊接方向多样。由于气体保护焊在焊接过程中对金属的加热时间短,金属冷却速度快,不会产生金属熔滴的滴落。因此,气体保护焊既可以平焊,也可以立焊、仰焊。

(5)可以适用于各种连接形式的焊接。气体保护焊由于其送丝持久、连续,焊接操作简单,因此,适合于诸如对接焊、定位焊、塞焊、搭焊、点焊、连续焊等焊接。

(6)气体保护焊的焊接电流、送丝速度、保护气体流量可调,可以根据实际情况进行相应调整,进而加快焊接速度,提高工作效率。

(7)使用一种焊丝可以对几乎所有种类的钢材进行焊接。

(8)由于气体保护焊的送丝速度自动进行,焊丝浪费少。

(9)焊接过程中,焊件的受热区域较小,热量相对集中,因此,可用在诸如油箱、油管等危险部件附近区域的焊接。

11.2.2 气体保护焊机操作方法

1)气体保护焊的焊接材料

焊丝是气体保护焊的焊接材料,焊丝有不同的直径,主要根据焊件的不同厚度加以选择,

表11-1列出了在进行二氧化碳保护焊时不同直径焊丝的适用板厚,焊丝主要是由H08MnSi或H08Mn2SiA合金钢丝制成。

二氧化碳保护焊的适用范围　表11-1

焊丝直径(mm)	熔滴过渡形式	焊件厚度(mm)	焊接位置
0.5~0.8	短路过渡	1.0~2.5	全位置
	颗粒过渡	2.5~4.0	水平位置
1.0~1.4	短路过渡	2.0~8.0	全位置
	颗粒过渡	2.0~12	水平位置
1.6	短路过渡	3.0~12	水平、立、仰
>1.6	颗粒过渡	>6	水平

2)气体保护焊操作工艺参数

(1)电流。焊接电流的大小直接关系到焊接熔深、熔宽,即直接关系到焊接后焊件的强度和焊件的美观程度。焊接电流过大,熔深会增加,熔宽随着加大,同时产生大量的飞溅,严重时会烧穿焊件;如果焊接电流过小,造成熔深过浅,甚至产生未焊透的现象,焊接后焊缝成型差。选择合适的焊接电流可以提高熔化速度,提高焊接的效率和焊接质量。焊接电流的选择主要由焊丝直径决定,见表11-2。

二氧化碳气体保护焊的焊接电流　表11-2

焊丝直径(mm)	焊接电流(A)	
	短路过渡	颗粒过渡
0.8	50~100	150~250
1.0	70~120	150~300
1.2	90~150	160~350
1.6	140~200	200~500
2.0	160~250	350~600

(2)电弧电压。在焊接过程中影响熔滴过渡、焊接飞溅大小、短路频率和焊缝成型的主要原因是电弧电压。如果在焊接电流正常情况下,电弧电压增高,焊缝宽度、焊缝余高和熔深增加较小;如果焊接电流较小时,电弧电压过高,则焊接过程中焊接飞溅比较严重;电压太低,噼啪作响甚至没有电弧产生,焊丝很容易伸入熔池,造成电弧不稳,熔深增加。如果没有特殊要求,一般情况下,使用细焊丝焊接时,电弧电压应选在16~24V;使用较粗焊丝焊接时,电弧电压应选在25~36V。电弧电压与焊接电流配合情况见表11-3。

短路过渡时电弧电压与焊接电流的配合　表11-3

焊接电流(A)	电弧电压(V)	
	平焊位置	立焊和仰焊
75~120	18.0~21.5	18.0~19.0
130~170	19.5~23.0	18.0~21.0
180~210	20.0~24.0	18.5~22.0
220~250	21.0~25.0	19.0~23.5

(3)保护气体流量。在气体保护焊接过程中,保护气体主要起到保护作用,焊接时选用焊丝越粗、伸出长度越长,则保护气体流量应越大。正常情况下,使用细焊丝进行焊接时,保护气体流量应调整为6~15L/min;使用较粗焊丝焊接时,保护气体流量应调整为20~30L/min。

(4)电源极性接法。气体保护焊电源的接法有反接法和正接法两种。电源的反接法是指焊枪接电源正极,焊件接电源负极,采用这种电源接法进行焊接时,熔丝速度较慢、熔深较大、焊缝较平整,比较适合大多数金属的焊接。电源的正接法与反接法相反,焊枪接负极,焊件接正极,采用此种接法焊接时熔丝速度快、熔深较浅、焊缝堆起较高,在进行堆焊和铸铁焊接时一般采用正接法。

(5)送丝速度。送丝速度主要根据操作人员对焊接现象的判断进行调整。当送丝速度正常时,焊接噪声连续、均匀、平稳,电弧闪光随着电弧的缩短由闪光亮度逐渐减弱,趋于稳定;如果送丝速度较快将会堵塞电弧,产生大量的焊接飞溅,同时伴有刺耳的"噼啪"声,电弧闪光呈现亮度很高的频闪状态;如果送丝速度较慢,可以听到"嘶嘶"声或"啪嗒"声,电弧闪光亮度较高。

正确的送丝速度可以在焊接前进行试焊来确定,但这需要在工作中进行不断地总结,可以肯定的是,在进行仰焊时送丝速度要高于其他焊接。

表11-4给出了在进行二氧化碳保护焊时根据板厚和坡口形式确定焊接的各参数基本数据,仅供参考。

二氧化碳气体保护焊的各参数 表11-4

焊件厚度(mm)	坡口形式	焊丝直径(mm)	焊接电流(A)	电弧电压(V)	气体流量(L/min)
≤1.2	0~3	0.6	30~50	18~19	6~7
1.5		0.7	60~80	19~20	6~7
2.0~2.5	70°; 0.5; 0~0.5	0.8	80~100	20~21	7~8
3.0~4.0		1.0	90~120	20~22	8~10
≤1.2	0~0.5	0.6	35~55	18~20	6~7
1.5		0.7	65~85	18~20	8~10
2.0		0.9	80~100	19~20	10~11
2.5		1.0	90~110	19~21	10~11
3.0		1.0	95~115	20~22	11~13
4.0		1.2	100~120	21~23	13~15

(6)检验气体保护焊接质量的相关参数。为保证焊接质量,需要从焊疤宽度、焊接穿透深度、焊疤外观、焊疤高度等几个方面加以评价。此外,还可以通过破坏性试验检验焊接质量。下面就以1.0mm板厚钢板的正常焊接,说明相关参数。

①搭焊和对接焊的相关参数。焊接完毕后,测量焊疤宽度应在5~10mm之间,从焊件背面观察焊接穿透痕迹的宽度应在0~5mm,穿透高度为0~1.5mm,焊疤高度应为0~3mm,焊疤笔直,无扭曲和起伏不平,焊疤表面没有孔洞和焊渣,起焊圆润、整齐,焊接结束部分焊疤应与起焊一样圆润、整齐,没有明显的孔洞和变形。对焊接质量进行破坏性试验,一般是采用从

焊缝部位撕裂焊件的方法，对于搭焊和对接焊，进行撕裂试验后，撕裂开口应在焊疤部位，撕裂的金属上有与焊疤等长的凹槽或开口。

②塞孔焊（塞焊）的相关参数。塞孔焊（塞焊）的上片金属板一般打孔直径在3～10mm之间，以打孔直径10mm为例，焊接结束后，焊疤直径应在10～13mm，金属背面焊接穿透痕迹的宽度应在0～10mm之间，焊疤高度应在0～3mm之间，焊接穿透高度应在0～1.5mm之间。对塞孔焊，一般采用扭转的方法进行破坏试验，试验结束后，焊件的下片上应有一直径为4～5mm的孔。

11.2.3 基本焊接方法

1）气体保护焊的基本操作

（1）引弧。开始焊接前，用克丝钳剪切焊丝端部的焊丝瘤，并使焊丝端部伸出导电嘴2～4mm。将焊枪置于距焊件表面6～16mm处，按动开关，此时焊丝接触焊件，短路，产生电弧。

（2）焊枪的运动方式。在使用气体保护焊进行焊接过程中，焊枪可以沿焊缝直线运动进行焊接，使用直线焊接方法焊接成型的焊缝，焊疤连续，没有明显的高度变化，但不容易保持，且焊疤较窄，容易在对接焊时产生焊接不牢的现象。除直线焊接法外，还有横向摆动焊接，即焊接时焊丝以焊缝为中心线在焊缝两侧交叉摆动，运动形式如图11-5所示，有斜圆摆动、月牙形摆动、齿形摆动和三角形摆动等。使用摆动焊接时，可以比较容易保持焊疤高度和宽度的一致，形成均匀且间距很小的焊波，外表比较美观。

（3）连续焊时的焊接顺序。在进行薄板连续焊接时，如果焊枪从板材一端直接连续焊接到另一端，此时焊件会形成比较大的变形，因此，在进行较长薄板的焊接时，应遵循一定的焊接顺序，防止焊接变形的产生。图11-6所示为两种正确的焊接顺序。

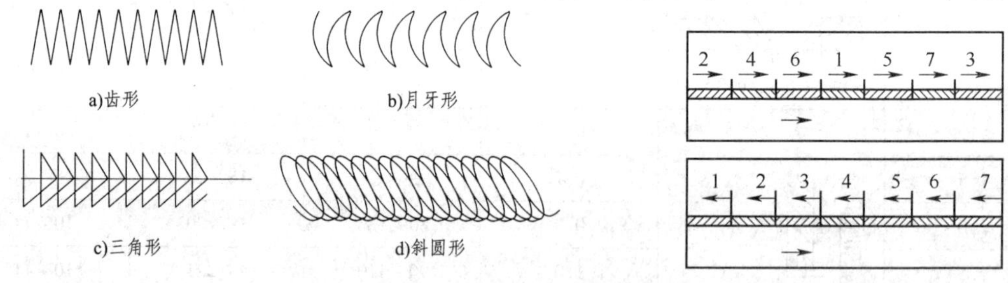

图11-5 气体保护焊焊枪摆动形式

图11-6 正确的焊接顺序

（4）焊疤的连接。进行焊疤连接焊接时，首先在前列焊疤要连接部位前大约10mm左右的位置引弧，然后快速将焊枪移至前列焊疤的连接部位，采用退焊法进行焊接。

（5）熄弧（结束焊接）。熄弧时，应在结束焊接部位的熔池上减慢移动速度，并稍作停留，待熔池填满，然后缓慢抬起焊枪，此时电弧熄灭，这样得到的焊疤圆润、饱满，不容易出现孔洞。如果熄弧过快，会出现弧坑、裂纹和气孔。

2）气体保护焊的操作要领

（1）不同焊姿的操作要领。根据焊件位置的不同，焊接姿态也是多种多样的，但总的来说主要有立焊、平焊、横焊、仰焊四种焊姿。

①立焊时，焊件竖立摆放，焊缝同样竖直，焊枪角度如图 11-7 所示。立焊同样有两种焊接方法：向上焊和向下焊。向上焊接时由于金属熔滴的重力作用，熔池金属向下流动，加上保护气体和电弧的吹力，使熔深加大、焊疤变窄，一般用于中、厚金属板的细丝焊接。焊接时，焊枪应作横向摆动，防止焊疤过窄。向下焊时由于保护气体的承托作用，焊缝成型好，但熔深较浅，适用于薄板的细丝焊接。

②平焊时，焊件平放，焊枪与焊件表面的垂线夹角为 10°～15°，有左焊和右焊两种方法，如图 11-8 所示。右焊法焊缝饱满，但易焊偏；左焊法焊接熔深大，焊接过程中可以始终观察待焊区域，不易偏离焊缝。

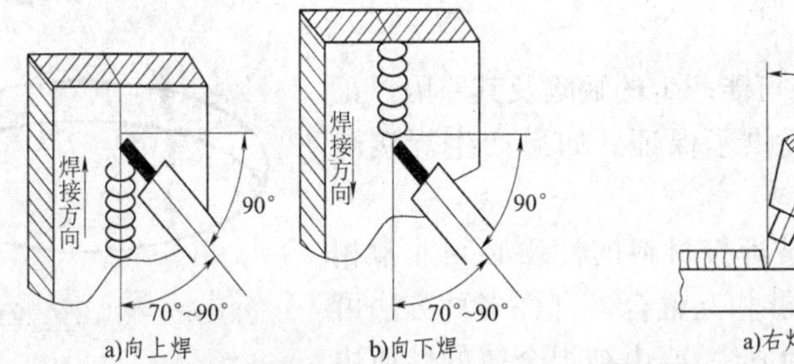

图 11-7　立焊焊法

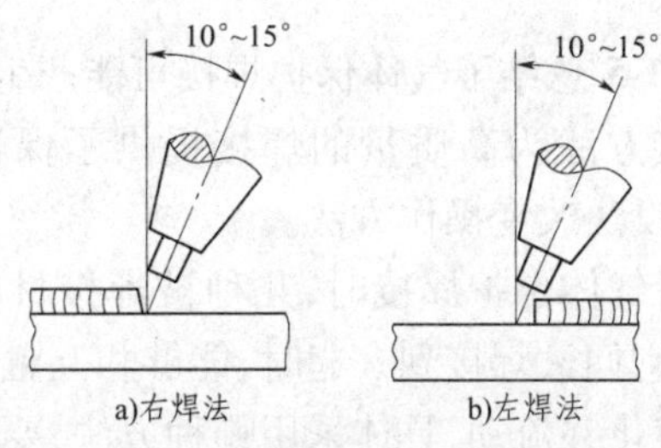

图 11-8　平焊焊接方向及角度

③横焊时，焊件竖立摆放，但与立焊不同之处在于焊缝水平，焊枪角度如图 11-9 所示。由于金属熔滴的重力作用，容易发生咬边、焊瘤和未焊透情况。进行横焊时，应采用细丝、直线往复摆动方式进行焊接。

④仰焊时，焊件基本位于焊接人员头上，焊接人员需要仰视焊接，此种姿态进行焊接时难度较大，应选用细焊丝、小电流，并且加大保护气体流量。

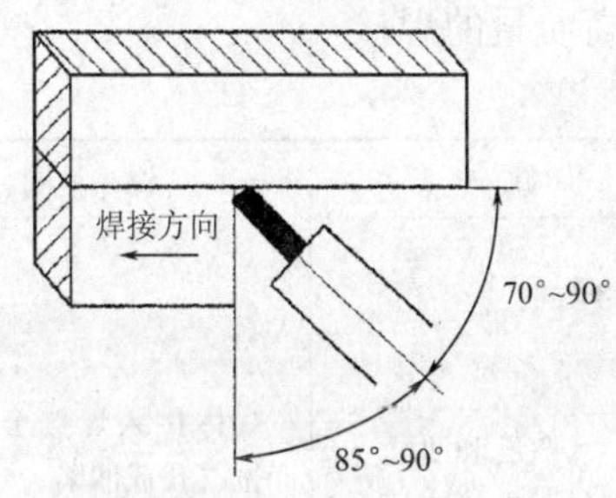

图 11-9　横焊法

(2) 不同焊接方法的操作要领。使用气体保护焊进行焊接时，有 6 种基本的焊接方法：定位焊、连续焊、塞焊、点焊、搭接点焊和连续点焊。

①定位焊。是一种临时性点焊，它主要用于在焊接之前对焊件进行临时性的小点状焊接取代定位装置，各焊点的间距为焊件厚度的 15～30 倍。在定位之前，应将焊件按焊接要求对正，焊接时熔深不要过大，只要能够固定住焊件即可。

②连续焊。是焊枪连续稳定的进行焊接，焊接时要求焊枪运动连续稳定，并尽量靠近焊件，以获得适合的熔深和高度、宽度恒定的焊缝，较高的焊接质量。

③点焊。是将电弧引入被焊的两块金属，实现两块金属的焊接。搭接点焊是将电弧引入下层金属板，使熔化的金属流入上层金属板的边缘实现焊接。连续点焊是一串相连或重叠的点焊，形成连续的焊疤。

④塞焊(塞孔焊)。是一种替代电阻点焊的常用焊接方法。塞焊的应用基本上没有任何的限制，而且塞焊的焊接强度较高，可以对一些比较重要的结构件进行焊接。塞焊前，首先将两层板件的上层板件钻(冲)孔，并将两块板材紧紧固定。钻(冲)孔的间距、直径应视板厚和焊点距板件边缘而定，板件越厚则孔的直径相应加大，间距适当缩小，薄板则相反。焊接时，焊

枪在孔内作缓慢的由内向外或由外向内的螺旋运动，如图 11-10 所示。待整个孔被熔化的金属填满后，抬起焊枪结束焊接。焊接完毕后，下层金属背面应微微外凸，此时表明熔深较好，但应注意焊点不可进行强制冷却，应使焊点缓慢冷却，防止板件变形。在进行多层焊接时，下层板件的钻(冲)孔直径应小于上层板材的钻(冲)孔直径；同样，在进行不同板厚的板材焊接时，厚板钻(冲)孔直径应小于薄板钻(冲)孔的直径。

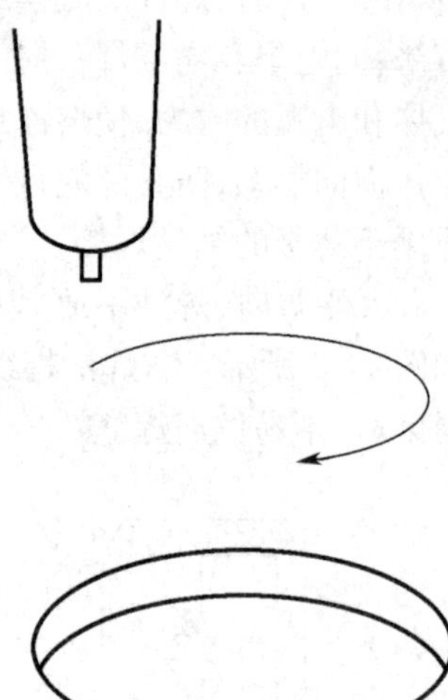
图 11-10 塞焊的焊枪移动

11.2.4 气体保护焊焊接缺陷

表 11-5 总结了气体保护焊接可能产生的缺陷及其原因。正确的焊接方法为高质量的焊接提供了保证。如果产生焊接缺陷，就应设法改变操作方法。

进行气体保护焊接时，几种被焊接材料的性质必须非常相似，以使它们被焊接到一起时，能够相互融合。有许多种方法可使金属熔化并流动，具体采用哪种方法，要由被焊金属的性质决定。使焊接部位保持清洁、几种性质相似的金属的融合以及正确的加热，做到这几点便可获得高质量的焊接。

气体保护焊接的缺陷 表 11-5

缺　陷	说　明	主要原因
气孔和凹坑	气体进入焊接金属中会产生气孔或凹陷	(1)焊丝上有锈迹或水分； (2)母材上有锈迹或污物； (3)不适当的阻挡(喷嘴堵塞、弯曲或气体流量过小)； (4)焊接时冷却速度太快； (5)电弧太长； (6)焊丝规格不合适； (7)气体被不适当的封闭； (8)焊缝表面不干净
咬边	咬边是由于过分熔化的母材形成一个凹槽，使母材的横截面较小，严重降低了焊接部位的强度	(1)电弧太长； (2)焊炬角度不正确； (3)焊接速度太快； (4)电流太大； (5)焊炬送进太快； (6)焊炬角度不稳定
熔化不透	这种现象发生在母材与焊接金属之间，或发生在两种熔敷金属之间	(1)焊炬进给不适当； (2)电压较低； (3)焊接部位不干净
焊瘤	角焊比对接焊更容易产生焊瘤，焊瘤会引起应力集中而导致过早腐蚀	(1)焊接速度太慢； (2)电弧太短； (3)焊炬送进太慢； (4)电流太小

续上表

缺陷	说明	主要原因
焊接熔深不够	此种缺陷是由于金属板熔敷不足而产生的	(1)电流太小； (2)电弧过长； (3)焊丝端部没有对准两层金属板的对接位置； (4)槽口太小
焊接溅出物过多	过多的溅出物在焊缝的两边形成许多斑点和凸起	(1)电弧过长； (2)母材金属生锈； (3)焊炬角度太大
溅出物(焊缝浅)	在角焊缝处容易产生溅出物	(1)电流太大； (2)焊丝规格不正确
垂直裂纹	裂纹通常只发生在焊缝顶部表面	焊缝表面被脏物弄脏(油漆、油、锈斑)
焊缝不均匀	焊缝不是均匀的流线型，而是不规则的形状	(1)导电嘴的孔被损坏或变形，焊丝通过嘴口时发生振动； (2)焊炬不稳
烧穿	焊缝内有许多孔	(1)焊接电流太大； (2)两块金属之间的坡口槽太宽； (3)焊炬移动速度太慢； (4)焊炬至母材之间的距离太短

11.3 电阻点焊

电阻点焊是汽车制造厂在流水线上对整体式车身进行焊接时最常用的一种方法。据估计，在各汽车制造厂对整体式车身进行的焊接中，有90%～95%都采用电阻点焊。在美国，电阻点焊还广泛应用于汽车遮阳顶的安装和汽车的改装。

越来越多的汽车制造厂指定用电阻点焊来修理焊接他们制造的汽车，作为一个汽车修理人员，有必要掌握电阻点焊的焊炬操作方法。

挤压式电阻点焊机适用于焊接整体式车身上要求焊接强度好、不变形的薄型零部件。常见的应用范围包括车顶、窗洞和门洞、车门板以及许多外部壁板。由于整体式车身修理对焊接强度的要求较高，并且经常要使用电阻点焊机，所以修理人员必须知道如何调整焊机、如何进行试焊和焊接。

11.3.1 电阻点焊焊接原理

点焊是电阻点焊的简称，它是利用焊钳两极之间低压电流流过两块金属产生的电阻热和焊接电极的挤压力，来实现金属板材的焊接(图11-11)。

压力、电流、加压时间是电阻点焊过程中的重要参数。

1)压力

焊件之间的焊接机械强度与点焊钳电极头施加在焊件上的压力有直接的关系，焊钳电极头将金属焊件挤压在一起时，电流从焊钳电极流入焊件金属，使金属熔化并融合在一起。如果焊钳电极的压力太小或者电流过大，都会产生焊接飞溅；而焊钳电极压力太大则会引起焊点过小，降低了焊接部位的机械强度，因为焊钳电极间的压力过大，使焊钳电极压入焊件熔化部位，

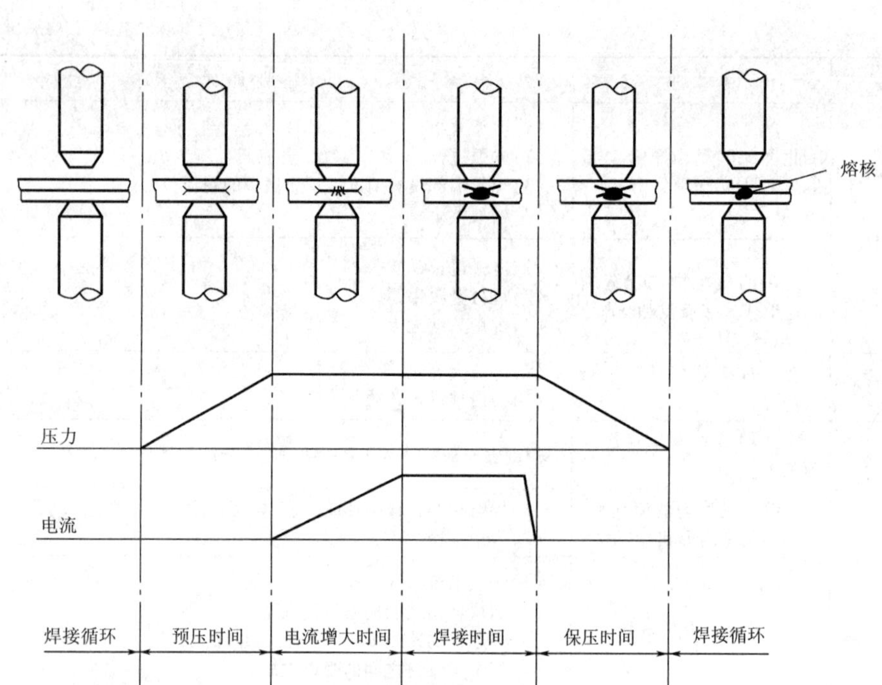

图 11-11 点焊机焊接原理图

降低了焊接质量。

2)电流

焊接时电流流过电极,流入金属焊件,在金属连接处(电阻值最大位置)产生较高的温度,当电流持续通过此处,则温度不断上升使金属熔化并融合在一起。若电流太大或电极压力太小会产生焊件间的焊接飞溅,此时应减小电流,同时适当增加电极压力,便不会发生焊接飞溅现象。

3)加压时间

点焊时焊接电流的接通时间非常短暂,如果加压时间过短就不会使焊件金属有效地融合,加压时间过长又造成加压过度,使焊点过小,外形变差。合适的加压时间可以使焊点呈现圆而平整的外形。

11.3.2 电阻点焊机的构成

电阻点焊机一般由直流变压器、焊接电缆、焊枪(包括加压气缸)、散热系统以及控制系统组成,如图 11-12 所示。

(1)直流变压器:提供稳定的直流电源,提高焊接能量。

(2)焊接电缆:连接变压器与焊枪,实现焊枪的灵活操作。

(3)焊枪:包括双边点焊枪和多功能枪(多功能点焊机);气缸提供焊接压力。

(4)散热系统:有风冷和水冷两种形式,降低变压器、电缆以及焊枪的温度。

(5)控制系统:实现焊机的焊接以及其他功能。

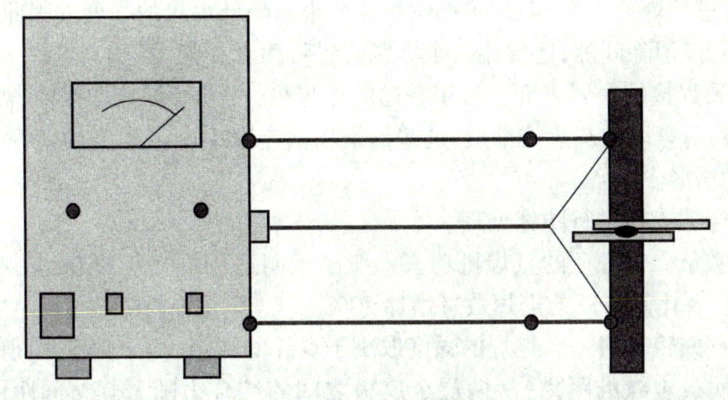

图 11-12　点焊机基本构成

11.3.3　电焊机的调整

为使点焊部位有足够的强度，在进行操作前，要对所使用的点焊机进行必要的设置与调整：

(1)应根据需要，选择合适的焊接 C 形夹钳(电极臂)。目前最好的焊接机所使用的是 C 形焊接夹钳，这样能够保证在焊接时保持均匀的夹紧力。

(2)调整电极间的间隙。

(3)调整对准焊接电极。将两个电极头对准在同一条轴线上。如果电极头对准状况不好，将引起加压不充分，而又会造成电流过小，并降低焊接部位的强度。

(4)检查电极头。电极头角度不正确或直径增加，焊点的直径会减小。但是，如果电极头直径太小，焊点的直径也将不再增大。必须适当控制电极头直径，以获得理想的焊接深度。在开始操作前，要先弄清电极头直径是否合适，然后用专用磨削工具将它打磨干净，以便清除电极头表面的燃烧生成物和杂质。随着电极头端部杂质的增加，该处的电阻也随着增加，这将会减小流入母材的电流并减小焊接熔深，从而导致焊接质量下降。经过长时间的连续使用后，电极头端部将不能正常的散热而造成过热。这将使电极头端部过早的损坏而增大电阻，并引起焊接电流急剧下降。如果电极头端部已被损坏，要用电极头端部清理工具进行整形。

(5)焊接时间调整。电流流过的时间也和焊点的形成有关。当电流流过的时间延长时，所产生的热量增加，点焊直径和焊接熔深随之增大。焊接部位散发出的热量随着通电时间的延长而增加。经过一定的时间后，焊接温度将不再增加，即使通电时间超过了这一时间，焊点直径也不会增大。但有可能产生焊丝端部的压痕和热变形。

11.3.4　电阻电焊机的操作

多功能点焊机的操作比较简单，一般参数由点焊机自身保证。操作人员只要根据焊接板件的厚度和材料选择焊接的时间和压力。

同时，根据修复的实际情况，选择长度合适的焊枪卡钳。

在使用点焊机进行焊接操作时，还要注意以下问题：

(1)焊接表面的间隙。两个焊接件表面之间的任何间隙都会影响电流的通过。虽然不消除这些间隙也可进行焊接操作,但焊接部位将会变小而降低焊接的强度。因此,焊接前要将两个金属表面整平,以消除间隙,还要用一个夹紧装置将两者夹紧。

(2)清理需要焊接的金属表面。对于普通的点焊机,在进行焊接操作前,需要清理焊接金属表面的油漆层、锈斑以及灰尘或油质,这些污染物都会减小电流强度而使焊接质量降低,并且会引起飞溅物增多。

(3)在焊接金属表面进行防锈处理。

(4)点焊的数量。修理厂的点焊机功率一般小于制造厂的点焊机功率。因此,和制造厂的点焊数量相比,要比制造厂的点焊数量增加30%。

(5)最小焊接间距。每一次点焊的强度取决于点焊的间距(两个焊点之间的距离)和边缘距离(焊点到金属板边缘的距离)。两层金属板之间的结合力随着焊接间距的缩小而增大。但是,当间距缩小到一定值时,金属产生饱和。如果再进一步缩小间距,结合力将不再增大,这是因为电流将要流向已被焊接过的焊点。随着焊点数量的增加,这种往复的换向电流也增加。但是,换向电流并不会使焊接温度过高,焊接间距必须大于往复的换向电流作用的范围。

(6)焊点到金属板边缘的距离。到金属板边缘的距离也是由电极头的位置决定的。即使点焊的情况正常,如果到边缘的距离不够大,也会降低焊点的强度。在靠近金属板端部的地方进行焊接时,焊接点到金属板边缘的距离应符合规定值。如果距离过小,将会降低焊接强度,并引起金属板变形。

(7)点焊的顺序。不要沿着一个方向连续进行点焊。这种方法会使电流产生分流而降低焊接质量。当电极头发热并改变颜色时,应停止焊接,使其冷却。

(8)对角落处的焊接。不要对角落的半径部位进行焊接。如果对角落的半径部位进行焊接将产生应力集中而导致开裂。

11.3.5 点焊焊接质量检查

点焊焊点的质量检查分成两种方法:

(1)点焊检测破坏性试验。一般在点焊焊接前,使用与焊接材料相同的金属板来进行试验,焊点不应开裂,其中一片焊接金属片上撕裂出圆孔,圆孔直径不小于焊点直径的80%,视为合格。如图11-13所示。

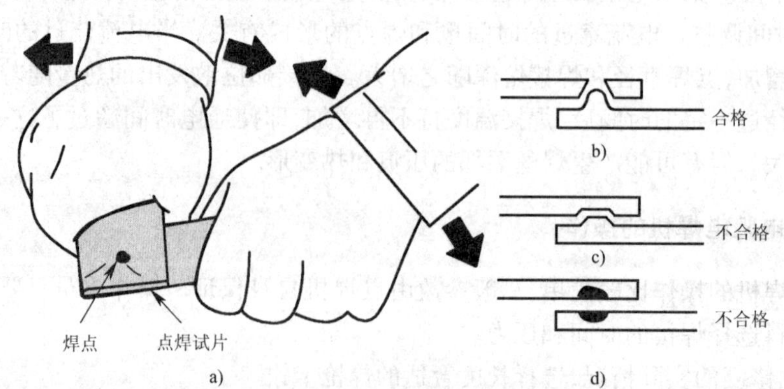

图11-13 点焊检测破坏性试验

(2)点焊检测非破坏性试验。在实际焊接操作后,也可以进行焊接质量的检查。在两片钢板之间接近焊点的地方置入楔子。焊点直径超过 3mm,焊接点没有被分开,焊接是合格的。见图 11-14。

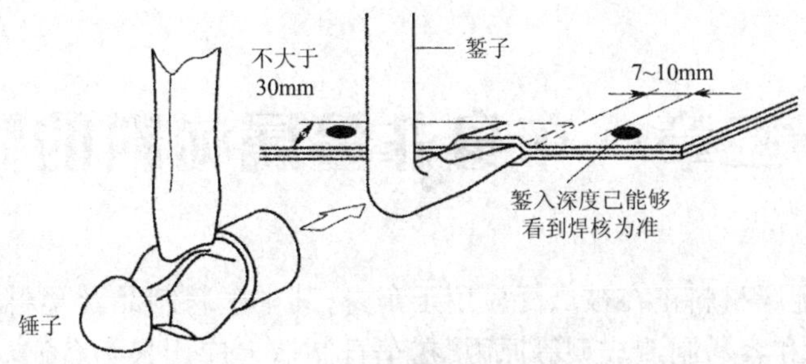

图 11-14 点焊检测非破坏性试验

11.3.6 多功能电焊机的其他功能

在汽车修理厂,电阻点焊机还有其他的功能,如:金属收缩功能、拉拔功能、缝焊的功能、螺栓螺母焊接的功能等,见图 11-15。上述这些功能都很大程度上提高了生产效率,并极大地降低了工人的劳动强度。

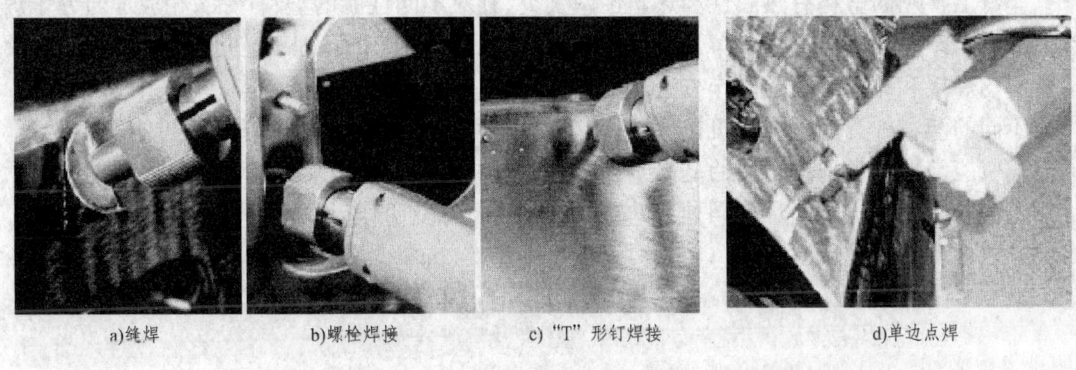

a)缝焊 b)螺栓焊接 c) "T" 形钉焊接 d)单边点焊

图 11-15 多功能焊机进行缝焊、螺栓焊接、"T"形钉焊接和单边点焊

第十二章 车身非金属材料的修复

目前很多的非金属材料正在被广泛应用于车身,其中塑料制品及塑料增强复合材料由于比强度高、价格低廉和容易制造成型等原因,在车身制造上应用最为普遍。尤其是在当代,汽车制造追求车身轻量化和车身的耐久性,加之塑料的制造和加工工业已经达到前所未有的发展高度,大量高强度、高机械性能的塑料制品的出现,给车身制造业带来了革命性的改变,越来越多的非金属材料被用来替代车身上的某些金属材料,也给车身维修行业带来许多新的课题。如何修理非金属材料的车身才能达到其应该具备的机械性能,是车身维修人员需要解决的问题。

车身上常用的塑料有热固性和热塑性两大类,针对不同性能的塑料产品,相应地研究了焊接、黏结等修理方法,本章将对车身常见塑料种类的一些特点和修理工艺进行介绍,重点介绍了塑料的焊接和黏结等基本操作方法。

不同的塑料种类有不同的机械性能,就要相应地采取不同的修理手段,通过本章的学习,同学们应能掌握车身塑料制品的基本辨别方法,熟悉塑料焊接和黏结的应用和操作,能够灵活运用不同的修理手段对车身不同种类的塑料制品进行修复工作。

12.1 车身塑料件的种类和辨别

12.1.1 车身常用塑料的类型

金属材料由于具有较好的承载能力和综合力学性能,汽车上多用来制造发动机、底盘、车身等主要承受荷载的总成和零部件,而对于汽车的一些装饰件、减磨件和其他一些特殊用途的部件则多采用非金属材料来加工制造。通常在汽车上应用的非金属材料有:塑料、玻璃、橡胶、陶瓷、摩擦材料,以及复合材料等。

与其他非金属材料相比,塑料在汽车上的应用是最早的、最为广泛的。早期的车身上塑料件的应用主要是作为内部装饰件,由于塑料制品成型容易,又具有一定的强度,用于内饰件在被动安全性方面有着独特的优越性,最主要的是其价格低廉。随着汽车工业和材料工业的发展,塑料的制造工艺水平及其性能等不断提高,使得塑料制件的各项机械性能、热电性能、耐腐蚀性能等均达到或超过普通金属材料,尤其是塑料在满足力学性能要求的基础上自重相当轻,用于车身上可以在保证车身各项使用性能的前提下实现汽车的轻量化。因此,近年来,汽车的车身越来越多地采用塑料和塑料增强复合材料。

1)常用工程塑料的特点

汽车车身使用的塑料绝大多数属于工程塑料,与金属材料相比,工程塑料具有如下的特点：

(1)密度小，质量轻

塑料的密度通常在0.83～2.2g/cm^{3}之间，当将其制成泡沫状态时只有0.010～0.050g/cm^3，而钢的密度通常为7.8g/cm^3。

(2)耐化学药品性、耐腐蚀性优良

大多数塑料的化学稳定性好，对酸、碱、盐等化学品都具有良好的抗腐蚀能力，这是金属材料所不具备的。

(3)电绝缘性好

大多数塑料具有良好的电绝缘性和较小的介电耗损，其体积电阻率在10^{13}～$10^{18}\Omega\cdot$cm，介电常数小于4，是理想的电绝缘材料。

(4)消声、避振、隔热性好

在汽车上，通常用泡沫塑料作为隔声保暖材料，塑料机械件可有效地提高车身减振降噪能力。

(5)加工成型性好，着色性好

对于复杂形状和结构的零件可以一次成型，生产效率高，还可在塑料制品上进行各种着色处理，得到所需的各种颜色。

但是，塑料仍然有许多难以克服的缺陷，使其在使用上受到一定的限制。如塑料的耐热性能差，多数只能在60～150℃下使用；导热性差、线膨胀系数大；尺寸稳定性差，受热易变形，难以制成高精度零件及制品；燃点低，易燃烧，燃烧后会产生有毒气体，污染环境，影响人们身体健康；长期使用易老化，易发生疲劳、蠕变、结晶等。

由于以上特点，塑料在车身应用日益受到重视，塑料件在汽车的应用量正在逐年增加。有统计表明，1981年，平均每辆轿车的塑料用量为68.4kg，1991年为94.4kg，目前约为100～130kg，占汽车质量的10%左右，未来所占比重会更高。

2)常用塑料的类型

塑料是以合成树脂为主要成分，加入适量的添加剂经一定温度和压力制造成型的高分子材料。塑料的种类繁多，按其用途，可分为通用塑料和工程塑料；按受热时的性状表现和是否具备反复成型加工性，可以分为热固性塑料和热塑性塑料两大类，如图12-1所示。

(1)热固性塑料。热固性塑料是指在制造成型的同时发生固化反应，再受热不熔融，在溶剂中也不溶解，当温度超过分解温度时塑料将被分解破坏，即不具备重复加工性的塑料。热固性塑料一般具有耐热、耐化学腐蚀性、使用温度高、成型周期长、应用范围广、可以进行各种性能改良而形成所需要的复合材料等特点，但废弃物难于回收利用。

(2)热塑性塑料。热塑性塑料是指受热时会熔融或软化，可以进行各种成型加工，当冷却固化后即可保持新的形状，且机械强度不会因此而有过大的减弱或降低。再受热又可熔融、加工成型，即具备多次重复加工性的塑料。

车身常用的热塑性塑料主要有：聚氯乙烯塑料(PVC)、聚乙烯塑料(PE)、聚丙烯塑料(PP)、ABS塑料、聚碳酸酯塑料(PC)等等。热塑性塑料常用于车身的保险杠和仪表板等的制造。

工程塑料中常见的热固性塑料主要有：酚醛塑料(PF)、聚氨酯塑料(PU)、有机硅树脂塑料、环氧树脂塑料(EP)和不饱和聚酯塑料(UP)等,合称为五大热固性塑料。热固性塑料的复合增强制品常被制造成车身板件,用于替代钢材等金属材料。另外,车身常用的涂料和胶黏剂等也多用这几种树脂来制造。

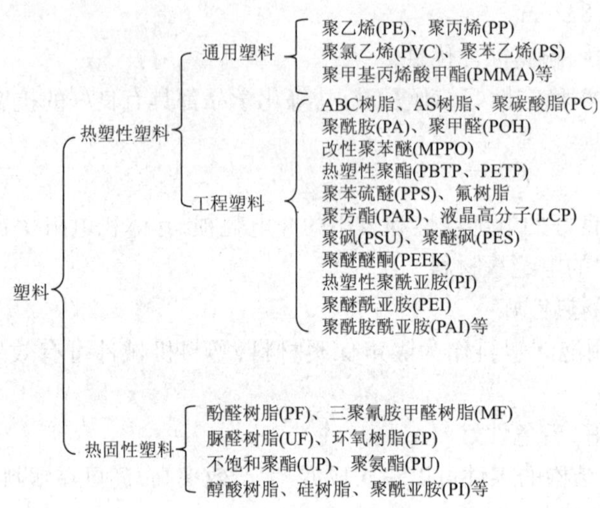

图 12-1 塑料的分类

3)塑料在汽车上的应用

目前,我国汽车上塑料的应用量约占到整车质量的7%,世界发达国家约占到整车质量的10%左右。主要集中在汽车内、外装饰用品。用于内饰的有仪表板、座椅、车门内饰板、顶棚、杂物箱等;车身用塑料制品主要有保险杠、散热器格栅、车轮罩、挡泥板、车门把手、灯罩等。塑料的复合增强制品(玻璃钢)也被广泛用于车身板件来代替钢材。

12.1.2 塑料的常用鉴别方法

由于车身上广泛使用塑料及其增强制品,所以塑料制品的修理在车身修理中的比例也逐渐增多。车身上使用的塑料有些无法修理,只能更换,但多数是可以被修理的,车身维修时就要根据各种塑料制品的机械加工性能,分别采取不同的修理手段。

对于断裂等损伤,绝大多数的塑料制品都可以采用黏结的修理方法,有些热塑性塑料还可以使用"塑料焊接"的工艺来进行修理。对于塑料制品的碰撞扭转变形等,对于热塑性塑料还可以采用加热校正等方法使其恢复原有的形状。究竟采用何种方法进行维修,要根据塑料的种类和机械性能来确定,因此,对车身塑料制品的判别是进行修理操作的关键。

汽车所用塑料件个数及种类繁多,在决定采用何种修理方法来修理塑料件之前,必须先要正确鉴别出塑料件的种类,如果鉴别错误,则后续的修理就会失效。对于每辆汽车来说,即使是同一品牌、同一年度、同一车型,由于原材料供货商的变化或其他因素的改变,该车所用零部件的材料也会有所不同。塑料制品修理前进行鉴别的常用的方法有试焊法和黏结法。

(1)试焊法。即在需要修理的塑料零件的隐蔽处或损伤部位采用多种不同的焊条进行试焊,直到其中一种能够产生良好的焊接效果为止,则此焊条和该塑料件基体材料种类相符,可以用它来进行焊接。由于塑料焊条的种类不是很多,只有5~6种,因此,试焊范围不是很大。

在进行试焊时，不但要针对塑料焊条的种类进行试焊，针对各种焊接参数的设定也要进行试焊，找到最佳方案。

(2)黏结法。由于多数塑料都可以用黏结的方法进行修理，在选用黏结材料和确定黏结强度时也可以采用"试黏法"，即使用各种胶黏剂对需要维修的塑料进行实验黏结，并作黏结强度实验来确定使用的胶黏剂种类和黏结方法。

对试焊或试黏的塑料件进行强度实验多采用"挠度实验"的方法，即将焊好或黏好的塑料件对其接缝部位进行弯曲，基本能够达到该种塑料未损时的挠度的，就是良好的焊接或黏结方案。这种方法对很多塑料制品的修理都十分有用，因为可选用的焊条和胶黏剂是有限的，进行实验操作不会很麻烦。同时，可以通过实验确定最佳的操作方案和修理后的基本强度，因此，在无法准确判定塑料的具体种类时，采用这种方法最为适宜。

12.2 车身塑料件的修理工艺

如果车身塑料件损坏，首先要对塑料件种类进行认真慎重的鉴别，然后才能对损毁的部位及零部件进行必要的修理。针对不同的塑料种类和机械加工性能，可以用化学黏结法修复和塑料焊接法修复。一般来说，热固性塑料不可反复加热成型，用加热的方法进行修理是不适宜的，因此基本采用化学黏结修复法；而热塑性塑料可以反复加热成型，适用于塑料焊接修复法修复。

对于车身塑料件来说，一般都会有一定的强度要求，在发生损伤的情况后，经过修理要想达到强度要求，我们就会很自然地采用焊接修理方法。常用的塑料件焊接方法有热空气塑料焊接和无空气塑料焊接法。

12.2.1 塑料件的热空气焊接工艺

1)塑料的焊接原理

塑料焊接与金属焊接基本相似，都需要焊条和热源。但也存在着不同，金属的焊接必须使焊条和母材完全熔化，然后凝固成一体；而塑料焊接过程中的焊条则不必全部熔化，它是利用热源将焊条的外部加热熔化(或软化)，同时施加一定的压力将其压入焊区，形成永久结合。切断热源后焊条恢复原状，只是在焊缝两侧留有熔流带，在这个过程中焊条内部还是硬的。

(1)手工塑料焊接

手工塑料焊接是指在焊接过程中需要用一只手向焊条施加压力，同时利用焊炬的热空气将焊条与母材加热使之结合的操作工艺，如图 12-2 所示。

开始焊接时，将焊条端部切成 60°角，使焊条垂直于焊件，焊嘴指向焊条。利用塑料焊枪吹出的热空气，交替加热焊条和焊件，当焊条和焊件的加热部分都已经软化或熔化，具有黏性时将焊条压入焊缝，形成永久结合。

焊接过程中要注意以下几个问题：

①焊接过程中焊嘴与焊缝应保持 10～12mm 的距离；

②焊炬的倾角约为 30°左右，并作扇摆运动；

③焊接速度一般控制在 150～200mm/min；

④焊接到尾端时应保持手对焊条的压力，直至焊条和焊缝完全冷却。

(2)高速焊接

高速焊接是在手工焊接的操作基础上，采用具有特殊设计的高速焊嘴来完成塑料焊接过程的操作方法，如图12-3所示。

与手工塑料焊接相比，高速焊接的操作变得更加简单，用一只手就可完成整个操作。高速焊嘴后面的热空气孔对焊件和焊条进行预热，焊嘴端点的尖形导向板向焊条施压，使焊接工作进行更加平稳和快捷。

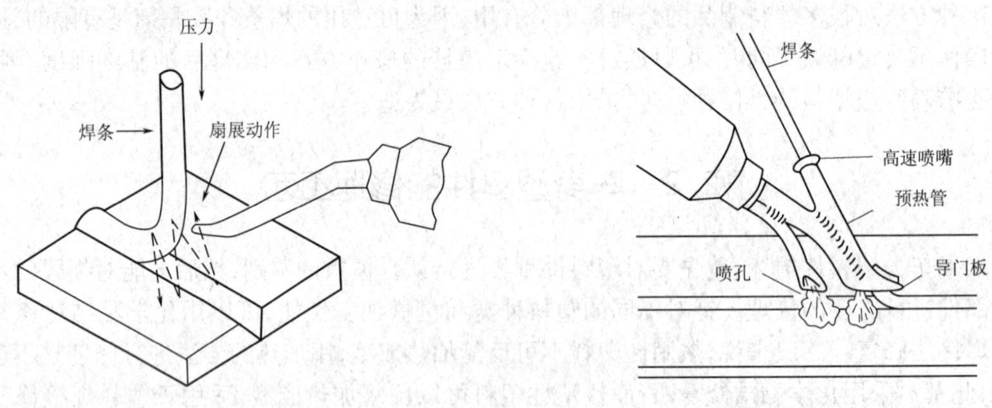

图12-2 手工热空气塑料焊接

图12-3 高速焊接示意图

一旦开始焊接，焊条自动进入预热管，随焊炬走向焊区，无需焊接工作人员的操作。高速焊接的焊接速度可达到100cm/min左右，提高了工作效率，比较适合于长而且直的焊缝，但不适用小型复杂的工件。

无论是手工塑料焊接还是高速焊接，都要特别注意压力和热量的平衡配比。压力越大则焊缝越宽，热量越大则塑料母材越容易发生焦化变形，影响焊接质量。所以，在焊接过程中一定要保持恒定的热量和压力，这是影响焊接效果的关键因素。

2)典型的热空气塑料焊接

现在的车身维修企业已大量使用专业的热空气焊接设备，由于塑料焊接设备的型号很多，在外观上有很大的不同，但其基本结构是一样的。对压缩空气的加热均采用电热法，电热元件用陶瓷或不锈钢制成。压缩空气的加热温度以230～330℃为宜，通过喷嘴喷射到塑料表面上。焊接所需压缩空气由空气压缩机或配套气罐等设备提供，压力一般为210kPa。需要说明的是，所需的热空气应是普通的压缩空气或惰性气体，绝不能使用氧气等助燃的其他气体。典型的热空气焊接枪如图12-4所示。

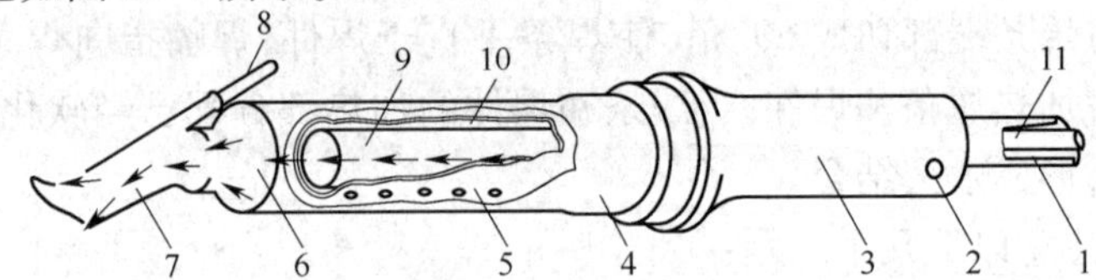

图12-4 典型热空气塑料焊接枪

1-供气软管；2-紧固螺栓；3-手柄；4-枪体外壁；5-内桶体；6-被加热的空气；7-焊嘴；8-螺纹喷嘴；9-电热管；10-加热室；11-电源线

(1)焊嘴形式。热空气焊枪的焊嘴有定位焊嘴、圆形焊嘴和快速焊嘴等几种形式(图 12-5),可以根据需要更换。

①定位焊嘴:在焊接前将断开部位定位黏合,主要用于断裂件或长焊缝的焊前定位,不使用焊条,完全靠加热底材使其熔化后黏结在一起。

②圆形焊嘴:焊机速度较慢,适用于小型件和短焊缝,尤其适用于填补孔洞、空间狭小和难于接触到的部位的焊接。

③快速焊嘴:用于长且直的焊缝,快速焊嘴夹持着焊条并自动对焊条进行预热,使焊条向焊接处进给,焊接速度快,适于大型件的焊接。

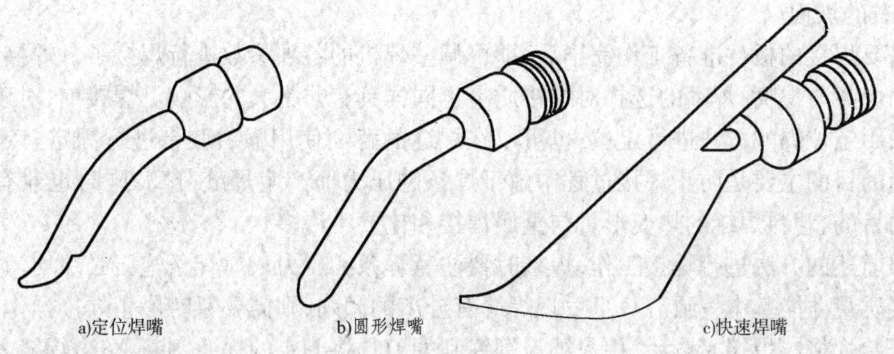

图 12-5 焊嘴形式

(2)热空气焊机的调整。在进行焊接以前,要对焊机作适当的调整,主要内容为压缩气体的压力和流量的调节、焊接的加热温度的调节等,这些操作会直接影响焊接的质量。

在焊接关闭状态下,将压缩气体软管与焊机连接到一起,打开通气开关,用焊机上或管路附带的调压阀门适当调节压缩气体通过焊机的压力和流量。当使用气罐等配套设备来供气时,一定要配备减压阀,因为储气罐内的压缩气体的压力非常高,而且可能是以液态储存的,在配备的专用减压阀上还可能有加热装置,以保证压缩气体的供应,因此,一定要在认真阅读和学习焊机的使用说明书后,才能继续操作。

根据需要,选择适当的焊嘴安装在焊枪上,并保证紧固。接通焊机的电源,由于焊机属于高功率电气产品,因此要做好接地保护工作。接通电源后焊机就开始加热工作了,可以通过焊机的调温开关或适当调整压缩气体的流量来控制热空气的温度。在温度调节过程中,最好使用温度计来直接测定焊嘴处热空气的温度,待温度保持基本恒定之后才能开始焊接工作。

焊机在整个使用过程中要随时注意热空气的温度变化,不可产生过热现象。如果发生过热,应关闭焊机电源并保持压缩气体的流动,待温度降低后再开始焊接工作。焊机在通电状态下电热元件即开始工作,因此只要焊机处于电源开启状态,就必须保证有压缩气体流经加热管,防止加热管过热烧毁。当焊接完毕后应切断电源,使压缩气体在焊机中流通几分钟后再关闭压缩空气源。

(3)热空气焊接基本工艺。塑料制品的焊接过程与金属的焊接十分相似,焊接中要注意的问题与焊接后的焊缝处理也有着很多相同点。下面简要介绍一下塑料焊接的基本工艺过程。

首先,要对需要焊接的塑料件进行清理工作,将焊缝周围妨碍焊接的杂物等清理干净,并保证焊缝的整齐。然后,用专用的塑料清洁剂对焊缝周围进行清洁工作。塑料制品在制造时为保证能够顺利脱模,通常都要在铸模内涂抹上脱模剂,防止成型后的塑料制品粘连在模具上。脱模剂是一种非常强的抗粘连物质,塑料制品上粘有脱模剂将会严重影响焊接的质量,因此,要使用塑料专用清洁剂进行清洗,塑料专用清洁剂可以去除塑料制品表面的残存脱模剂和其他妨碍焊接的物质。

为保证焊接的强度,塑料板件在对缝焊接时同金属焊接一样,也要开坡口。对于较薄的塑料板件(厚度在3mm以下),通常开"V"字形坡口,坡口的角度以60°为宜;对于厚度大于3mm的塑料板件则须采用两侧焊接的工艺,因此需要开"X"形坡口。坡口两侧用砂轮磨出6~10mm左右的坡面。

当需要焊接的板件准备工作完毕后,即可调整焊机的各项参数进行焊接了。焊接时,要挑选适合的焊条与焊嘴,焊嘴的选择对焊接质量也同样具有非常大的影响。焊接前,对于较长的焊缝要采用定位焊的方法进行定位,也可以在焊缝的背面使用强力胶带进行固定。定位焊或固定焊缝的目的主要是防止焊接过程中由于焊条的压力而产生焊缝分离,同时也兼有防止焊缝变形的目的,塑料焊缝的热变形量与金属焊接相比要小许多。

按照前述的方法进行焊接工作,焊接时要注意焊条的压力。对焊条施压必须均匀,这样焊缝的焊接质量才能基本一致。一旦发现焊缝有分离的倾向,则需要暂时停止焊接操作,重新定位后再开始焊接。焊接完毕后,用裁纸刀等锋利的刀具将剩余的焊条割断,整个焊缝需要冷却30min左右的时间后才能进行下一步的整理工作。

(4)应用举例。下面以汽车的保险杠碰撞断裂损伤的焊接修复为例,简单说明焊接操作在车身修理中的具体应用。

轿车保险杠一般采用氨基甲酸乙酯塑料(TPUR)制成,当保险杠从固定支架上被撕脱时,其固定凸缘会被撕裂,修复时必须对凸缘部位进行修补加强。在出现一般的穿孔或缺口损伤时,采用单边焊接修复即可;但如果损伤部位在高应力区,则应进行双边焊接修复,以获得足够的强度。其焊修工艺如下:

首先用肥皂水清洗保险杠并擦净,由于TPUR具有一定的吸水性,为保证水洗后彻底干燥,有时还需要适当加温来烘干。清洗干燥后,用塑料清洗剂擦净表面污物,用砂轮打磨固定凸缘周围,形成大于6mm的坡口,使用小型切割工具加工出V形槽,V形槽深度应大于保险杠罩厚度的50%。

用铝背黏结带制造出一个固定凸缘的形状,并将黏结带的边缘卷起以形成一定的焊接厚度,将铝背胶带黏结在需要补焊的凸缘上,焊接时堆积的高度将等同于这个翻边的高度。

将焊枪的温度控制旋钮置于适宜TPUR的焊接温度上,并对焊条和焊件进行预热,沿着焊缝缓慢推动焊条,使熔化的填充塑料填充在斜切口部位。焊接时,要用焊嘴的平底部位使焊缝光滑成型,在V形槽中填入熔化的塑料填料,对其表面进行光滑处理。当焊缝部位被焊牢后,用海绵或湿布快速冷却焊接部位,然后拆除铝背黏结带,这样就完成了背面的焊接。

在保险杠的前面损伤部位开V形槽,并保证其深度与背面焊接部位接触,以使得两边能焊接在一起,形成整体强度。用砂轮或类似工具,在沟槽边缘开斜切口,以使焊缝与基本材料连接在一起。采用低速打磨机和P80号砂盘打磨掉焊接部位周围的油漆,一般打磨宽度为

50～80mm,视焊接后需要进行表面整平工作的情况而定。

用与背面焊接相同的方法焊接,确保焊接质量良好,待表面光滑后,使其迅速冷却。

使用低速打磨机配合 P80 号砂盘打磨焊补区以形成光滑轮廓,为使打磨的热量不过分集中而导致焊接边缘翘起或脱落,打磨几秒钟后应让塑料冷却一下,再继续打磨,直到打磨完成。

在需要进行表面修整的区域(焊接前的打磨区域),用塑料原子灰进行填充整形,待原子灰完全干燥后,用低速打磨机配合 P150～P240 号砂盘打磨涂敷部位,以形成光滑轮廓,然后再用 P240 号或更细些的打磨砂纸打磨塑料原子灰,使其边缘部位与未修补区域形成羽状薄缘。

保险杠外表面的焊接区域用塑料原子灰进行填充成型修复后,即可进行塑料底漆的喷涂和面漆的喷涂了。

3)热空气焊接注意事项

在进行热空气焊接时,必须注意以下事项:

(1)焊条必须与基体材料相兼容。焊条一般用不同的颜色编码来区分,但各个厂商之间却没有统一的标准,所以,在焊接过程中要注意厂商提供的参考资料。

(2)时刻注意焊机的温度。首先,焊接时调节的温度要与所焊接塑料的类型相对应;其次,是在焊接过程中要时刻注意焊接温度不能过高,否则,会使塑料烧焦、熔化、扭曲。

(3)压缩气体选用。压缩气体应尽量采用焊机推荐的配套气体,绝不能使用氧气或其他可燃或助燃气体。

(4)焊接压力和焊接速度。焊接压力过高会使焊缝变宽并扭曲,焊接速度过快容易焊不上,过慢则会将塑料烧焦。

(5)做好试焊工作。在进行复杂件焊接时,最好预先作试焊工作,以确保焊接质量。

12.2.2 塑料件的无空气焊接工艺

塑料的无空气焊接即不使用热空气对焊接塑料和焊条进行加热,焊枪的电热管直接加热焊条使其达到熔化或软化的程度,并施加压力将其挤入焊缝。焊缝部位没有预先加热,因此在焊条挤入之前是常温状态,但当被加热的焊条与焊缝接触时,由于焊条已经被加热到 200～300℃的温度,所以焊件与焊条接触的部分在很短的时间里也会出现表面熔融,将焊条与焊件黏结在一起。当焊缝部位逐渐冷却后,焊件即被牢牢地焊接在一起了。由于整个焊接过程没有采用热空气加热的方法,所以称为无空气焊接工艺。

无空气塑料焊接技术虽然历史并不久远,但在车身修理中已经被广泛应用。与热空气塑料焊接相比,无空气焊接工艺费用少、操作简单易学、用途广阔。无空气塑料焊接所用 ϕ3mm 焊条较热空气塑料焊接的 ϕ5mm 焊条熔化速度更快,能有效避免母材的挠曲和焊瘤。

无空气焊接用的焊机在原理上与热空气焊接的焊机基本上是一致的,都是采用电加热法,只是省略了气源的接口。无空气焊接的焊枪在结构上与热空气焊接的焊枪有较大的区别,替代热空气管的是插装焊条的加热钢管,焊条被直接插入加热管中。加热钢管的头部形状类似于热空气焊接的快速焊嘴,整个焊接过程也基本上与热空气快速焊接相同。对于底材的处理等与热空气焊接也是一致的。

1)无空气塑料焊接机的调整

首先要根据焊件材料的种类、尺寸等,合理选择相容的焊条,这可以根据厂家的焊机使用说明或通过试焊等操作来确定。调整无空气塑料焊机时,首先要根据塑料焊件与选用焊条的温度要求,设定所需的温度值,温度调节必须准确。温度调整好后即可开机通电,焊机升温一般为3min左右。焊机通电后,先选用一小段焊条穿过焊机并前后活动几次,清理加热管和焊嘴,使焊接时焊条可以非常顺利地通过。

由于焊条是在焊枪的内部被加热熔融的,所以每次焊接完毕后都需要趁加热管还比较热的时候将其通理干净,防止焊条熔化的残余粘连在加热管壁上,影响下次使用,也绝不可以将剩余的焊条留在加热管中。

2)无空气塑料焊接工艺的应用

轿车的仪表板总成更换费用一般较高,在生产中常常采取修复的方法。大多数仪表板是由乙烯树脂包覆的氨基甲酸乙酯泡沫塑料材料制成。通常会因为撞击而产生凹陷和局部断裂。由于乙烯树脂塑料和氨基甲酸乙酯泡沫塑料材料都属于热塑性塑料,对于凹陷损坏可以采用局部加热后校正整形的工艺来恢复其原貌,专业上叫做"加热校正"。对于断裂损伤,则可以使用无空气焊接的工艺来修理。

(1)加热校正凹陷变形。在碰撞凹陷部位用湿海绵或湿布覆盖几分钟,使凹痕保持湿润,然后用加热枪对凹痕周围加热。由于加热枪吹出的热空气温度较高,且无法进行调节,所以应通过控制加热枪口到塑料表面的距离来控制加热部位的温度,勿使加热区域的温度过高,否则,表面覆盖的乙烯树脂可能会由于过热而起泡。通常加热枪距凹痕表面250~300mm的距离比较适合,加热时,由凹痕的外缘逐渐向凹陷中心部位划圆加热,直到整个凹陷区域都基本达到所需的温度为止。有时为防止表面覆盖的乙烯树脂塑料膜过度加热而损坏,从凹陷的背后加热也可以。

当整个区域被加热到60~80℃时,即可对凹陷部位施力进行校正。将手放在被加热区域上直接接触感觉很不舒服时基本上就达到温度了。

校正时,戴上手套轻压仪表板,使材料恢复原始形状,保持校正力直到被加热区域完全冷却,被加热的塑料形状有一定的恢复为止。在加热校正时,用湿海绵或湿布快速冷却该部位可以比较快速地完成冷却定形,校正效果也比在常温下逐渐冷却要好些。

对热塑性塑料的加热校正并不是一次就可成型的,有时这种操作需要反复加热、施力校正几次后才能完全恢复原有的形状。

此法也可以用于其他热塑性塑料件的微小变形的校正,如热塑性塑料保险杠的弯曲、伸长和凹陷变形等,但需要加热的温度根据塑料种类的不同有很大的差异。

(2)无空气焊接热塑性塑料的断裂损伤。如果仪表板出现破碎或断裂,则应进行焊接来保证强度。采用热空气焊接的工艺由于热空气加热温度较高且加热过于集中,可能会引起乙烯树脂塑料膜或氨基甲酸乙酯泡沫塑料材料的过度损伤,因此采用无空气焊接工艺更加适合。具体的焊接过程如下:

①用肥皂水清洗仪表板并进行烘干,用塑料清洗剂进行全面地清洁除污,尤其是焊缝周围,务必清理干净。

②在断裂对缝处用锋利的小刀切出V形槽坡口,坡口的宽窄基本上与热空气焊接时相

同。如果被焊接的塑料底材是可以打磨的,应用粗打磨的方法将需要进行填充成型的区域进行打磨,以增加塑料原子灰的附着力。若打磨时出现“拉毛”现象,则不能进行打磨操作,只能用涂黏结促进剂的方法来增加附着力。

③对于焊缝部位周围较脆的损伤部位应进行加热,若有卷边或不平边缘应切除。预热可以用加热枪进行,但要防止加热过度。

④把无空气焊机调节到适当的温度,装上氨基甲酸乙酯焊条。

⑤缓慢送进焊条,从槽底开始焊接,并使熔化的焊条充满焊槽直到高出表面少许。用焊嘴上的导向板将焊缝整平,使其尽量与焊接表面平齐且均匀、平滑,以减少打磨的工作量。

⑥在焊缝冷却后,磨去残余焊瘤。焊瘤必须采用磨削的方法去除,若塑料制品是不能打磨的,则必须控制打磨的范围,防止引起焊缝周围损坏。

⑦在距焊缝约50mm宽窄的范围内将仪表板打磨毛,或刷涂黏结促进剂,以便与塑料原子灰等填料黏结。

⑧使用塑料原子灰做最后的塑形工作,待其干燥后用细砂纸打磨平整,尤其是塑料原子灰与未损伤表面的接缝处,需要认真处理,勿使喷涂后留下痕迹。这道工序对于可打磨的塑料制品没有什么特别要求,但对不能打磨的塑料制品,要求刮涂原子灰时就要尽量做到平整,原子灰与未损伤部分的接缝尽量紧密,以减少打磨原子灰时对周围的损伤。

⑨填充成型后即可喷涂塑料底漆和面漆了。对于塑料表面注塑时的天然纹理,可以在喷涂面漆时适当加入纹理添加剂来营造效果。由于有注塑纹理的存在,即使是不可打磨的塑料制品,也可以被修复得很好,基本没有修理痕迹。

12.2.3 塑料件的黏结工艺

对于大多数塑料件来说,焊接的方法并不一定都通用。只有热塑性塑料在加热时能软化,可以采取塑料焊接的方法。在绝大多数情况下(包括热塑性塑料和热固性塑料),应用最多的还是塑料件的黏结法。胶黏剂黏结法不需要专业的黏结设备和特定的施工场地,只需简单的手动工具即可实施。虽然热固性塑料和热塑性塑料的性能不同,但黏结工艺基本相同。

适合塑料黏结的胶黏剂种类不少,需要根据被修复塑料的种类和用途来确定使用哪种胶黏剂,使用不当可能会引起黏结效果不良或根本无法黏结。常用的塑料胶黏剂有两组分型和单组分型两类,工作中可根据需要适当选择。

两组分胶黏剂主要以聚酯、环氧树脂或氨基甲酸乙酯树脂等作为基体黏结材料,与硬化剂或催化剂组合起来形成胶黏剂进行黏结修复。双组分胶黏剂一旦完成固化就很难再次分解,因此对自然界的侵蚀或其他化学品的侵蚀等抵抗能力较强,黏结效果也比较好,黏结强度高,所以常被用于车身外部塑料构件的黏结,也经常用于需要抗紫外线等自然侵蚀的车内饰件的黏结。

相对来讲,单组分胶黏剂的稳定性要比双组分胶黏剂稍差一些,经常用于车内饰件的黏结或纯粹装饰件的黏结,而不用于结构件的黏结修理。氰基丙烯酸酯(CAS)有时被称为“超级胶”,是塑料黏结中经常使用的一种单组分产品。由于它经不起风吹日晒雨淋,修理后的耐久性能较差,目前并不被大多数修理厂家推荐使用。如果决定使用,一定要按照使用说明书去做。

由于塑料制品的特殊性，只有少数几种塑料材料可以直接涂布胶黏剂进行黏结，黏结后的强度能够达到要求，而其他很多种类塑料制品都需要加入黏结促进剂才能达到黏结的强度要求。在生产中，可以通过对损伤部位进行打磨来辨别是否需要加入黏结促进剂，若打磨时出现打磨粉末，且打磨区域平滑，则可判定无需使用黏结促进剂；若打磨时发生熔化或出现拉丝等现象，则需要用黏结促进剂。对于不适合打磨的塑料材料，在进行填充整形等操作时，由于填充材料必须经过打磨修整，而且填充材料与未损伤部位的交界线必须是羽状边缘才能保证修补后无痕迹，因此在进行填充操作和打磨时要非常小心，尽量做到填充整形平滑，减少打磨工作量，在打磨时采用更细一些的砂纸，以减少对未损伤部位的损害。

1）划痕和小裂纹的黏结工艺

车身上的塑料件比较常见的损伤是划擦等轻微损伤，在塑料件修理中也最常见到，下面简要介绍一下对于划痕和小裂纹的黏结修理工艺：

（1）用水和塑料清洗剂清洗和擦拭损伤部位，特别是要洗净黏结结合面，去除蜡、灰尘和油脂。

（2）对于热塑性塑料，可以将塑料加热到40℃，保温10～20min。若塑料件表面有变形部位需要修整，则可对其继续加热到60℃，保温5～10min后大的变形部位即可恢复，而小的变形部位可用手加以校正，如图12-6所示。基本原理如同“加热校正法”。

将需要黏结的热塑性塑料表面加热保温一段时间，可以使塑料表面的分子结构变得松散，有利于胶黏剂的渗入，提高黏结强度。对于热固性塑料则可以省略这一步。

（3）对于小裂纹，可在裂纹末端打一小孔，防止在其修理过程中继续开裂，如图12-7所示。

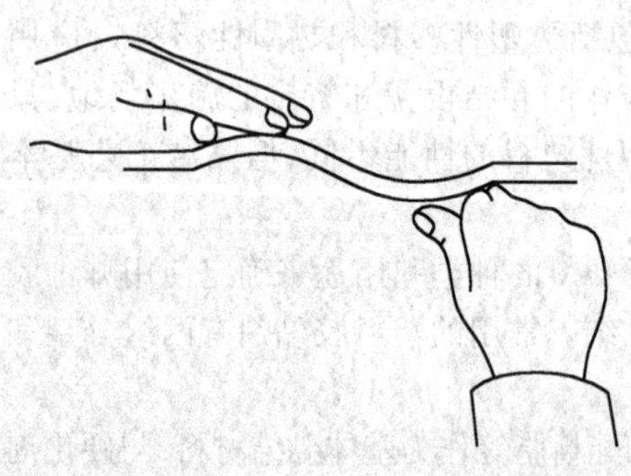

图12-6 手校正小变形

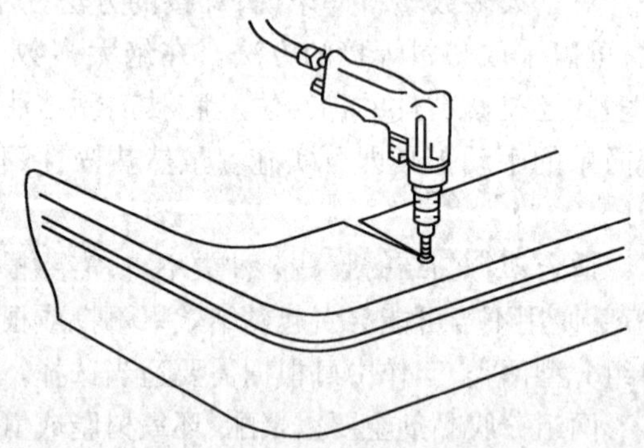

图12-7 在裂纹末端打孔，防止继续裂开

（4）用P80号砂轮打磨修理部位，用P180号砂纸把边磨薄，并去除磨屑。

（5）把催化剂和胶黏剂先后喷敷于损伤裂纹的两端，将裂纹两端按原位置对好，并迅速紧压约1min，以获得良好的结合强度。在胶黏剂固化的时间内，要始终保持对黏结对缝部位的压力，以获得最佳的黏结效果。

（6）粘牢以后，最后用P240号砂纸进行修磨。注意，要轻轻用力，以防塑料变形。

2）撕裂和破碎和穿孔的黏结工艺

对于撕裂和破碎、穿孔等损伤的部位，可以用胶黏剂来进行填补，就像用塑料原子灰进行填充成型那样。但需要填补的区域不能过大，否则，可能会降低整个构件的强度。

(1)用蘸有塑料清洁剂的湿布彻底清洗撕裂部位，使表面存在的石蜡和油脂等在清洁剂的作用下溶化，然后用干净的清洁布擦拭、吸收干净。

(2)对于撕裂损伤，用P120号砂轮在损伤部位开V形槽，如图12-8所示。对于穿孔则应打磨孔的边缘，使其形成至少8～10mm的斜坡口。打磨时，砂轮转速应低于2000r/min。如出现"拉丝"或"打滑"现象，则说明该种塑料不适合打磨，应采取用小刀切削的方法来完成上述工作，并涂覆一层黏结促进剂，增强黏结质量。

(3)用P240号砂轮把修理部位边缘的油漆磨掉，形成羽状边缘，使损伤部位周围形成25～40mm的无漆区，并把磨屑吹净。

(4)对磨削后较薄部位进行加热以改进构件的黏结性能，对于破碎穿孔的填充性黏结，则需用铝背胶带垫底，将孔覆盖，用于承托塑料胶黏剂。

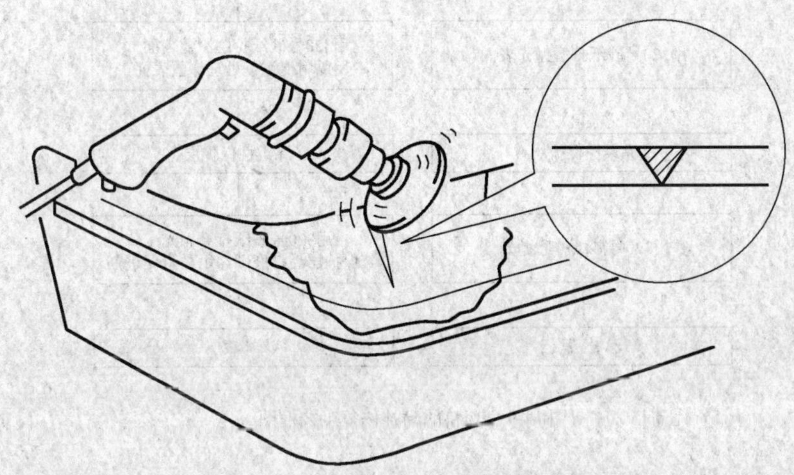

图12-8　用砂轮在损伤部位开V形槽

(5)按照胶黏剂的使用要求调配胶黏剂，用刮板将胶黏剂填充涂布在损伤部位。涂布过程应填充和整形同步完成，并且动作要迅速敏捷，黏附材料一般在2～3min后就会固化。

有时填充一次的厚度不能达到要求，尤其是当胶黏剂固化后会有一定的收缩量，因此，往往需要涂布几次才能达到需要的厚度和黏结强度。在最后一层涂布时更要注意表面的平整，应用细砂盘打磨掉前面涂层的凸起点并清洁干净，保证黏结力。

(6)当胶黏剂完全固化后，用P320号砂碟进行表面形状的精磨，然后进行清洁工作，为后续的喷涂工序作准备。

总结以上所述，可以将塑料的黏补修复工艺归纳为图12-9所示的步骤。这些步骤是塑料黏结中最为常见的，在生产中需应根据实际情况作出选择和相应的处理，不必拘泥于条文，一切应以修理质量来决定。

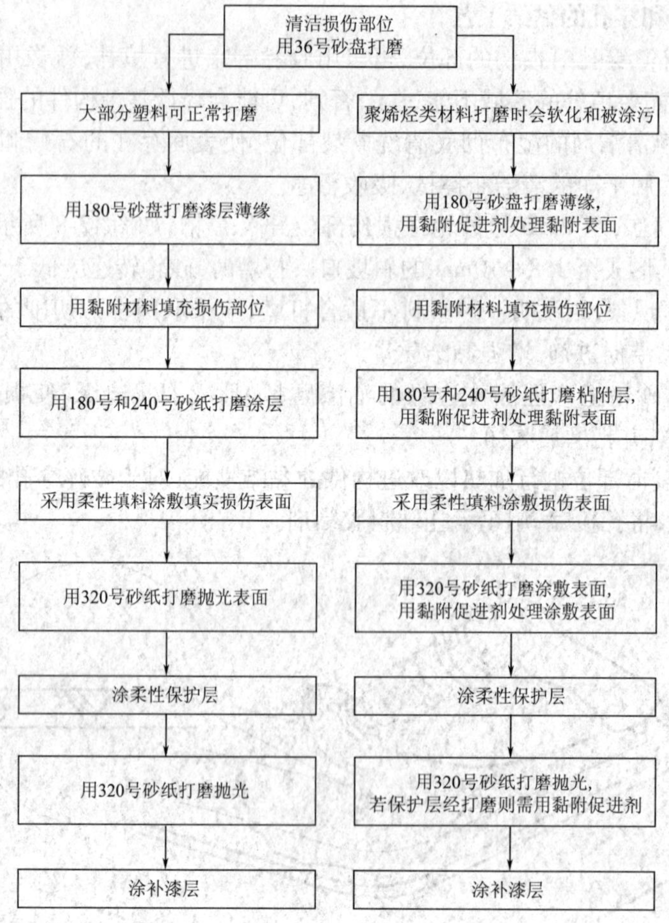

图12-9　塑料的黏补修复工艺框图

12.3　复合材料车身的修复

12.3.1　复合材料在车身上的应用

单一成分的材料在其机械性能方面有些情况下很难满足需要，人们将多种单一成分材料采用各种方法混合在一起，形成新的混合材料，也就是复合材料的雏形。现在，常用的复合材料已经成为一个新的、以非金属复合材料为代表的领域，是在工业技术不断创新和发展的基础上发展起来的。所谓复合材料，是指由两种或两种以上的不同性质或不同组织的材料组合而成的新材料。

1）复合材料的性能特点

复合材料是两种或两种以上的基本材料复合在一起形成的，因此在某些方面具有较单一材料更高的机械性能。复合在一起的材料可以是金属材料，也可以是非金属材料，还可以是金属与非金属的复合等。与复合前的单一材料相比，复合材料具有以下特点：

(1)具有较高的比强度和比弹性模量。

(2)具有较高的疲劳极限。

(3)具有良好的耐蚀性。

(4)具有良好的高温性能。

(5)具有减振、减磨耐磨、隔热等性能。

(6)抵抗冲击和层间剪切的性能较差。

(7)质量不稳定且成本较高。

2)复合材料的种类

根据复合材料的基体不同,可分为金属基复合材料和非金属基复合材料两个大类。根据复合材料中增强材料的性质、种类及状态,又可将其分为纤维增强复合材料、颗粒复合材料、层叠复合材料等。

(1)纤维增强复合材料(FRP)

纤维增强复合材料应用最为普遍,它是聚合物基复合材料的一种,用纤维与聚合物复合而成的材料。FRP是以较低模量与强度的树脂为基体,用较高模量与强度的玻璃纤维为骨架而制成的玻璃纤维增强复合材料。

常用的增强纤维有玻璃纤维、碳纤维、硼纤维和高强度合成纤维等。用作基体材料的聚合物基体可以是热固性树脂也可以是热塑性树脂,目前占主导地位的仍是热固性树脂基复合材料。

(2)颗粒复合材料

颗粒复合材料是用某一种材料的颗粒均匀分布到基体里而制成的,颗粒主要起增强的作用。常用的复合形式有金属与塑料复合、陶瓷与金属复合等等。汽车上应用的制动蹄片等摩擦材料即为金属(主要是铜丝)与塑料的复合材料。采用复合材料制造的制动蹄片,抗磨能力大大加强。

(3)层叠复合材料

层叠复合材料就是由两种以上不同材料层叠在一起而成的,与木材中的三合板近似。车身上使用的主要层叠复合材料有夹层安全玻璃(在两层玻璃中间夹一层聚乙烯醇缩丁醛)和塑料复层钢板(两层钢板中间夹一层塑料,提高耐蚀性)等多种。

3)复合材料在汽车上的应用

高强度与高弹性模量的复合材料具有和金属材料相近的机械性能,在一定条件下具有金属薄板所不可比拟的优点。如复合材料的质量很轻,节油效果明显;成型容易,制造成本低;耐腐蚀、热导率低,有利于隔声隔热;尺寸稳定性好;易于涂装等。所以,汽车车身轻量化的主要发展方向,就是利用复合材料来替代部分金属材料。

目前,在汽车上已经普遍应用的有:用玻璃纤维增强不饱和聚酯片状模塑料(SMC)制造的车身空气导流板、前翼子板和前挡泥板延伸部件、前照灯罩、发动机罩、装饰条、尾板等;用传递模塑工艺技术(RTM)制造的车身板件加强筋等;将树脂、填料、玻璃纤维等各种成分混炼成粒状料,然后模压成型,制造发动机舱、挡板、空调壳等。还有些复合材料在车身上的使用仍处于实验阶段,如用碳纤维复合材料(CFRP)制作的传动轴、悬架片簧、保险杠、车门、车身等,在不久的将来将可能大量应用。

车身上使用的复合材料见表12-1。

部分复合材料在汽车上的应用举例　　表12-1

使用部位	零件名称	复合材料种类
外板外装件	顶棚空气导流板、后端板、后盖阻流端罩、三角窗框及窗板、后窗框、前灯壳、发动机罩、发动机罩通气道、装饰条、尾板、油灯罩、弯头总成等	SMC
	前挡泥板延伸部、前端板、前端板支撑板、阻流挡泥板延伸部、后盖阻流板、后侧板延伸部、发动机罩进气口、前轮外罩、尾灯壳、	SMC、BMC
	前端部装甲板、空气分离器	BMC
	车顶外侧、顶盖平衡板	HLU、RTM
	顶板加强前灯壳筋	RTM
底盘及车架	传动轴、板簧、车架等	CFRP
发动机罩下部	空调壳、蒸发器叶轮、风扇护罩、暖风壳、暖风接头等	BMC
内装	仪表板接头	SMC
	变速控制箱、仪表板支架、发动机室、发动机挡板等	BMC

12.3.2　复合材料车身的修复工艺

1）复合材料车身的损伤特点和修理材料

复合材料在车身上的应用多集中在车身外部板件上，常用的复合材料有玻璃纤维增强复合材料（玻璃钢）等。由于大规模汽车生产的需要，车身复合材料板件多采用片状模塑成型工艺（SMC）制造。片状模塑成型工艺即先将玻璃纤维与树脂的复合材料初步制造成半固化的片状型材，在冲模压力机中冲出形状并加温加压固化。用这种方法制造的复合材料车身板件形状、尺寸等全都一致，既提高了生产效率，又保证了配件的装配，应用广泛，有时也将用这种工艺制造的复合材料称为“SMC”。

与金属材料的车身板件相似，在使用过程中最常见的损伤以碰撞和划伤为主，但由于复合材料的机械性能与金属不同，其碰撞或划伤后伤痕的表现与金属也是不相同的。

轻微的划伤一般不会对复合材料板件造成整体的变形，甚至划痕周围也不会有类似金属板的凹陷，只是划痕会出现一条深深的槽。如果刮蹭受力不是很大的话，一般不会造成板件的开裂。

对于碰撞损坏，复合材料的损坏部位通常局限在直接碰撞点上，对碰撞点周围一般也不会出现金属板件那样的复杂凹陷变形。由于碰撞受力和碰撞力沿板件的传递，在碰撞点会出现大的孔洞，碰撞力传递过程中的薄弱部位会产生裂缝等。但是，由于材料内部有玻璃纤维等纤维状的材料，一般不会出现开放性的损伤。

对于车身常用的纤维复合板材的修理，主要以黏结为主，基本上不能用焊接的工艺修复。

对于损伤过于严重的板件,可以局部或整体更换。

在较好的维修车间,均应具备一定的专业维修设备和工具用来专门修理碰撞损坏的纤维增强板件。用于复合材料修理的设备主要是配料器(分气动和手动两种),用于将双组分胶黏剂进行配置。维修SMC材料主要使用的用料有胶黏剂、复合纤维和表面整形用的填充材料等。胶黏剂主要选用双组分的胶黏剂,它是由基体材料和硬化剂两部分组成,使用前必须按照厂商指定的比例进行混合。复合纤维的种类则有很多种,通常选用单纹布、编织玻璃布或尼龙遮布等。用于最后填充成型的原子灰,使用普通的聚酯原子灰即可,聚酯原子灰对于纤维复合材料具有良好的黏附能力。

2)复合材料车身的黏结修理工艺

(1)单面修理。当发生单面损伤时,通常需要单面修理,即只对有损伤裂纹的部分采用黏结的方法修复,对于未损坏的一面不作处理。由于损伤比较轻微,一般使用胶黏剂进行黏结即可,无需用纤维材料进行加强。

首先,用肥皂水清洗创伤部位的表面,然后用清洁剂进行清洗。用砂纸磨去损伤部位周围的油漆,并把损伤处周围磨出30mm宽的坡口,擦净粉尘等污物,以获得足够的黏合面积。按胶黏剂的使用要求调配胶黏剂,用刮板等工具将胶黏剂涂覆在损伤部位上,黏结工作即告结束。

对于胶黏剂的干燥,应尽量采用自然干燥的方法,如确实需要加温促进,应用碘钨灯均匀加热修复部位,勿使加热温度过高(不要超过50℃)。待胶黏剂完全固化后,用打磨机配合打磨砂碟打磨凸出部位及边缘。如需进一步整形,可以在黏结部位进行原子灰的填充成型,为后续喷涂工作做好准备。

(2)两面修理。当发生穿透或破裂时,应进行两面修理。为增强修理后的强度,需要用纤维材料进行增强。其工艺过程如下:

①选用优质去油脂剂和去蜡剂清理损伤周围表面,并打磨掉周围100mm范围的面漆和底漆,去除板件内部的碎片、隔声材料及污物并清理干净,用清洁剂清洁。在需要进行维修的区域边缘上打磨出斜口,彻底清洁修理表面。

②裁剪适量面积和数量的玻璃纤维布,叠加在一起,形成所需修补部位的形状,制作玻璃纤维布衬垫。注意,玻璃丝布的叠放厚度要基本符合修理的需要,不要过厚也不能过薄,摊铺的面积要略大于需要修补的区域面积。

③用一块塑料薄膜垫在下面,用刷子蘸适量调配好的胶黏剂在塑料薄膜上均匀地涂刷一层。将玻璃纤维衬垫一层一层地码放在涂有胶黏剂的塑料膜上,每码放一层即用毛刷涂抹一层活性树脂胶黏剂,并保证将玻璃丝布浸透。叠满所有的玻璃丝布,用橡胶刮板刮除空气泡。将玻璃纤维布衬垫与损伤部位紧密连接,如图12-10所示。贴实后将塑料膜轻轻移去,再用橡胶刮板在衬垫表面进行压实和整平。

④待黏补的部位完全干燥后,用打磨机配合砂碟进行打磨,并用原子灰做最后的填充成型,修复部位表面的修理工作即告完成。对于另外一面,视情况或采用单面修理的方法进行黏结,或采用上述的制作衬板法进行修理。

3)修理复合材料车身应注意事项

(1)用胶黏法对纤维复合材料车身进行修理时要注意安全问题,树脂和有些配料会刺激

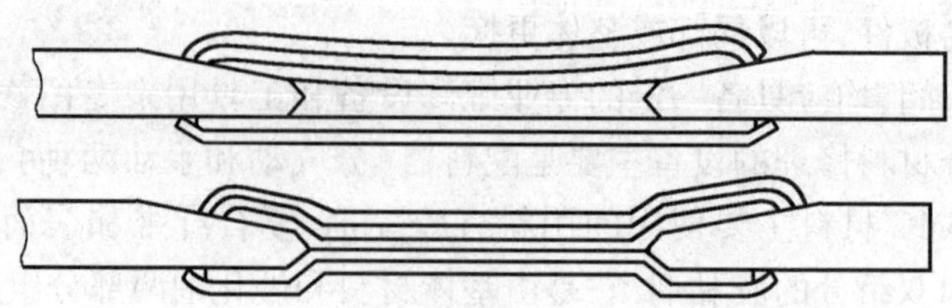

图 12-10　玻璃纤维布与板件的连接

皮肤和胃,有些硬化剂会产生有害蒸气,因此操作人员必须佩戴防护面具,在通风良好的环境下施工。

(2)要选配适合的黏结树脂,并不是所有的纤维增强材料都可以使用相同的胶黏剂。需要修复的复合材料板件属于何种类型,就要使用哪种胶黏剂,可以从车身维修手册中查阅,也可以通过试粘来确定。

(3)双组分胶黏剂在调配后要有一定的活化反应时间来完成其两组分的化学反应,在活化时间内不要进行黏结操作。

(4)黏结完成后要有足够的胶黏剂固化时间。固化时间的长短与环境温度有较大的关系,温度越高,固化时间相应地缩短。可以适当加热促进干燥固化,但温度不宜超过50℃。环境温度过低,干燥速度会大幅度减缓,有些黏结树脂在环境温度10℃以下时化学反应基本停止,则胶黏剂不会固化,因此,要保证适当的环境温度。

(5)两面修理时,若复合材料能够与金属板黏结在一起,且具备一定的黏结强度时,也可用金属板黏结到板料背面进行增强,操作工艺相同。

(6)修补完成后所剩余的废料要妥善处理,不要造成环境的污染。

第十三章 车身维修工艺及技术要求

13.1 校正检查的初步夹紧

车辆碰撞维修的拉伸一般是在维修平台上进行的,通过液压拉伸设备对车辆的碰撞处进行修复。对于载质量5t以下的车辆,可以通过锚定车身上有限多个固定点来固定车辆。

整体式车身的地板与侧围的翻边焊接处称做裙边,是整体式车身比较坚固的结构,对整个车身有支撑作用。通常结构的车辆可以通过锚定四处或者更多处车身裙边来固定整体式车身,如图13-1所示。这样的锚定,车辆整体与校正平台成为一个受力整体,拉伸的过程就在车辆与平台组成的系统内进行。

图13-1 通用型车身夹具,通过夹紧车身裙边夹紧车身

非承载式车身的锚定与整体式车身的锚定原理基本相同。但是,锚定的部位不是车身的裙边,而是承载荷载的车架。由于车架为一般式封闭梁式的结构,所以采用双向夹持的特殊夹钳夹持在车架梁以及车架悬挂吊耳处,如图13-2所示。也可以通过环绕钢链来捆绑住车架。这样,可以不拆卸驾驶室总成,直接对非承载式车身进行修复。

图13-2 通过特殊夹具夹持非承载式车身的车架

如果不使用校正平台,也必须在修复系统中将车辆固定。但是,不建议使用车辆本身制动、卡车轮或是拴挂拖车钩等方法固定车辆,防止产生车辆的二次损伤。

在拉伸过程中，除了以上说明的锚定点固定车辆外，还要对车身进行额外的锚定，目的是保护车辆的未受损或已修复的部分，见图13-3。

图13-3 固定车辆前纵梁中段未受损区域

此类支撑夹具，专用型固定支撑固定点，而通用型夹具可以自由选择组合安装在任意需要的位置，见图13-4。

a)

b)

c)

d)

图13-4 通用型辅助支撑系统在车辆的任意位置支撑实例

13.2 进行拉拔过程

整个牵拉修复程序应该预先安排，然后按照计划执行牵拉修复程序。

执行计划好的牵拉程序，确定正确的固定点和牵拉方向，就必须靠对位移量以及校正参考点方向的调整和评估。校正工作的进度也必须在牵拉过程中控制。因为车身(金属板材)具有弹性，所以，在一定的限度内，即使车身被牵拉至超过预定尺寸，车身构架也会部分恢复到碰撞前的状态。因此，应预先估计回复量，并在牵拉过程中留出一定的余量。

所谓牵拉程序，就是从众多的操作程序和问题中，理出先后次序，找出第一个难题，开始解决，解决一个再移向下一个，如此循环，直至完成全部牵拉操作。

由于液压顶杆力的作用,一旦松弛的链条被拉紧,车身构件的金属就开始移动。在这里,如果发觉液压油缸的力不足以使金属移动,那么就需要检查油缸与被拉车身之间的金属链条是否通过一个动滑轮来改变了油缸顶压链条的方向,如果是,则油缸本身的液压力被动滑轮给卸掉一半,于是到被拉车身部件的力也就只有油缸原始液压力的一半。还有,现在市场上比较好的牵拉设备不通过动滑轮来改变链条的方向,而是通过牵拉设备本身方便的牵拉角度调整来改变牵拉的方向。使用这种高品质设备的用户,则要检查确保液压油缸的方向与拉紧力链条的方向保持一致,这样才能保证液压油缸最大的液压力。否则,如果液压油缸与链条有角度,那么链条的拉力只是液压油缸顶压力其中的一个分力,这样就不能充分发挥油缸的最大顶压力。

以前,没有使用先进的电子测量设备,在拉伸时,每一次拉一小段位移,然后卸力、测量。现在有了先进的电子测量设备,我们在牵拉修复的同时,可以利用电子测量设备对拉伸工作做到即时监控,这样,车身上的金属板材在三维空间每毫米的位移量都可通过计算机屏幕反映出来,使车身修复工作简易、精准。

执行牵拉程序,最有效的方法是按照手工方法进行操作,即假定唯一可用的工具是手的情况下,怎样才能使金属重新恢复其造型,每一次能校正几个区域,向哪个方向校正,这些是有效拉伸校正的关键。

在进行牵拉工作时,现在的液压牵拉设备在进行车身底盘牵拉修复时,可以将液压牵拉设备装配到校正平台上,这样通过调整链条与液压牵拉设备的位置与角度,可以方便地对车身受损部件进行牵拉修复,如图 13-5 所示。

图 13-5　使用液压系统对车辆进行修复

将车身底板向下牵拉时,可通过装配在牵拉设备上面的下拉定滑轮将链条拉力的方向改变,这样就可以将车身底板向下牵拉了。在进行车身上部牵拉,尤其是对车身顶板进行牵拉时,也可以通过调整液压牵拉设备的链条固定装置的高度,从而改变链条的位置进行拉伸和推压,如果牵拉距离有问题,可以使用某些装置。拉伸的作用力可以看作是有方向有数量的矢量,在遇到需要拉伸的方向不能直接实现拉伸时,可以使用矢量叠加原理,将作用力进行矢量三角计算。就是按照矢量的大小按比例转化为三角形的两条边,按照拉伸角度将这两个三角形的边首尾相连,首为拉力的起点,尾为拉力的终点,然后使用直线连接另外的首尾,方向首指向尾,形成完整的三角形,那么第三条边就是最终作用力的大小和方向。使用拉塔拉伸车顶时,如果拉塔高度没有车身拉伸点高,可使用顶杆、基座以及链条形成一个矢量三角形,使顶杆高过拉伸点,达到向上拉伸的目的。顶杆伸长时,三角形的一边增长。因为链条锁在顶杆上,所以引起顶杆向右方倾斜。当顶杆倾向新的位置时,受到损坏并被牵拉的汽车部位就被向上拉起,发生位移。必须注意的是,如果顶杆与固定夹之间的链条超过了垂直状态,就必须马上停止牵拉,否则,链条端部的固定夹可能就会出现过载而发生不好的结果。这一简单的基础是矢量原理。在已计划好的方向上应用这个原理,可以获得巨大的拉力。

由于整体式车身的高强度特性(在某些情况下对热很敏感),在对车身损坏部位进行牵拉工作时,最好不要试图一步就完成整平校正牵拉。而要通过一系列的牵拉操作,包括拉——保持平衡——再拉——再保持平衡,循环往复。这样可以有更多的时间使车身金属板变形,可以有更多的时间使金属松弛,可以有更多的时间检查校正的进度。也就是说,慢慢地、小心地启动液压系统,仔细观察车身损坏部位的变化,看它是否与预计的相吻合,它是否在正确的轨道上移动。如果不是,应检查原因,调整角度和方向后,重新开动,再用锤击消除应力。将损坏的钢板牵拉至拉伸状态,然后用铁锤敲打,使应力再释放,再拉伸,再次使之松弛。如果不能确定应力已经完全释放,就再用铁锤轻轻敲击。

13.3 修复行业公差

如何判断修复程度,是在结构修复中最为重要的问题之一。车辆在使用过程中,车身尺寸可能会因为各种原因产生偏差,但是,不是所有的偏差都要进行修复的。通过测量,能够发现各个位置的偏差量的大小,一般通过一个数值作为是否需要修复的标准值,就是公差。

对于车辆,一般按照类似图 13-6 建立测量坐标,就是 X、Y、Z 三个方向的坐标,即长度、宽度和高度方向,也有使用 L、W、H 表示的。

车辆的修复公差就是规定上述三个方向的偏差标准值,如果一个测量点某个方向的偏差值大于规定的偏差值,就需要在该方向上进行修复。

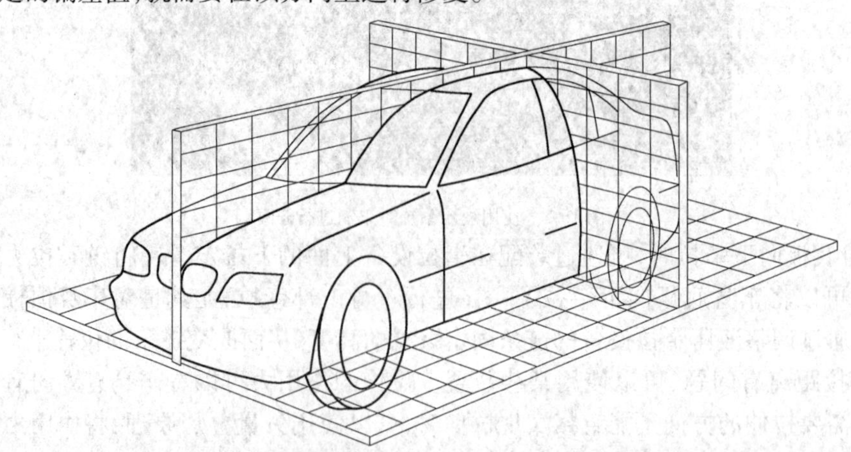

图 13-6 一般车辆测量坐标(图中的平面为车辆坐标的零平面)

修复公差值是不尽相同的,因制造商的规定等因素而不同。很多汽车制造厂商给定了车辆修复的公差值,并同时作为检查标准。很多情况下,不同品牌的车辆,其公差值也不相同。所以,首先要查阅制造商提供的维修手册中的相关参数。如果制造商没有明确提出修复公差值,那么就要遵循行业内部的修复公差值。很多汽车修理企业根据经验,以及汽车技术要求和行业惯例,自行规定企业内部的公差范围。所以,公差值也可能因修复企业的不同而有变化。

不同部位的公差值也不同。一般地,车辆底盘对车辆行使的舒适性、平顺性,以及安全性有较为重要的影响,所以,底盘公差范围较小,对维修精度要求较高;而车身上部,如车门、车顶等处公差范围较大,修复精度要求相对要低一些。

现阶段,汽车修复行业内部的行业公差通常为:车身底盘公差值为 ±3mm,而车身上部的公差值为 ±5mm。

但是,这个数值要依照实际情况进行判断。对于对称部件,两对称部件相对标准测量值的偏差值不能超出公差值,但是这两对称部件的相对偏差值也不可以超出公差值。例如,对称的车身前部纵梁在修复后,左侧纵梁高度偏差 +3mm;右侧高度偏差 -2mm,这样的数据单独比较均未超出行业公差。但是,比较两纵梁的差值为 5mm,那么此车依然存在隐患,需要继续修复。

第十四章　涂装基础知识及安全规范

14.1　涂装材料

14.1.1　涂料及其要求

1)涂料的概念

所谓涂料,是指涂布于物体的表面,能够形成具有保护、装饰或其他特殊性能的固态保护膜的一类液体或固体材料的总称。

汽车用涂装材料一般指的是涂装和修补汽车、摩托车和其他机动车及其零部件所用的涂料及辅助材料(如涂前表面处理材料和涂后表面处理材料等)。由于汽车工业对涂装材料的性能(包括内在的质量和对施工工艺的适应性等)的要求很高,需要的品种多而且量很大,因而早已成为一种专用的涂料。在汽车工业发达的国家中,汽车涂料在工业用涂料的发展中处于领导地位,一般占涂料总产量的15%~20%。为适应汽车涂层的高装饰性及防腐蚀性能和现代化涂装工艺的要求,近30年来,汽车涂料更有了长足的发展,开发了不少涂料的新品种,实现了产品多次的更新换代。

2)对涂料的要求

根据汽车的使用条件和汽车涂装的特点,汽车用涂料要满足以下要求:

(1)极好的耐候性和耐腐蚀性。

①要求适用于各种气候条件,涂层的使用寿命接近汽车的使用寿命;

②要求在苛刻的使用条件下(如强烈日照、风雨侵蚀、风沙等情况)保光、保色性好,不开裂、不脱落、不粉化、不起泡、无锈蚀等现象。

(2)极好的施工性和配套性。

①对于汽车制造工业,要求能适应高速度流水线作业;

②对于汽车修理行业,要求能适应手工喷涂的工艺要求和设备;

③对涂膜要求干燥迅速,能够适应"湿碰湿"的操作和烘干;

④要求涂层之间结合优良,不引起咬起(指在涂装过程中出现下层涂料被其上层涂料中的溶剂重新溶解而隆起的现象,俗称咬起或咬底)、渗色、开裂等涂膜弊病。

(3)极高的装饰性。

①要求涂层色泽鲜艳和多种多样;

②要求外观丰满,鲜映性好,使人看上去舒适,这点对轿车用面层涂料尤其重要。

(4)涂层有极好的机械强度。

①能够适应汽车行驶中的振动和小石子、砂砾的撞击;

②要求涂层坚韧、耐磨、耐迸裂,抗划伤性能优良。

(5)要求涂膜干燥后能够耐汽油、机油和公路用沥青等的侵蚀作用。

①在这些介质中浸泡一定的时间后不出现软化、变色、失光、溶解或产生斑痕等现象;

②要求能耐清洗剂、鸟或昆虫的排泄物和酸雨等的侵蚀,与这些物质接触后不留痕迹。

(6)价格低廉,低公害化。

①由于车用涂料的用量大,要求货源广,价格低廉;

②要求逐步实现低公害化和无公害化,便于进行“三废”处理。

3)车用涂料的一些特殊要求

由于汽车涂层基本上都属于多层涂装,加之它们在汽车上的使用部位不同,所以对于汽车用涂料的某一品种来讲,并非都必须满足以上要求。根据汽车涂装材料使用的部位不同,要求也有差异,下面举例说明:

(1)汽车车身用涂料。

是汽车用涂料的主要代表,所以从狭义上来讲,汽车用涂料主要是指车身用涂料。车身涂层一般由底涂层、中间涂层和面涂层三层或底涂层和面涂层两层构成,它们基本上要兼备上述车用涂料的六条要求。

(2)车轮、车架等部件用的耐腐蚀涂料。

它的主要技术指标是要求耐腐蚀性能(耐盐雾、耐水性等)好,要求涂膜坚韧、耐磨,并具有一定的耐机油性。

(3)发动机部件用涂料。

要求涂料具备低温快干性能及良好的耐热性和耐机油、汽油性能。

(4)车内装饰用涂料。

指客车、轿车等内装饰件用的涂料,主要性能指标为高装饰性、耐紫外线和不粉化。

(5)特种涂料。

这类涂料主要是指:

①包括蓄电池固定架所用的耐酸涂料;

②油箱内表面用的耐汽油涂料;

③汽车消声器、排气管等部位所用的耐热涂料;

④车身底盘下部表面所用的耐磨耐冲击和防声涂料;

⑤车身焊缝用的密封涂料等。

14.1.2 涂料的组成

1)涂料的三大组成部分

涂料主要由三大部分组成,分别为:主要成膜物质、次要成膜物质和辅助成膜物质。

(1)主要成膜物质

是油料和树脂等,是涂料的基础,常称为基料,它既可以单独成膜,也可黏结颜料等共同成膜,并牢固地黏附在被涂物表面,所以,油料和树脂等主要成膜物质又称为胶黏剂或固着剂。现在汽车所用的涂料中已经不含油料,完全采用树脂作为主要成膜物质。

(2)次要成膜物质

主要是颜料,它不能离开主要成膜物质而单独成膜,必须在油料或树脂的固着下形成涂膜。颜料赋予涂膜一定的遮盖能力和色彩,并增强涂膜的韧性,增加涂膜的厚度,提高涂膜的耐磨、耐热、耐化学腐蚀等性能。

(3)辅助成膜物质

主要是涂料中的溶剂和其他添加剂等辅助材料,这些物质也不能单独形成涂膜,但它们有助于改善涂料的性能。在形成涂膜时有一部分辅助成膜物质要挥发掉,如:真溶剂、助溶剂、稀释剂等;有些最后存在于涂膜中而不挥发掉,如:催化剂、固化剂等。这样按照涂料的组成成分,也可以说涂料由树脂、颜料、溶剂、添加剂组成。

涂料的组成如图 14-1 所示。

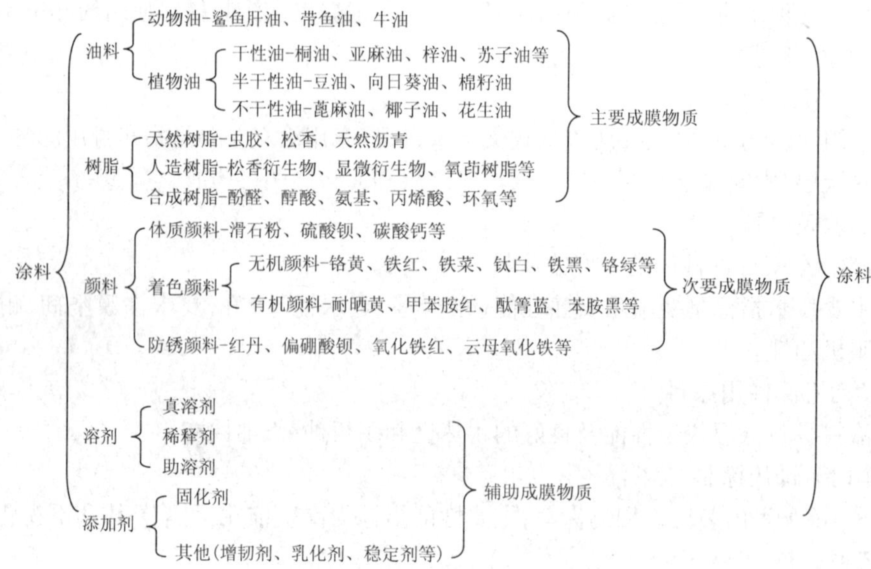

图 14-1 涂料的组成

2)树脂

树脂是多种高分子复杂化合物相互融合而成的混合物。它是非结晶的固体或黏稠液体,虽没有固定的熔点,又不溶于水,但在受热时会软化或熔化,多数树脂可溶于有机溶剂。熔化或溶解了的树脂能与颜料均匀地相互混合,其黏着性很强。将它涂附在物面上待溶剂挥发后能形成一层光亮、坚韧而耐久的薄膜。所以,树脂是与颜料一起形成涂膜的主要物质,可以说,树脂的性质决定涂料加工的品质和涂膜性能的好坏。

树脂按其来源,可以分为天然树脂和人工合成树脂两大类。最初在涂料工业中使用的树脂都是天然树脂,但由于一般的天然树脂在产量和性能上都满足不了日益发展的工业生产上的需要,随着近代化学工业的发展,人们已经能够生产出各种人工合成树脂,即用天然高分子化合物加工制得的人造树脂及用化工原料合成的合成树脂。人工合成树脂无论从品种、性能、产量和用途等方面都大大超过了天然树脂,我们现在使用的各种汽车涂料除个别品种外,基本上都是由人工合成树脂作为基料的。树脂的分类见图 14-2。

汽车涂料中常用的树脂有以下几种:

(1)沥青。沥青是一种由碳、氢、氧、硫、氮等组成的复杂化合物。性状或为黑色可塑性固

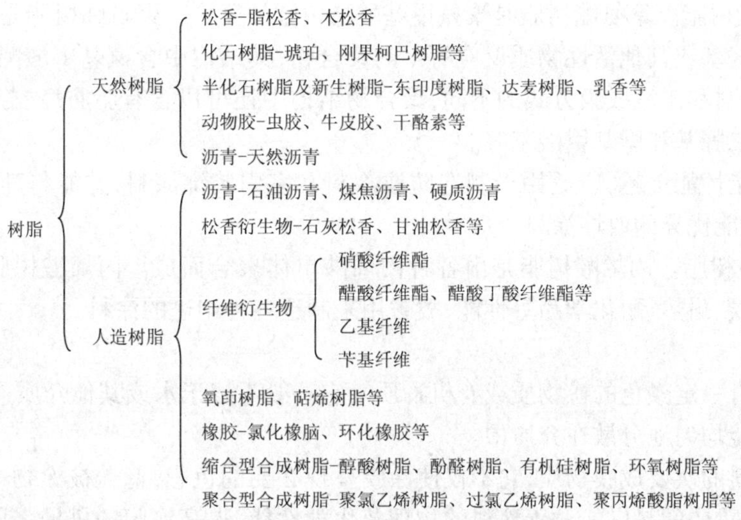

图 14-2　树脂的组成

体,或为黑色无定形黏稠状物质,易熔融,可溶于烃类溶剂或松节油中。

沥青具有独特的耐水、耐酸碱性能,电绝缘性能优良,涂膜光滑,所以被广泛用来炼制防锈、防腐涂料,主要用于车辆的底盘。

(2)硝基纤维素。硝基纤维素又称为硝酸纤维酯或硝化棉,是硝基漆的主要成分。

硝酸纤维素是将植物纤维(如棉花纤维等)经过硝酸硝化后所得到的产品。它具有良好的耐油性,在常温下能耐水、耐稀酸;但极不耐碱、不耐光、遇热易分解,且易燃、易爆。它能与多种树脂互溶,能溶于酯、酮类溶剂,而不溶于醇类和苯类溶剂。

(3)醇酸树脂。醇酸树脂是由多元醇(如甘油、季戊四醇等)和多元酸(如邻苯二甲酸酐、异苯二甲酸等)缩合而成。分为纯醇酸树脂和改性醇酸树脂两类。改性醇酸树脂又称聚酯树脂,是由纯醇酸树脂经植物油或具脂肪酸改性而成,具有极好的附着力、光泽、耐久性、弹性、耐候性和绝缘性等,所以,在涂料中应用广泛,不但可以用来制造清漆、底漆和原子灰等,还可与其他树脂合用,以相互提高性能。

(4)氨基树脂。氨基树脂是由醛类与氨类缩聚而成的热固性树脂。涂料工业中常用的有两种:一种是尿素与甲醛缩聚,并以丁醇或甲醇改性而成的称为“丁醇(或甲醇)改性尿素甲醛树脂”,简称“脲醛树脂”;另一种是用三聚氰胺或取代三聚氰胺与甲醛缩聚并以丁醇或甲醇改性而成的称为“丁醇(或甲醇)改性三聚氰胺甲醛树脂”,简称“三聚氰胺树脂”。

氨基树脂具有优越的保色、坚硬、光亮、耐溶剂及耐化学品的性能,但附着力差且过分坚脆,因此要与其他树脂如醇酸树脂等合用,方可充分发挥各自的优点,既改善了氨基树脂的低附着力和硬脆性,又提高了醇酸树脂的硬度、耐碱性和耐油性。

(5)环氧树脂。凡分子结构中含有环氧基的聚合物即称为环氧树脂。它主要是由二酚基丙烷与环氧氯丙烷在碱性介质中缩聚而成的高分子聚合物。

环氧树脂具有黏合力强、收缩性小、稳定性高、韧性好、耐化学性和电绝缘性优良等优点。环氧树脂用来制造车用涂料,不但耐腐蚀方面优越,而且机械性能和弹性等都优于酚醛和醇酸树脂涂料,被广泛应用。

(6)聚氨酯树脂。聚氨酯树脂是聚氨甲基酸酯树脂的简称。聚氨酯树脂是由各种含异氰酸酯的单体与羟基或其他活性物质反应所得的聚合物,其结构中含氨基甲酸酯基团。除此之外,根据所用原料和制漆成膜方式的不同,聚合物结构中还可以含有脂肪烃、芳香烃、酯基、酰胺基、脲基、缩二脲基和脲基甲酸基等。

聚氨酯树脂性能优越,广泛用于制造防腐涂料和室内装饰涂料,并能与其他多种树脂合用,制成多种性能优异的改性涂料。

(7)丙烯酸树脂。丙烯酸树脂是由各种丙烯酸单体聚合而成。丙烯酸树脂具有保光、保色、不泛黄、耐候、耐热、耐化学品等性能,故被用来制造各种用途的涂料。

3)颜料

颜料是具有一定颜色的矿物质或有机物质。它一般不溶于水或其他介质(如油等),但其细微个体粉末能均匀地分散在介质中。

颜料是涂料的次要成膜物质,它不仅使涂膜呈现必要的色彩,遮盖被涂物的底层,使涂膜具有装饰性,更重要的是它能改善涂料的物理及化学性能,提高涂膜的机械强度、附着力和防腐性能。有的颜料还可以滤去紫外线等有害光波,从而增强涂膜的耐候性和保护性,延长涂膜的使用寿命。例如,在有机硅树脂涂料中使用铝粉颜料,在高温下铝粉与硅形成 Si-O-Al 键,能提高涂膜的耐高温性;在涂料中加入云母、氧化铁,可以反射紫外线和减少透水性,因而能显著提高涂膜的防锈、耐候和抗老化等性能。

颜料的品种很多,按它们的化学成分,可以分为有机颜料和无机颜料两大类。每大类中,按其来源不同,又可以分为天然颜料和合成颜料。在涂料工业中,根据颜料在涂料中所起的主要作用不同,可分为着色颜料、体质颜料和防腐颜料三类。

(1)着色颜料。在涂料中的主要作用是赋予涂料各种不同的颜色,提高涂料的遮盖性能,满足涂料的装饰性和其他特殊的要求,其品种和分类见图 14-3。

(2)体质颜料。又称为填料或填充料。涂料中凡折光率较低的白色或无色的细微固体粒子,配合其他颜料分散在有色颜料当中,用以提高颜料的体积浓度,增加涂膜的厚度和耐磨能力,几乎无着色力和遮盖力的,统称为体质颜料。其品种和分类见图 14-4。

(3)防腐颜料。又称为防锈颜料,是涂料中主要起防锈作用的底漆等的重要组成,多为具有化学活性的物质。

要进行防腐,就必须认识金属的腐蚀机理,金属的腐蚀机理分为化学腐蚀和电化学腐蚀两类。金属与接触到的介质(如氧气、氯气、二氧化硫、硫化氢等干燥气体或汽油、润滑油等非电解质)直接发生化学反应而引起的腐蚀称为化学腐蚀;不纯的金属或合金与液态介质(如水溶液、潮湿的气体)或电解质(如酸碱溶液)接触时,发生电化学反应而引起的腐蚀称为电化学腐蚀。一般情况下,这两种腐蚀现象往往是同时发生的,但后者更为普遍。

涂料用于防腐,其主要作用是从两方面来进行的:一种是用物理隔绝的方法,即用与金属表面具有足够附着力的涂料将金属物体整体覆盖,使其不与外界介质直接发生接触,从而避免或减少金属化学腐蚀的发生;另一种方法,是用化学侵蚀的方法,即用具有一定化学侵蚀作用的涂料涂布在金属表面,使其表面发生侵蚀作用而钝化,这样在与电解质接触时由于金属的钝化表面很难再发生电化学反应,从而达到防腐的目的。

防腐涂料由于起防腐作用的侧重点不同,有的偏重于物理防腐,有的偏重于化学活性防

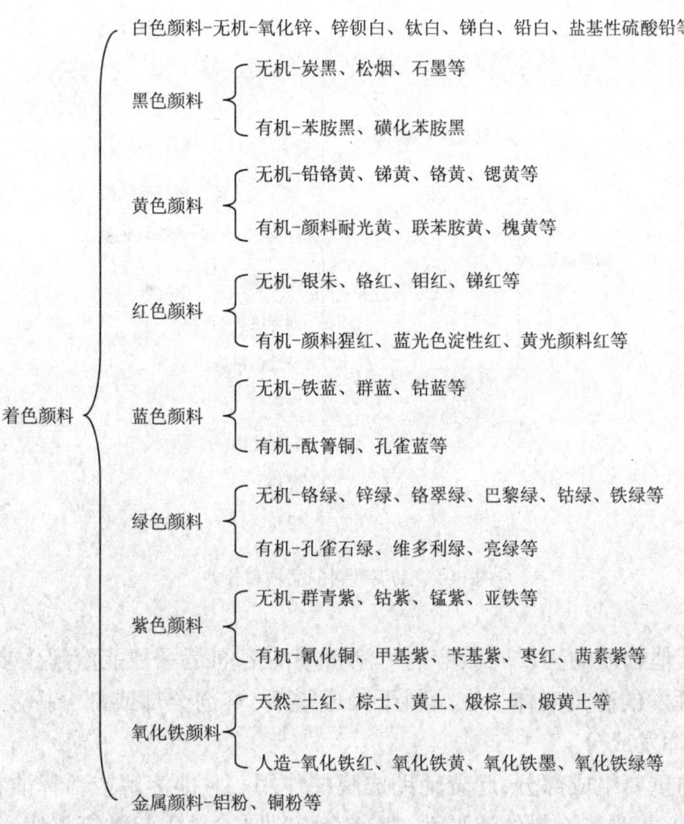

图 14-3　着色料的类型

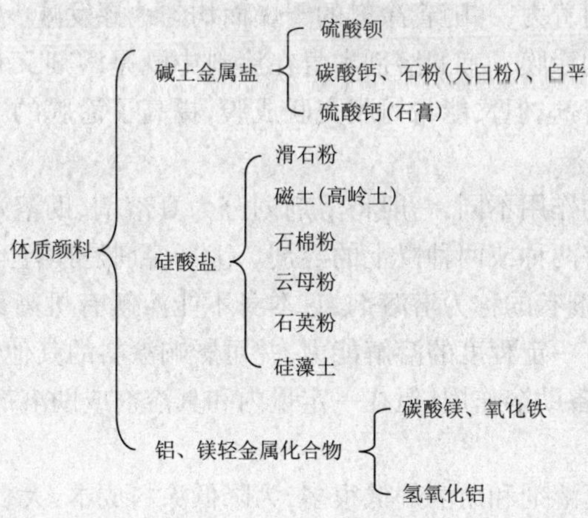

图 14-4　体质颜料的类型

腐,因此采用的防腐颜料也不尽相同,防腐颜料的品种和分类见图 14-5。

防腐颜料除上述品种之外,近年来还出现了一些新的品种,如磷酸锌、磷酸铁、钼酸锌、氟化铬和磷酸铬等,分别用于防锈涂料、磷化底漆、电泳底漆和预涂底漆中,也可与其他防锈颜料配合使用,使其具有更好的防锈效果。

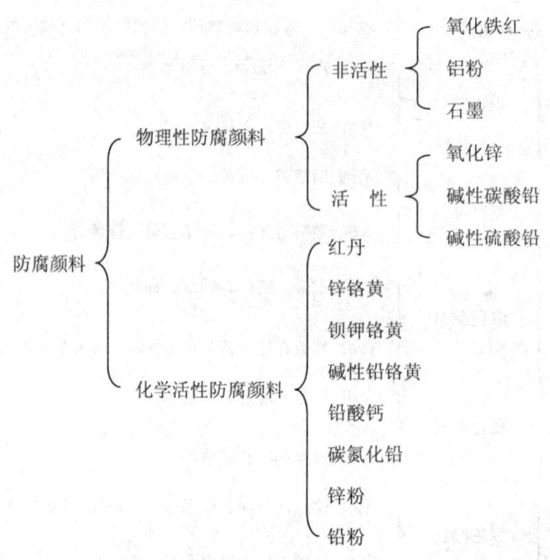

图 14-5 防腐颜料的品种和分类

4）溶剂

凡能够溶解其他物质的物质叫做溶剂。涂料用的溶剂是一种能溶解主要成膜物质（油料和树脂等）的、易挥发的有机液体。在涂料干燥成膜后，溶剂全部或部分挥发而不留存在涂层中，故溶剂又称为挥发成分。

溶剂是涂料的重要组成部分，起着辅助成膜的作用。它能溶解或稀释油料或树脂，降低其黏稠度以便于施工，并改善涂料的流平性，避免涂膜过厚、过薄、起皱等弊病。还能在储存过程中对涂料成品起稳定作用，不使树脂析出分离、变稠或结皮等。涂料施工后，溶剂能增加涂料对物体表面的润湿性和附着力，并随着涂料的干燥而均匀地挥发减少，使被涂物面形成薄厚均匀、平整光滑、附着牢固的涂膜。有的溶剂本身在涂料中既是溶剂又是成膜物质，如苯乙烯在无溶剂涂料中是很好的溶剂，但又能与树脂交联成膜，提高了涂膜的丰满度，同时减少了因溶剂挥发而造成的污染。

按照溶剂在涂料中的作用不同，一般将溶剂划分为真溶剂、助溶剂和稀释剂三类，很多汽车涂料在其溶剂成分中有两种或两种以上的溶剂。①真溶剂是具有溶解涂料所用的有机高聚物的能力的溶剂；②助溶剂有的称为潜溶剂，它本身不能溶解有机高聚物，但在一定的限量内与真溶剂混合使用则具有一定程度的溶解能力，并可影响涂料的其他性能；③稀释剂本身不能溶解有机高聚物，也不具备助溶作用，但在一定量内和真溶剂或助溶剂混合使用则可以起到溶解和稀释的作用。

稀释剂的价格要比真溶剂和助溶剂低很多，为降低涂料成本，大多数涂料中都含有比真溶剂便宜的稀释剂。在施工时，为了调整涂料的黏度，保证良好的喷涂雾化效果和涂膜质量，都要使用稀释剂。但稀释剂的使用量必须有一定的限度，因为溶液型涂料无论是在储存、施工和干燥过程中都必须保持溶液状态，涂料中要保持足够的溶剂存在并使涂料中最后挥发的成分是真溶剂。如果在涂料应用的任何一个阶段中稀释剂变得过多，就会使成膜聚合物沉淀析出。这时，如果涂料是清漆，就会发混；如果是色漆，则会使涂膜的光泽降低。

涂料中溶剂主要有以下特性：

(1)溶解力。即溶剂溶解油料或树脂的能力。溶剂的溶解力越强,被溶于其中的物质浓度越大。

溶剂的溶解力与其分子结构有关,每种物质都只能溶解在和它分子结构相类似的溶剂中。比如,松节油对松香来说是溶剂,而对硝酸纤维来说它则没有溶解能力。所以,溶剂也是相对的,甲可以溶于乙中,则乙是甲的溶剂;丙可以溶于丁中,则丁是丙的溶剂;但甲不能溶于丁中,则丁就不是甲的溶剂。溶剂在使用中一定要注意不可用错,如果使用错误或不当,轻则导致涂膜粗糙不光滑或影响涂膜质量,重则会导致涂料失效报废。

下面是依据溶剂的官能团将常用溶剂进行简单的分类:

①醇类:甲醇、乙醇、丁醇。

②酯类:乙酸乙酯、丁酸乙酯。

③醚类:乙基溶纤素、丁基溶纤素。

④酮类:丙酮、丁酮、甲基异丁酮。

⑤硝基化物:硝基乙烷、硝基丙烷。

⑥烃类:a. 脂肪烃:汽油、石油醚。

b. 芳香烃:苯、甲苯、二甲苯。

c. 卤代烃:三氯乙烯、四氯乙烯。

(2)沸点和挥发率。溶剂的挥发率即溶剂的挥发速率,它能控制涂膜处于流体状态的时间长短。挥发率必须适应涂膜的形成,太快会影响流平,造成橘皮或干喷现象;太慢会造成针孔、起泡、流挂、干燥时间过长等现象。

溶剂的沸点可以作为比较挥发速率的参考数据。溶剂可根据其沸点的高低粗略地分为三类:

①低沸点溶剂:沸点在100℃以下;

②中沸点溶剂:沸点在100~150℃;

③高沸点溶剂:沸点在150℃以上。

低沸点溶剂在喷涂时涂料从喷枪口到物面的过程中就能大部分挥发掉,使到达物面上的涂料的固体分和黏度都得到了必要的提高;高沸点溶剂可以用来提高涂膜的流动性,它们能使涂膜在较长时间内保持流动性;中沸点溶剂在各种场合的涂料中都能用,它们最初使涂料保持流动性,当喷涂到物面一段时间后能使涂膜较快地凝定。

根据溶剂的这一特性,汽车涂料中常将稀释剂制成快干、中性和慢干等几种。快干稀释剂用于较低的环境温度条件(15℃以下)施工和环境比较差、灰尘较多的场合;慢干稀释剂用于施工环境温度较高(35℃以上)或大面积喷涂时使用;中性稀释剂使用的场合较为广泛,大部分施工条件均可使用。

(3)闪点。即指混合气体在遇火花或火焰产生爆燃的最低温度。涂料中含有大量的易燃液体,这些易燃液体会逐渐挥发。当在一定空间内,挥发的易燃液体蒸气与空气相混合形成非常危险的混合气体,此时在一定温度条件下,混合气体遇到火花或火焰会突然燃烧(爆燃)。熟知各种常用溶剂的闪点,对于安全施工具有非常重要的意义。

(4)毒性和气味。某些溶剂如苯,对人体有积累性毒性,而另一些溶剂在空气中的浓度超过一定数值之后对人体也是有害的。溶剂一般都有不同程度的刺激性气味,可以刺激人的呼

吸道黏膜,所以,在使用溶剂时一定要注意安全和劳动保护。

5)添加剂

添加剂又称为助剂、辅助材料,它虽然不是主要或次要的成膜物质,用量一般又很少,但它对改善涂料的性能,延长储存时间,扩大涂料的应用范围,改进和调节涂料施工的性能,保证涂装品质等方面都起很大的作用。

涂料添加剂的品种很多,根据它们的功能来划分,主要品种有:催干剂、防潮剂、固化剂、紫外线吸收剂、悬浮剂、流平剂和减光剂等。这些添加剂有些是在涂料制造时就添加到涂料当中的,如悬浮剂、紫外线吸收剂等;有些需要根据施工情况进行添加,如防潮剂、流平剂、减光剂等。

(1)催干剂。是一种能加速涂层干燥的物质,多使用于醇酸树脂涂料中。催干剂能促进涂膜中树脂的氧化—聚合作用,大大缩短涂膜的干燥时间,尤其是在冬季施工中涂膜干燥很慢的情况下,加入催干剂后即使环境温度没有变化,干燥时间也会有明显的提高。

(2)防潮剂。也称化白剂、化白水,是由高沸点的酯类、酮类溶剂组成的。将它加入硝基漆等自然挥发型涂料中,能防止涂膜中的溶剂挥发时产生的泛白现象。此外,施工环境温度过低接近露点或空气湿度过高和喷涂用的压缩空气中含有过多的水分等,也会引起泛白。涂料中加入适量的防潮剂后,由于高沸点溶剂的增多,可减缓溶剂的挥发速度,减少水分凝结现象的发生。

(3)固化剂。多为酸、胺、过氧化物等物质,与涂料中的合成树脂发生反应而使涂膜干燥固化。该类型的涂料在未加入固化剂时一般不会干燥结膜,与固化剂混合后在常温下即可发生化学反应而干燥固化,若适当加温(60~80℃)效果更好。不同树脂的涂料所使用的固化剂成分也不同,例如,聚酯树脂用过氧化物作为固化剂,环氧树脂用胺类作为固化剂,丙烯酸聚氨酯类用含异氰酸酯类作为固化剂等。

(4)紫外线吸收剂。对阳光中的紫外线有较高的吸收能力,添加在涂料当中可减少紫外线对涂膜的损害,防止涂膜粉化、老化和失光等。

(5)悬浮剂。主要用来防止涂料在储存中结块。涂料中加入悬浮剂后,可使涂料稠度增加,但松散易调和。

(6)流平剂。能降低涂料的表面张力,防止缩孔的产生,增加涂膜的流平性能。在喷涂时,由于被涂物表面清洁不彻底,残存有油脂、蜡渍等;或由于压缩空气中含有未过滤的油分,会由于该部分涂膜表面张力增大而产生缩孔现象,俗称鱼眼、走珠。在发生此类故障时,在涂料中适量加入流平剂,缩孔的现象会大大改善。

(7)减光剂。又称哑光剂,具有降低涂膜光泽的作用。有时为了喷涂特殊部位,如塑料保险杠等,需要使涂料产生哑光效果,适量加入减光剂可以达到所需的要求。

涂料添加剂的种类多样,品种繁多,以上介绍的仅为比较常用的一些,还有很多这里不做过多的介绍。

14.1.3 涂料的干燥和成膜机理

1)涂膜的干燥

涂料的干燥成膜是指涂料施工后,由液态或黏稠状涂膜转变成固态的化学和物理变化过程。为了达到预期的涂装目的,除了合理地选用涂料,正确地进行表面处理和施工外,充分而适宜的干燥过程也是重要的环节。涂料施工后未经过适当的干燥,既不能保证涂膜的性能,又会影响以后的涂膜处理工作(比如抛光等),严重的甚至会前功尽弃。在涂料施工中,由于干燥不良经常造成涂膜的品质事故,所以,涂料的干燥是涂装施工中重要的环节。

涂料的干燥方式主要有自然干燥、加速干燥和高温烘烤干燥三种。

(1)自然干燥。自然干燥也称空气干燥,它是指涂膜可以在室温条件下干燥,其干燥条件是温度为15~25℃,相对湿度不大于80%。可以自然干燥的涂料包括溶剂挥发型、氧化—聚合型和双组分型涂料等。自然干燥型涂料由于在自然环境下就可以固化,对促进涂膜固化的设备要求不高或没有要求,因此广泛应用在工业涂装领域,比如桥梁、汽车修理、船舶等,还可用于不适宜高温烘烤的皮革、塑料制品的涂装上色等。

(2)加速干燥。为了缩短涂装的施工周期,加快生产速度和提高效率,需要加快涂料的干燥时间。通常有两种加速干燥的方法,一种是在自然干燥型涂料中加入适量的催干剂以促进固化,另一种是将自然干燥型涂料在一定的温度下(50~80℃)低温烘烤。例如,醇酸磁漆在常温下完全干燥需要24h,而在70~80℃时仅仅需要3~4h。但是,并不是所有自然干燥型涂料都可以采用这两种方法加速干燥的,适于低温烘烤加速干燥的涂料与一般自然干燥型涂料有一定的区别。由于涂料的主要成膜物质不同,有些树脂具有热塑性,即在常温下是固体性状,而加温到一定程度时会变软,恢复或部分恢复其可塑性,以这类树脂为主要成膜物的涂料,要加速干燥只能用加入催干剂的方法而不能用低温烘烤。

(3)高温烘烤干燥。有许多涂料在常温下是不能干燥结膜的,一定要在比较高的温度下(120~180℃),涂料中的树脂才会在高温的作用下引起化学反应而交联固化成膜,这一类涂料称为热聚合型涂料。热聚合型涂料经烘烤干燥后的涂层在硬度、附着力、耐久性、耐腐蚀、抗氧化和保光、保色以及涂料的鲜映性等方面,都要比自然干燥型和加速干燥型涂料好得多。许多高品质、高装饰性涂层多用这种涂料。

自然丅燥型和加速干燥型涂料由十十燥温度比较低,所以又称为低温涂料。在汽车修理涂装中,由于车身上许多部件不耐高温的烘烤,所以通常采用低温涂料,而大型的汽车制造厂家在新车制造的自动喷涂流水线上通常使用高温烘烤型涂料。

2)涂料的成膜机理

涂料在涂布之后到干燥成膜期间要经过一系列的化学和物理变化,不同的涂料其干燥成膜机理也不同。涂料的干燥成膜机理主要有溶剂挥发干燥成膜和化学反应干燥成膜两大类,其中化学反应干燥成膜又有氧化—聚合型、热聚合型和双组分型三种。

(1)溶剂挥发干燥成膜。是依靠涂料中的溶剂自然挥发而干燥成膜。这种自然干燥的涂料在干燥成膜后树脂的分子间并没有交联,所以每层涂膜干燥后要薄一些,因此需要涂装的涂层要厚一些,往往需要几十微米甚至一百多微米。另外,这种涂料的涂膜很容易被溶剂溶解掉,所以其耐溶剂性能要差一些。这种涂料的典型代表为硝基涂料。硝基涂料在被发明后成为天然树脂涂料的替代品,一度被广泛地应用于汽车的涂装,到20世纪五六十年代后逐渐退出了汽车制造涂装领域,但在汽车修补涂装中还在继续应用,现在仍有部分地区和部分车辆使用。

(2)氧化—聚合型涂料的干燥成膜。是在涂料中溶剂挥发的同时,树脂靠吸收空气中的氧而氧化聚合交联。由于涂膜的分子之间有了交联,所以涂膜的性能比依靠自然挥发而干燥

成膜的涂料有一定的提高。但因为该种涂料是有限交联,而且需要很长的时间,因此这种涂料被应用于一部分底漆和中涂底漆,在出现了双组分型涂料之后很快被代替。

(3)热聚合交联型。是在高温下树脂发生化学反应而紧密交联干固成膜,干燥后的涂膜为热固性,并不能被溶剂溶解,涂膜性能非常好。这种涂料在常温下不会干燥,所以适宜大规模的涂装生产和有高温烘烤设备的大型涂装流水线使用,因此被广泛应用于汽车制造涂装流水线,通常被称做"原厂漆"或"高温漆"。现在我们所见到的轿车的原厂漆绝大多数是这种涂料。

(4)双组分聚合型涂料。由涂料和与之配合使用的固化剂按照一定的比例混合之后进行施工,涂膜的干燥是由涂料中的树脂和固化剂进行化学反应,分子之间产生紧密地交联而成膜。由于涂膜的分子之间有紧密的交联,所以涂膜的性能非常优越,具备与原厂涂层不相上下的质量,所以,现在也被广泛应用。但双组分型涂料在不加入固化剂时不能干燥成膜,在加入固化剂后即引起化学反应,所以具有一定的使用时效,因此一般不用于大规模的汽车制造流水线,而广泛应用于汽车的修理涂装。双组分型涂料在加入固化剂后,常温下即可固化。但若温度过低(低于5℃),会使化学反应缓慢甚至不反应,延长固化时间而影响涂膜的质量,所以适当的加温会促进反应的速度,加快干燥时间。双组分型涂料的加热烘烤温度一般以60~80℃为宜,不可过高,这主要是因为:一方面,由于汽车修补涂装时往往是整车进行烘烤,汽车上有很多部件是不耐高温的,若温度过高会造成损坏;另一方面,是因为如果在烘烤时温度升高过快或温度过高,会引起涂膜在干燥过程中产生应力而影响涂膜的性能。图14-6为几种涂膜的成膜机理示意图。

干燥类别	涂料名称	湿的时候	干的时候
溶剂蒸发	NC丙烯酸清漆		
氧化聚合	邻苯二甲酸酯		
热聚合	热固氨基醇酸		
双组份聚合	丙烯酸、氨基甲酸酯		

图14-6　涂膜的成膜机理

14.2　汽车涂装的作用

14.2.1　汽车涂装的定义

涂装系指将涂料以不同的方式涂布于经过处理的物面(基底表面)上,干燥固化后形成一

层牢固附着的连续薄膜的工艺。有时将涂料在被涂物表面扩散开的操作也称为涂装,俗称“涂漆”或“油漆”。已经固化了的涂料膜称为涂膜(俗称“漆膜”),由两层以上的涂膜组成的复合层称为涂层。汽车表面涂装就是典型的多涂层涂装。

汽车涂装是指对轿车、大客车、载货车等各类车辆的车身及零部件的涂漆装饰,也包括对摩托车、部分农机产品的涂装。汽车涂装不仅可以提高人们对汽车质量的直观评价,也可以提高汽车产品的耐腐蚀性和延长汽车使用寿命。要达到满意的涂装效果,就必须正确选择涂料及其涂装方法,制定合理的涂装工艺,以及练就高超的涂装操作技巧。

14.2.2 汽车涂装的作用

汽车经过涂装后,不但可以使车身具有优良的外观,而且还可使车身耐腐蚀,从而提高汽车的商品价值和使用价值。总的来说,汽车涂装主要具有保护(防腐)、装饰(美化)、标志和达到某种特定目的等作用。

1)保护作用

汽车运行环境复杂,经常会受到水分、微生物、紫外线和其他酸碱气体、液体等的侵蚀,有时会被磨、刮、蹭而造成损伤。如果在它的表面涂上涂料,涂装后形成一层连续而牢固的,具有一定的耐水、耐气候和耐腐蚀等性能,且具有一定硬度的薄膜,使物体与周围介质隔绝,形成一层良好的保护体,就能保护汽车免受损坏,延长使用寿命。汽车上的金属板件遭到腐蚀后,轻者会使金属板件失去原来的面目,重者会使金属板件腐蚀穿孔,导致金属板件丧失应有的强度和刚度,甚至报废。因此,涂装可以提高汽车的耐腐蚀性和延长汽车使用寿命,起到重要的保护作用。

2)装饰作用

现代汽车不但是实用的交通运输工具,而且更像是一种艺术品。涂装可以使被涂物体表面具有一定色泽,给人以美的视觉感受。车身颜色与车内颜色相匹配,与环境颜色相协调,与人们的爱好以及时代感相适应。绚丽的色彩与优美的线形融为一体构成了汽车的造型艺术,协调的色彩烘托了汽车的造型,使汽车具有更佳的艺术美。目前,人们评价汽车质量的第一话题往往是汽车的外表,即整体造型及色泽。所以,颜色的选配和涂装质量的高低将影响到汽车产品的市场竞争力,尤其在当今追求个性的时代,汽车涂装的装饰作用更为突出。

3)标志作用

涂装的标志作用是由涂料的颜色体现的,在汽车上涂装不同的颜色和图案可以区别不同用途的汽车。例如,消防车涂成大红色;邮政车涂成橄榄绿色,字号、车号为白色;救护车为白色并作十字标记;工程车涂成黄色与黑色相间的条纹,字及车号用黑色等。另外,颜色在指示、警告、禁令、指路等标志中的含义作用也非常明显。

4)达到某种特定的目的

应用涂料的特殊性能,使汽车具有特殊功用来完成特种作业或适应特定的使用条件。例如,化工物品运输车辆要在车体表面或货箱、罐仓内部涂布耐酸碱、耐油、耐热、绝缘等涂料,以防止化学品的腐蚀、渗漏等;军用汽车采用保护色,达到隐蔽的作用;涂在船底上的防污漆,漆中的毒剂缓慢渗出,可杀死寄生在船底上的海洋生物,从而延长船舶的使用寿命,并保证其航行速度;为使导弹、航天器等在飞行过程中不致于因大气摩擦而产生高温烧毁,在其表面涂布

一种既耐高温又耐摩擦的涂料;还有用于消声等方面的涂料。不胜枚举的各种特殊要求,必须有各种各样的涂料去适应。

14.2.3 汽车涂装的分类

由于涂装的对象不同,涂装的目的和要求千差万别,所以采用的涂料和涂装工艺也相差甚远。按涂装对象不同,汽车涂装大体可以分为新车制造涂装和旧车修补涂装。

汽车制造涂装,包括:车身外表涂装、车厢内部涂装、车身骨架的涂装、底盘部件的涂装、发动机部件的涂装、电气设备部件的涂装等内容。车身外表涂装是汽车制造涂装的重点,要求达到高装饰性和抗腐蚀的目的,并且与汽车用途相适应,具有优良的耐久性。

汽车修补涂装,总的目的就是要恢复汽车原有的涂层技术标准和达到无痕迹修补的目的,根据需要修补部位和修补面积的大小,可以分为重新喷涂(简称"重涂"或"全车喷漆")、局部修补(根据修补面积又可分"点修补"和"板修补")和零部件修补涂装。

14.2.4 汽车涂装的特点

1)汽车涂装的特点

汽车涂装的目的是使汽车具有优良的耐蚀性和高装饰性外观,以延长其使用寿命,提高其商品价值。汽车涂装具有如下特点:

(1)汽车涂装属于高级保护性涂装。汽车涂层必须具备极优良的耐蚀性、耐候性和耐沥青、油污、酸碱、鸟粪等物质的侵蚀作用的性能,对汽车车身起到保护效果。汽车属于户外用品,因而要求汽车涂层能够适应寒冷地区、工业地区、沙漠戈壁、湿热带和沿海等各种气候条件。在国际上具有竞争能力的汽车以及汽车涂料都能很好地适应世界各地的气候条件。

(2)汽车涂装(以车身涂装为主)属于中、高级装饰性涂装。车身(尤其是轿车的车身)必须进行精心的涂装设计,在具有良好的涂装设备条件和环境下,才能使涂层具有优良的装饰性。

汽车的装饰性除车型设计外,主要靠涂装,因此汽车涂层的装饰性直接影响汽车的商品价值。汽车涂层的装饰性主要取决于色彩、光泽、鲜映性、丰满度和涂层外观等。汽车的色彩一般根据汽车类型、汽车外形设计和时代流行色来选择。除特殊用途的汽车(如军用汽车)外,一般都希望汽车涂层具有极好的色彩、光泽和鲜映性。例如,运动型跑车的色彩多采用明快的大红色、明黄色等,给人以强烈的动感;高级轿车多采用较深的色调,给人以庄重、稳健的感觉。

涂层的外观优劣直接影响涂层的装饰性,涂膜的橘皮、颗粒等是影响涂层外观的主要因素。一般要求汽车外表涂层平整光滑,镜物清晰,不应有颗粒。

(3)汽车涂装是最典型的工业涂装。汽车制造涂装流水线的生产节奏一般为几十秒至几分钟,为此,必须选用高效快速的涂装前的表面预处理方法、涂装方法、干燥方法、传送方法和工艺设备。汽车修补涂装也是如此,为恢复汽车涂层的要求,达到无痕修补的目的,汽车修补涂装也采用了与汽车制造涂装相类似的先进的涂装设备、涂料和施工工艺,因此可以达到与汽车制造相同的良好效果。

(4)汽车涂装件一般采用多涂层涂装。汽车车身涂层如果是单涂层则会失去它的装饰性效果,漆面会显得不够饱满,色彩干涩且达不到上述优良的保护性。所以,汽车涂层一般都是由三层以上的涂层组成的,如轿车车身的涂层就是由底涂层(主要是防锈底漆层)、中间涂层(提高上下涂膜的结合能力,提供韧性和抗冲击能力)和面涂层(提供多彩的颜色)组成的,涂层的总厚度一般控制在100μm左右。

2)汽车修补涂装的特点

(1)修补涂装属恢复性涂装。修补涂装是对局部损坏的涂层或老化褪色涂层进行恢复性的涂装,目的是恢复涂层的保护和装饰作用,并力求达到与原车涂层一致。修补涂装与新车制造涂装存在着较大的差别。如新车的车身一般采用模压,涂装过程中不需要刮涂和打磨原子灰;喷涂面漆时不需要单独调配颜色。而修补涂装中,难免要通过刮涂原子灰来填补车身缺陷,并打磨平整;涂装前处理以手工为主,且有对旧漆、油脂及其他污物的清除工序,但还是很难达到新车的前处理效果;调配面漆是修补涂装最难的工序,即使使用先进的调色设备,也很难达到与原车漆色一致,只能做到接近。所以,修补涂装在保证质量方面比新车涂装更难。

(2)品种多而数量少。需修补涂装的车辆在类型、颜色、损坏的部位和损坏的程度上等都不尽相同,使得修补涂装必须针对具体的车辆进行施工,不可能使用同一种修补工艺或方法。需修补的车辆数量少且无规律,这使得修补涂装的生产难以组织,不可能有计划地安排维修产量。

(3)质量要求高。修补涂装最大的缺陷就是不可能达到与原车涂层绝对一致,但用户的要求却是非常苛刻的。所以,从事汽车修补涂装的个人和企业,必须不断提高修补质量、精心施工、严格管理,最大限度地满足用户的要求。

(4)修补涂装以手工操作为主。因需修补涂装的车辆少、品种多、损坏部位和损坏程度等千差万别,只能采用适应性强的手工操作方法进行施工。所以,修补涂装劳动强度大、工作环境差。涂层质量的高低与涂料的选择、涂装操作及涂装环境等有很大关系。为了减轻操作者的劳动强度,改善工作环境,提高涂层质量,修补涂装业多已采用机械打磨和专业的喷涂室、烘干室及个人防护器具等。

14.3 汽车修补涂装常用涂料的性能

汽车修补涂装属于专业涂装,必须严格地选择涂料品种及施工工艺,才能达到保护及装饰的目的。汽车修补涂料产品品种的选择,决定了产品体系的综合性能。例如,20世纪70年代,比较流行的汽车修补涂装产品主要为硝基、醇酸、单组分丙烯酸,进入90年代,双组分丙烯酸聚氨酯成为主流,目前汽车修补涂料的发展方向则是水性、高固含量等。

14.3.1 汽车修补涂料的分类

汽车涂料的种类繁多,按照其在汽车修补涂装中的功能分类,汽车修补涂料可分为底漆、中涂漆和面漆等。

色彩是汽车涂装的一个重要特点,也是面漆的重要性能。面漆系统比较复杂,按照施工方式分类,可分为单工序涂装、双工序涂装和三工序涂装。双工序涂装和三工序涂装的最后一道是罩光清漆。如果按照色彩效果分类,面漆又可分为纯色漆、银粉漆、珍珠漆以及特殊效果漆(如变色龙)。纯色漆可以有单工序和双工序的施工方式;银粉(铝粉)漆也可以有单工序和双工序的施工方式,但单工序银粉漆在修补涂装中已被逐步淘汰;珍珠漆的涂装一般有双工序和三工序的施工方式。三工序的涂装比较复杂,修补也比较困难。

如果按照涂料的树脂种类分类,常用的汽车修补涂料有双组分聚氨酯丙烯酸涂料、醇酸涂料、硝基涂料、环氧树脂涂料等。

14.3.2 常用汽车修补涂料的特性

1)双组分丙烯酸聚氨酯涂料

目前,双组分丙烯酸聚氨酯涂料是汽车修补涂料领域应用最广泛的,几乎所有的汽车修补涂料生产商都力主推广该体系。双组分丙烯酸聚氨酯涂料是由两个组分形成的,漆基是羟基聚酯树脂为基料的组分,固化剂是异氰酸酯。当两个组分分别包装时各自可以稳定存储,当两个组分以一定的比例混合时会发生化学反应而固化,化学反应的基团分别是来自于聚氨酯树脂中的羟基(-OH)以及异氰酸酯中的异氰酸基(-NCO)。如图14-7所示,方框表示聚氨酯分子,交界处的十字表示固化剂分子,该图形象地表现了"交联"反应。

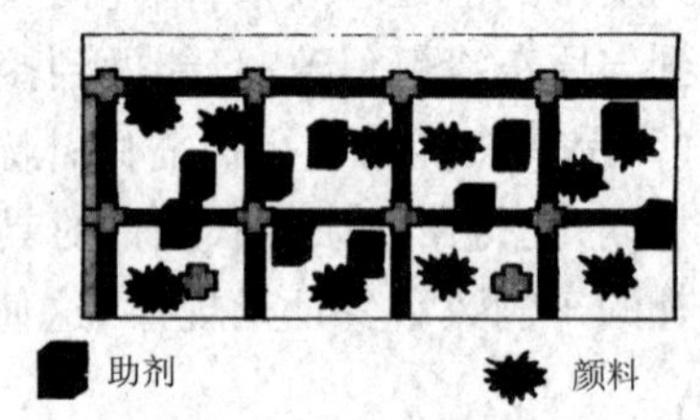

图14-7 分子结构示意图

无论是饱和的聚氨酯还是丙烯酸树脂,由于含有较多的羟基,可以通过人工加工来达到各种目的,因此,丙烯酸聚氨酯树脂可以用于纯色漆、底色漆(银粉漆)、清漆及底漆中,并拥有柔软性好、柔韧性强、坚硬耐久的各种涂料性能。双组分丙烯酸聚氨酯涂料的主要特点见表14-1。

双组分丙烯酸聚氨酯涂料的特点 表14-1

优　点	缺　点
耐候性好。由于其结构是高分子产品经过交联反应而成的,同单组分产品比较,其分子间结构更紧密,因此其耐候性能非常好	操作复杂(双组分),使用条件要求高
光泽高,光泽保持性好	价格高
黏度低,容易施工,流平性好	
涂膜的力学性能及耐化学品性能好	

由于丙烯酸聚氨酯的以上特性,使得其在汽车涂装行业得到非常广泛地应用和发展,经严格施工控制的丙烯酸聚氨酯面漆系统一般可以提供3~5年的性能质量保证。

由于固化剂异氰酸酯气雾对人体的呼吸道有较大的影响,因此,在喷涂双组分丙烯酸聚氨酯涂料时,一定要严格使用安全防护用品,最好使用供气式面罩。

2)环氧树脂涂料(简称环氧涂料)

由于其性质的特殊性,环氧树脂在涂料领域有着广泛的应用。

环氧树脂是由环氧氯丙烷和双酚A缩聚而成的,此反应非常复杂,树脂的结构不同可以得到各种目的和性能的产品,以满足不同需求。环氧树脂涂料涂膜的特性见表14-2。

环氧树脂涂料的特性　表 14-2

优　点	缺　点
良好的耐化学品性(包括腐蚀性强碱)	耐候性差
极好的附着力	
良好的硬度和柔韧性	

由于环氧树脂的耐候性差,所以一般不用于面漆中。

环氧树脂可以制作成单组分的高温烤漆,通过和三聚氰胺树脂交联可得到硬度高、耐久性好、具有一定光泽的涂层。也可以制成以聚氨酯树脂为硬化剂的双组分产品,在常温下风干。

环氧树脂在汽车修补涂装领域主要用于底漆,一般是有耐腐蚀的底涂和具有填充性的头二道复合底漆两种形式。

3)醇酸树脂涂料(简称醇酸涂料)

醇酸树脂是由醇和酸缩合而成的线形聚合物。醇类原材料如亚麻油、豆油、桐油、蓖麻油等,酸类原材料如邻苯二甲酸酐。醇酸树脂中油的含量以百分数来表示,低于 45% 称为短油,45% ~60% 称为中油,60% 以上称为长油。长油度醇酸涂料常用于家庭装修,其特点是柔软及韧性好;中油度醇酸涂料常用于风干磁漆;短油度醇酸涂料常和三聚氰胺用于工业和汽车制造的高温烤漆中。

醇酸涂料的主要干燥机理是氧化,因此其干涂膜不被溶剂溶解。

由于醇酸树脂干燥性较差,所以一般用其他聚合物改性来提高干燥性并同时提高硬度。醇酸树脂一般可用于烤漆及风干漆中。当醇酸树脂用于风干漆中,需要添加干燥剂。

同溶剂挥发干燥型产品比较(如硝基),醇酸树脂涂料的特点见表 14-3。

醇酸树脂涂料的特点　表 14-3

优　点	缺　点
高膜厚	干燥时间长
光泽度高	重涂时间长
流动性好	对施工环境要求高
温和的溶剂	打磨性差
成本低	用作清漆可能黄变

同双组分丙烯酸聚氨酯产品比较,醇酸涂料的干燥性、光泽、耐候性等都比较差,因此在高档汽车修补涂装行业,醇酸涂料已逐渐淡出市场,但在货车、低档小客车及客车的涂装和修补领域,醇酸涂料仍在被使用。经改性的醇酸可以作为使用异氰酸酯作为固化剂的双组分产品,用于汽车修补涂料中。

4)硝基树脂涂料(简称硝基涂料)

硝基树脂常被称为硝化纤维,其实它的正确命名为纤维素硝酸盐。其主要来源是棉绒纤维或针叶木浆通过硝化过程,即用硝酸处理,一些纤维中的羟基氰原子被硝基取代,得到可熔于有机溶剂的纤维素。

硝化纤维可溶解于酯、酮或醇醚中。在制造硝基涂料时,一定要注意很好地平衡各种溶剂,以保证良好的干燥性和流平性。各种颜料都可以用于硝化纤维中,因此硝基涂料容易制作成各种颜色、效果的涂膜,如各种颜色的纯色漆和银粉漆等。当硝基涂料被制作成高黏度的涂料时,往往需要加入大量的溶剂才能达到施工黏度,因而降低了施工时固体含量,必须喷涂多层。硝基涂料的成膜机理是溶剂挥发,即溶剂挥发后,涂料就变干、变硬,形成干涂膜,其干涂膜可溶于溶剂。硝基树脂涂料的特点见表14-4。

由于其涂膜的可溶性及不甚理想的耐候性,硝基涂料正逐渐从汽车涂装和修补涂装领域退出市场。

硝基树脂涂料的特性 表14-4

优　点	缺　点
快干	喷涂时固体含量低
对重涂时间要求低	使用强溶剂、低闪点溶剂
抛光性能好	耐候性不佳

5)热塑性丙烯酸涂料(TPA)

热塑性丙烯酸也称风干型丙烯酸,英文名简称为TPA,是由甲基丙烯酸酯和乙基丙烯酸酯交联而成,其性能取决于交联比值。此共聚物的分子结构很大,因此制成涂料后的黏度很高,往往需要使用大量的溶剂稀释才能施工。

热塑性丙烯酸树脂可以溶解于酯、酮和芳香烃中。热塑性丙烯酸涂料的成膜机理是溶剂挥发形成干涂膜,而干涂膜是可以溶解于溶剂的。

热塑性丙烯酸涂料干涂膜在加热到160~180℃时,会发生软熔现象,即涂膜会变软,而冷却后,涂膜的光泽更高。该技术在汽车原厂涂料涂装时应用,但由于其涂装工艺是低温烘干,涂膜再高温烘烤,比较繁琐,所以该技术也在被逐渐淘汰。在汽车涂装领域,一般只利用热塑性丙烯酸树脂的溶剂挥发成膜性能,不用软熔技术。但由于其喷涂时固体含量低、涂膜光泽低等缺点,也逐渐被双组分丙烯酸聚氨酯技术替代。热塑性丙烯酸涂料的特点见表14-5。

热塑性丙烯酸涂料的特点 表14-5

优　点	缺　点
耐久性好	喷涂固体含量低
涂膜不黄变	溶剂挥发漆膜,漆膜亮度不高
使用方便	必须使用低闪点溶剂,不安全
银粉的控制性好	耐水性好
非常好的抛光性	

14.3.3 其他类型涂料

除以上各种在汽车修补涂装行业常用的涂料品种外,还有如聚酯、氨基及酚醛树脂等类型的涂料在汽车原厂或修补涂装中应用。简单介绍如下:

1)聚酯树脂

这类聚酯树脂是不饱和聚酯,溶解于苯乙烯单体中,涂膜在干燥剂的作用下,通过氧化反应,由聚合物和单体共聚而成。苯乙烯既作溶剂又参加反应,成为涂膜的一部分。聚酯涂料一般固体含量高、涂膜坚固、耐磨并具有一定的光泽。

在汽车新车涂装和修补涂装领域,聚酯树脂被广泛地用于制作原子灰,以及同氨基树脂反应形成烘烤型高厚膜底漆。

2)氨基树脂

氨基树脂一般不单独用于涂料中。氨基树脂可以和其他含羟基树脂交联,以得到坚固的涂膜,一般有两种类型的氨基树脂在涂料上用途较广:羟甲基脲型氨基和羟甲基三聚胺型氨基。

羟甲基脲型氨基树脂一般和非干性醇酸树脂在烘烤120℃的条件下形成坚固的涂膜,但涂膜的耐候性不好,只能用于室内用品涂装。羟甲基三聚胺型氨基树脂和干性醇酸或丙烯酸一起使用,可以得到耐候性较好的涂膜,适合室外用品涂装。

在汽车新车涂装领域,氨基树脂常用于氨基醇酸面漆或热固性丙烯酸涂料中。

3)酚醛树脂

由于酚醛树脂比较脆,所以一般不单独用于涂料中,但却常作为改良剂来提高其他树脂的性能。一般有以下几种用法:

(1)干性油/酚醛树脂:一般用作面涂罩光,干燥非常迅速,有很好的耐水性。

(2)环氧/酚醛树脂:通过高温烘烤(300℃,20s)快速成膜。该涂膜有非常好的耐化学品性能、附着力、柔韧性和耐磨性,一般用在管线、洗衣机内部件等。

(3)聚乙烯醇缩丁醛/酚醛树脂:和磷酸反应用于磷化底漆中,在铝材、钢材表面有良好的附着力和耐蚀性。

14.4 汽车涂装作业的安全生产

涂料施工操作中,安全生产和劳动保护是防止发生火灾、防止发生伤亡事故、防止职业病、保护企业财产、保障职工身体健康的一个重要措施。由于涂料及稀释剂都是易燃品,都易挥发并且具有一定毒性,涂料施工过程中还会产生大量的漆雾和粉尘,若不严格遵守安全操作规程和安全施工方法,极易发生安全事故。事故造成的伤害是十分严重的,轻者损害健康,重者则可能引起残疾,甚至死亡。其结果不仅仅伤害受害者本人,还会伤害受害者家庭,乃至整个社会。涂料施工人员应该学习相关的安全技术规程,了解和掌握安全施工方法,在施工中严格执行劳动保护法规和条例。

14.4.1 涂装车间的安全问题

汽车涂装作业中的安全问题,大多是涂料及溶剂所引起的火灾、爆炸和中毒现象。因为我们目前采用的涂料大多为易燃性液体,其危险范围因涂料的种类、使用量、使用场所等条件而异。如果使用易燃性的涂料或溶剂,它的爆炸或火灾的危险性就非常大。

在车间内进行涂装时,若通风不良,整个车间充满散发出来的溶剂蒸气,则会引起爆炸事

故,因而需要安装排气或通风装置,以免气体含量达到爆炸范围;涂料场所附近电灯破损,插头或开关接触不良,漏电引起的电火花,都会引起溶剂蒸气爆炸。

涂料及涂装中发生火灾大都是由于易燃液体——溶剂所引起的。为了涂装作业的安全,需要了解溶剂的性质,并且采取适当的防范措施。通常,燃料气体如煤油、石油气的密度小于空气,但溶剂蒸气的密度则较空气大。人们往往误认为溶剂蒸发后,便上升到空气中,其实它的蒸气比空气重2~4倍,挥发后便往低处流,停滞在地面低洼的地方。这是发生火灾的一大原因,所以,涂装车间的通风口要靠近地面。

溶剂的主要特性是闪点低,易燃。闪点是溶剂蒸气与空气混合,当火花接近时发生闪燃的最低温度。一般把闪点的高低作为衡量危险的程度。常把闪点分为三种:第一种为低闪点液体,闪点低于-18℃(乙醚、丙酮、汽油);第二种为中闪点液体,闪点为-18~23℃(苯、甲苯);第三种为高闪点液体,闪点为23~61℃(二甲苯、松节油)。

溶剂的另一特性是燃烧性。溶剂的燃烧或爆炸是由于溶剂蒸气与空气中的氧以一定比例(1%~10%)混合形成爆炸性混合气体,遇火会引起燃烧或爆炸,这种范围称爆炸(燃烧)极限。发生爆炸的最低含量,称爆炸下限;最高含量,称为爆炸上限;介于上限与下限之间的任何比例都可发生爆炸(燃烧)。

溶剂还具有带电性,在容器中搅拌溶剂后,溶剂灌装时在管中流动,则会产生静电,尤其是碳氢化合物类溶剂常有此倾向。静电积累至一定程度后,会放电迸出火花而起火,因此,必须在涂料容器中接上地线,排除产生的静电。

大多数涂料、溶剂及其辅料,不但易燃,还有毒性,这是导致漆工中毒的主要因素,特别是目前越来越多的采用含有少量活性异氰酸盐的双组分聚氨酯涂料,这些化学品对人的眼、鼻、喉、肺均有刺激作用,并能引发呼吸、神经、造血系统疾病。因此,涂装操作人员必须根据不同场合使用要求,穿戴防毒面罩、面具和工作服等必要的防护用品,并注意个人保护措施。

溶剂一般会刺激皮肤、眼睛、鼻子、气管等,引起眼花、头痛、倦怠、白血球减少等,若长期暴露在溶剂蒸气含量较高的地方,则会影响到血液、内脏等。有些溶剂吸入少量时,不会立刻显出任何症状,但由于香味和轻微的麻醉作用,在不自觉中逐渐慢性中毒。按毒性的程度分为三类:①毒性较少的:碳氢化合物、乙醇、丙酮;②毒性中等的:甲苯、二甲苯、四氯化碳;③毒性较高的:甲醇、乙醚、苯、环已醇等。操作人员如不采取适当的预防措施,会对身体健康造成危害。

可采取下列措施预防中毒事故发生:

(1)注意涂装车间通风,保证车间空气清洁,及时排出溶剂蒸气,使其符合国家规定的车间空气中有害物质的最高容许含量,见表14-6。

车间空气中有害物质的最高容许含量 表14-6

有机溶剂	最高允许浓度(mg/m^3)	有机溶剂	最高允许浓度(mg/m^3)
苯	50	乙醇	1500
甲苯	100	丙醇	200
二甲苯	100	丁醇	200
丙酮	400	戊醇	100

续上表

有机溶剂	最高允许浓度(mg/m^3)	有机溶剂	最高允许浓度(mg/m^3)
松香水	300	醋酸甲酯	100
松节油	300	醋酸乙酯	200
二氯乙烷	50	醋酸丙酯	200
三氯乙烷	50	醋酸丁酯	200
氯苯	50	醋酸戊酯	100
甲醇	50		

(2)使用溶剂等进行洗涤作业时,溶剂会溶化皮肤的脂肪而降低人体抵抗力,使肌肤粗糙,甚至渗入体内。应避免经常使用,或佩戴防护手套,更不要使用溶剂擦洗手,手上若不慎沾有涂料,应使用专用的洗手膏清洗。

(3)从事涂装作业的人员,应佩戴专用口罩或防护面具,并定期作健康检查。

(4)如溶剂或涂料进入眼睛,立即以大量清水冲洗,再转入医院,请医生进行治疗处理。

(5)在下水道及其他空气流通不良场所也要安装抽风机,务必使各角落空气新鲜。

14.4.2 涂装车间应注意的安全操作规程

1)防火安全措施

(1)施工场地必须设置防火设备,如:具有足够数量的灭火器、石棉毡、砂箱及其他灭火工具。每个操作人员应会使用防火设备,并应懂得各种灭火方法。

(2)涂装场地严禁烟火,不准携带火柴、打火机和其他火种进入施工现场。

(3)擦拭涂料用的沾污棉丝、棉布等物品应集中,并妥善存放在储有清水的密闭桶中,且不要放置在暖气管或烘房附近,以免引起火灾。

(4)施工操作时,应避免铁器之间敲打、碰撞、冲击、摩擦,以防发生火花而引起火灾。

(5)易燃物品如涂料、稀释剂等,应存放在储藏柜内,施工场地不得储存。

(6)清洗工具用后的稀释剂,应集中存放,不得倒入下水道或随意乱倒。

(7)各种电气设备如照明灯、电动机、电气开关等,都应使用防爆型电器,并应设在专门的配电间,要有专人定期检查及维修,防止触电事故,并防止漏电和产生电火花而引起火灾。

2)防毒措施

(1)在施工过程中,涂料所散发出的大量有机溶剂,超过允许含量时,吸入人体会对神经系统有刺激和破坏作用,长期吸入挥发性蒸气或接触溶剂,往往会引起慢性中毒,因此,车间内必须具有良好的通风、防毒、除尘等设备,力求降低空气中溶剂蒸气,减少有害气体对人体的影响。

(2)操作人员在涂装时应穿戴好各种防护用品。

(3)若皮肤上沾有涂料时,不要用溶剂擦洗,可用专用洗手膏、去污粉、肥皂等混合物擦洗,用清水冲洗干净。

(4)有些含铅颜料的旧漆膜在打磨时,容易产生粉尘,吸入人体会引起慢性铅中毒。沾有

粉尘时,应在工作完后立即冲洗干净。特别注意,在使用含有大量铅的涂料时,尽量不采用喷涂工艺。

(5)聚氨酯涂料中含有游离异氰酸根,胺固化环氧涂料用乙二胺、二乙烯三胺等,均会引起中毒,使用时一定要采取预防措施,严防吸入或与皮肤接触。若异氰酸酯液体溅泼于地面上,可用三乙醇胺溶液处理,能在数分钟内异氰酸酯分解破坏。

(6)操作人员要注意清洁卫生,每次工作完成后及时洗手,每天工作后应洗澡,工作服要勤换洗,经常更换失效口罩。

3)劳动保护

(1)操作人员应穿戴防护较好的工作服、工作帽、工作鞋、手套,尽量减少身体的裸露部分。工作服应采用抗静电的材料,以防止静电的聚集所造成的静电火花,引起爆炸或火灾。工作服用完后应放在工具箱中。

(2)在有良好通风的喷漆设备中工作时,也应戴好防护口罩。如果在没有良好通风的喷漆设备中施工,应戴有通风的供气式防毒面罩。不论在何地工作,都应戴好防护眼镜。

(3)为防止涂料沾污皮肤、手指,阻止涂料中有毒物质由毛孔进入人体内,造成慢性中毒,在工作前可涂防护油膏或凡士林。

14.4.3 劳动保护用品

1)种类

(1)防护眼镜(护目镜)。有别于一般的树脂眼镜,镜框比较宽大,可以有效防止油漆、溶剂和打磨时产生的原子灰或金属颗粒进入眼睛。防护眼镜如图14-8所示。

图14-8 护目镜

(2)呼吸保护器。无论进行打磨操作还是喷涂操作,空气中都弥漫大量有害微粒,还有溶剂蒸气等有害物质,这些都会通过呼吸系统进入人体,对操作者的身体健康造成影响,在进行相关操作时必须配戴相应的呼吸保护器。呼吸保护器主要分为防尘口罩和气体面罩两大类。

在产生浮游状态固体颗粒的作业中(例如,打磨原子灰时),必须使用防尘面罩。目前已知影响肺部的颗粒尺寸在0.2~5μm之间,防尘口罩是防止吸入这些有害颗粒最有效的方法之一。常用的防尘口罩有两种类型,一种是一次性使用式(图14-9a)),另一种是可更换滤芯式(图14-9b)),无论使用哪种类型,都必须遵守有关时间极限的规定,超过使用期后要进行更换。

气体面罩是一种保护性器具,防止混有有机溶剂蒸气的有害空气从嘴、鼻等呼吸系统进入人体。气体面罩一般有两种类型,一种为空气管路式(图14-10a)),另一种为滤芯式(图14-10b))。

空气管路式是通过空气软管向保护面罩提供新鲜的压缩空气,防止吸入有机气体,用于喷涂的压缩空气经清洁过滤后,供面罩使用,所以,喷漆人员吸到的并不是喷漆房内已经被污染的空气,而是干净的空气。空气管路式气体面罩有两种类型:全面式和半面式。一些国外的健

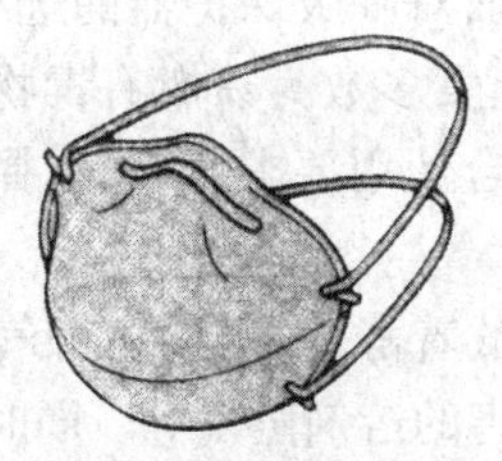

a)一次性使用型

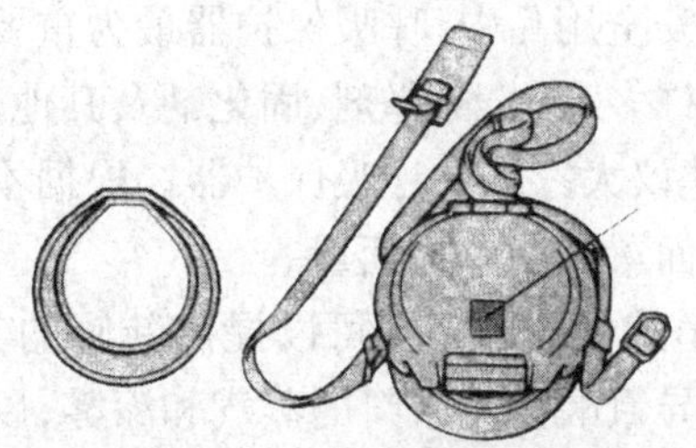

b)可更换滤芯式

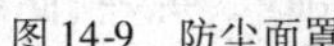

图 14-9 防尘面罩

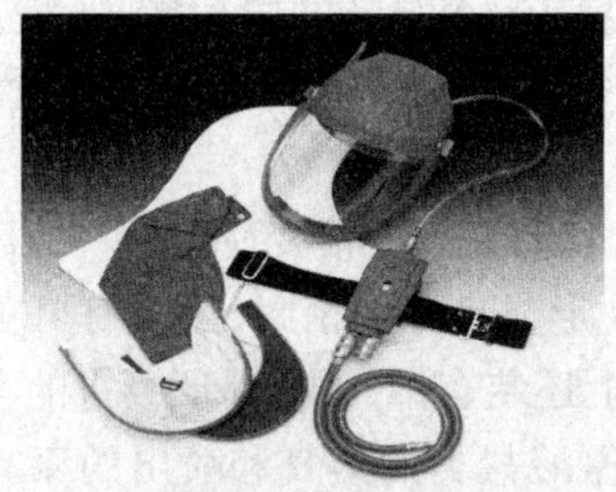

a)空气管路式

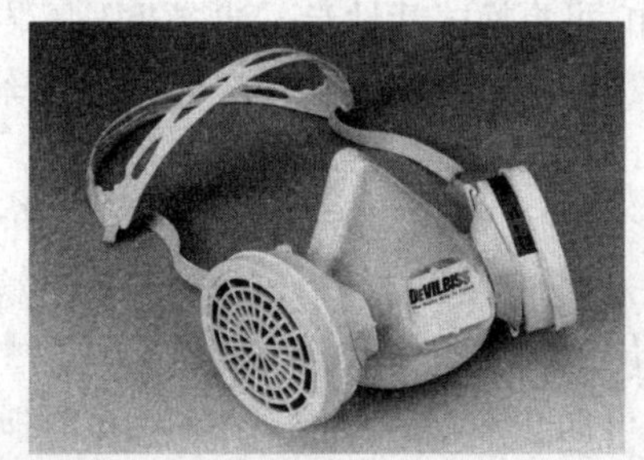

b)滤芯式

图 14-10 气体面罩

康与安全法规规定,使用含异氰酸酯的涂料时,操作人员必须佩戴全面或半面供气式呼吸器。

滤芯式面罩也可以把嘴巴和鼻子盖住,配有能吸收有机气体的滤清罐,这种呼吸器内的过滤器可以通过化学吸收的方法来除去空气中的溶剂蒸气,有的还安装了前置过滤器,可以除去空气中的固体颗粒。但这种防护面罩吸收有害物质的能力有一个有效期,如果吸收介质饱和,滤清器就会让有害烟尘通过,滤清器从开始使用直到饱和所需的时间称为“击穿时间”。滤罐的击穿时间随烟尘的密度变化。使用滤芯式气体面罩最重要的一点,是要在“击穿时间”期满之内更换滤罐。另外,滤罐一旦打开,由于潮气的作用,滤清器的吸收能力会下降。喷涂作业时,喷漆人员常常使用防溶剂蒸气的呼吸器,但如果涂料中含有异氰酸酯,这种呼吸器就不适用了。

(3)耐溶剂手套。耐溶剂手套可以防止有机溶剂渗入皮肤,除了用于喷涂之外,也可以用于洗枪、调色等场合。普通手套只用于机器打磨或运输车身零件时保护手。

(4)防静电工作鞋。防静电工作鞋的脚趾部分上面有金属板,鞋底较厚,在工作时可以有效保护双脚免受损伤。这种鞋最大的一个特点是可以防止产生静电,在涂装车间工作时最好配备此种工作鞋。

2)劳保用品的使用

由于各步骤的工艺要求不同,劳保用品的佩戴要求也存在一些差异。在除漆、原子灰和中涂底漆的打磨时,要求穿戴工作帽、防护眼镜、普通工作服、防尘口罩、普通手套和安全鞋;在调色、刮涂原子灰、除油操作时,要求穿戴工作帽、防护眼镜、过滤器式防护面罩、普通工作服、耐溶剂手套和安全鞋;进行遮盖操作时,要求穿戴工作帽、普通工作服和安全鞋;喷涂操作时,要求穿戴喷漆工作帽、防护眼镜、管路式防护面罩、喷漆工作服(防静电)、耐溶剂手套和安全鞋(防静电型)。

在这些劳保安全用品中,呼吸保护器最为重要。下面对呼吸保护器的选择和使用情况作重点介绍。由于许多涂料、稀释剂、固化剂及其他辅料绝大多数为易燃有毒物品,即使涂装车间通风良好,也建议大家戴上呼吸保护器。根据不同场合使用要求,可以选择使用防尘口罩、空气管道式气体面罩和滤芯式面罩。

(1)空气管道式气体面罩。可以提供新鲜的空气,戴着舒适,可以防御气体、水气、灰尘、烟雾、微粒,包括异氰酸盐类涂料的蒸气和漆雾,以及有害的溶剂蒸气等。同时,面罩能保护眼睛及面部,防止液体分子飞散到脸上。

它包括可调式头罩、可更换式面罩、颈罩、头笠、储藏袋、供气喉连快速接头、可调校式腰带连快速接扣、可更换式活性炭过滤器及限压装置。面罩有一个自备的供气泵,供气进口可安置于涂装作业区外空气洁净的地方,也可利用车间压缩空气(但必须用分离器和活性炭过滤器予以过滤,以除去油、水、碎屑和臭味)。

这种形式的面罩供气效果最好,但由于价格较高,目前在国内很少使用。

(2)滤芯式面罩。有一个可适合脸形的橡胶面罩,形成良好的密封,还装有可更换的过滤棉和滤筒,用以除去空气中的溶剂和其他雾气。面具上还装有排气阀,保证吸进的空气全部通过过滤器,可防止非活性磁漆、硝基漆和其他不含异氰酸盐类的蒸气和喷出的漆雾。在使用时,最好能佩戴护目镜,可以有效避免眼睛受到雾气刺激。

装配滤盒时,应将滤盒卡口与面具卡口部分边缘贴合,然后用手掌将虑盒按向面具,使滤盒卡口完全压入面具卡口中,听到"咔"声即可。旋转滤盒,使滤盒上箭头对准面具上的箭头。拆卸时,握住滤清罐底部,并将罐体向上拉,即可将滤清罐取下。

如果在使用过程中透过面具能闻到、嗅到或感觉到异味污染,或感到呼吸困难,均需更换滤清罐和过滤棉。

为了获得最佳效果,防护面罩必须紧贴使用者的面部。在每次使用前需作如下试验:负压测试——用手掌捂住滤清罐,吸气会使面具轻微向内陷,摒住呼吸5s以上,面具应保持内陷状态;正压测试——用手掌捂住面具下方的出气阀并均匀呼气,面具应会轻微鼓涨但不会有空气逸出。如果上述任何一测试失败,则应重新调整面具主体及其头带组合,并重复以上的测试。

滤芯式防护面罩不需要特别的养护和清洁,但为了能延长其使用寿命,最好能在每天用完之后进行拆卸、清洁及重新组装,用一张面具擦拭湿巾将面具内的汁迹和油渍除去,擦拭一遍。当使用含有异氰酸酯的物质时,这种面具的使用效果不是很好,而且对于留有胡须的油漆工不大合适,因为胡子等会破坏面具的密封性。最佳的解决方法当然是佩戴供气式面罩,但滤芯式面罩价格便宜而且过滤效果显著,在国内汽车修补行业内得到广泛应用。

(3)尘埃愈微细,杀伤力愈大。对于直径小于5μm肉眼不易看见的粉尘、漆尘,普通的口罩无法加以过滤,会吸入并积聚在肺气泡内,日久便破坏换气功能,导致各类肺积尘病。因此,必须佩戴含多层结构,有优异特性的防尘防毒口罩。美国3M公司的9913型口罩,能隔滤一般恶臭气味与微细粉尘,适用于旧漆及原子灰打磨及在其他溶剂气体恶臭环境中使用。配戴方法是:首先,戴上口罩,鼻位部分在上,紧贴面部;然后,将上端头带拉上,放于头后,将下端头带拉过头部,置于颈后;其次,将双手指尖放于金属鼻位部分的顶端,向内按压并沿着金属条慢慢向下移动,直至将该部分完全按压成鼻梁形状为止;最后,检查口罩佩戴正确与否,以双手遮着口罩,然后大力呼气。如空气从口罩边缘溢出,表示配戴不当,必须再次调校头带长度,如果不能将口罩调校至合适位置,切勿进入空气污染场合。

14.4.4 涂料的存放和保管

涂料绝大多数都是易燃、有毒的物质,并有一定的保存期。存放时应该考虑到上述三方面的因素,采取一定的措施,做到安全、防毒、保证涂料质量,防止存放超过保存期而造成损失。涂料在存放和保管中应该注意以下几点:

(1)存放涂料的库房必须专用,不得与其他物品(特别是易燃材料)存放在一起。库房要干燥、隔热,避免阳光直射。库房要有通风口,防止库房密封导致库房内有机溶剂的浓度过高而发生危险。库房内的照明应该使用防爆灯,开关应该安装在库房外面,防止开或关时产生电火花而引起火灾。

(2)库房必须远离火源,库房门口应该有"严禁烟火"的醒目标志。火柴、打火机、BP 机、移动电话机不得带进库房。库房外应该放置灭火器、黄砂及其他灭火材料和器械。

(3)库房室温不得超过 28℃,夏季高温时应有降温措施,取料时避开中午高温时间,在早、晚温度较低时取料。

(4)库房内存放不同性质的涂料,应该分堆或者分层存放,以免由于牌号不明而混淆不清,造成错发而发生事故。

(5)库房内不许调配涂料,涂料桶不得有缝隙,使用过的涂料桶盖必须盖紧,不准存放敞口的涂料桶。

(6)库房内不准存放使用过的棉纱、纸屑。涂料空桶不可以存放在库房内,应该集中存放在通风好、无易燃物品的地方,并定期处理。

(7)库房进料应该登记涂料出厂日期、进库日期和规定的保质期,做到先进先出,防止存放过期而造成涂料变质(如干化、结皮、沉淀等)。

(8)对于用量小或容易变质凝结的涂料,不宜大量进货,防止造成积压。

(9)根据自已的经营规模,选择合适的计算机软件管理库房。

第十五章　汽车修补涂装设备

目前,汽车修补涂装大多采用空气喷涂法,空气喷涂设备主要有空气压缩机、喷枪、油水分离和压力调节设备、输气软管等,另外,涂装设备还有烘干设备、打磨设备、除锈设备、抛光设备等。

15.1 喷　枪

喷枪是涂装修补的关键设备,其质量对涂装修补的质量影响很大。喷枪的类型和规格较多,适用于不同场合的喷涂,但其基本功能和原理是一致的。

15.1.1 喷枪的工作原理与喷枪的结构

1)喷枪的雾化

空气喷枪是指利用空气压力将液体转化为小液滴的喷涂工具,该过程即雾化。雾化的过程就是喷枪工作的过程,雾化使涂料成为可喷涂的细小且均匀的液滴,当这些小液滴被以正确的方式喷上汽车表面后,就会结合形成一层厚度极薄的,像镜子一样的平整的膜。

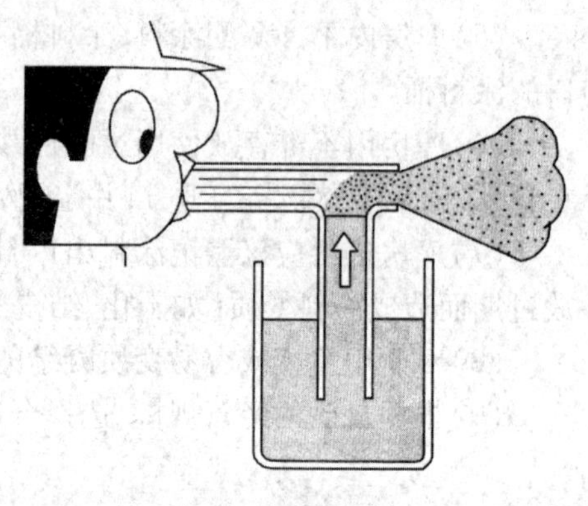

图 15-1　雾化原理

如图 15-1 所示,用力吹空气管,空气将快速流过竖直管的上端,使竖直管内气流压力下降,容器中的液体通过竖直管吸出,被高速流动的空气吹散。流过竖直管上端的空气流速越快,管内的压力下降越多,将有更多的液体被从容器中吸出。

喷枪雾化的基本原理与此类似,只是喷枪的雾化更为复杂,喷枪雾化分为以下三个阶段进行,如图 15-2 所示。

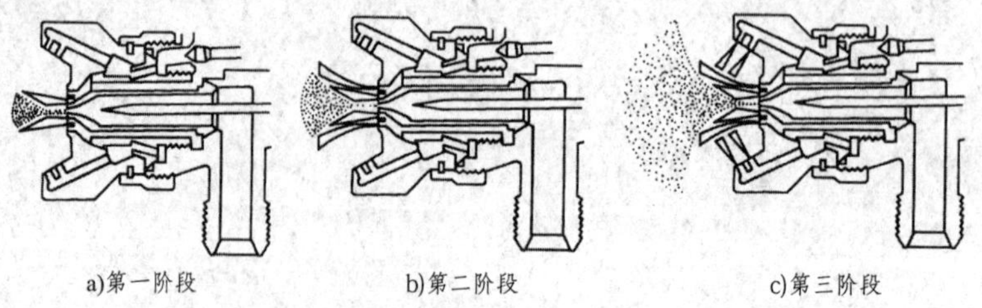

a)第一阶段　b)第二阶段　c)第三阶段

图 15-2　雾化的三个阶段

第一阶段,涂料由于虹吸作用从喷嘴喷出后,被从环形中心孔喷出的气流包围,气流产生的气旋使涂料分散。

第二阶段,涂料的液流与从辅助孔喷出的气流相遇时,气流控制液流的运动,并进一步使其分散。

第三阶段,涂料受从空气帽喇叭口喷出的气流作用,气流从相反的方向冲击涂料,使其成为扇形的液雾。

2)喷枪的结构

喷枪主要由枪体和喷枪嘴组件组成。枪体又分为空气阀、涂料控制阀、扇形控制阀、涂料杯、过滤装置、气嘴管、扳机、手柄等。喷枪嘴组件由空气帽、喷嘴、针阀等组成。典型的吸上式空气喷枪的结构如图 15-3 所示。

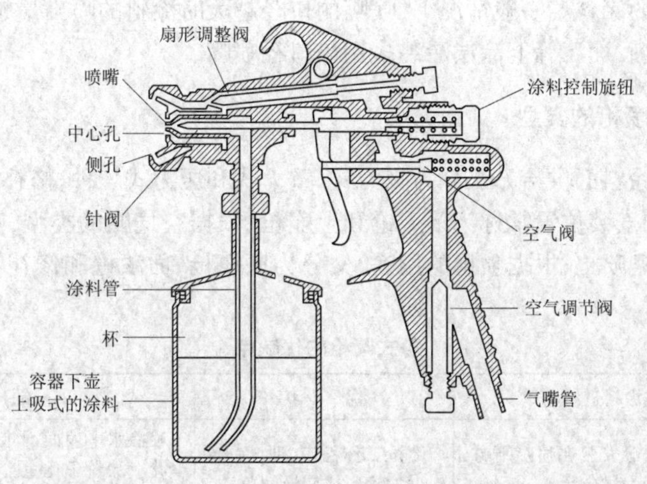

图 15-3 吸上式空气喷枪的结构图

扳机为两段式转换。扣下喷枪扳机时,空气阀先开放,从中心孔以高速喷出的压缩空气在喷嘴前面形成低压区,再用力扣下扳机时,喷嘴打开,涂料由此处被吸出。压缩空气在喷枪中的运动路线如图 15-4 所示。

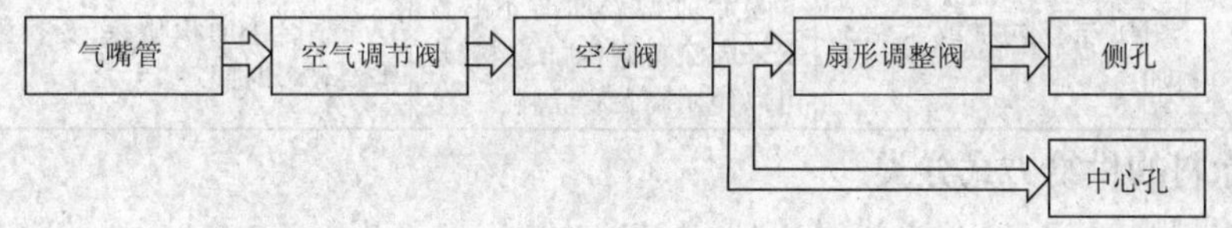

图 15-4 压缩空气在喷枪中的运动路线

空气帽引导压缩空气撞击涂料,使其雾化成有一定直径的漆雾。空气帽上有三个小孔,分别为中心孔、辅助孔、侧孔,如图 15-5 所示。中心孔位于喷嘴末端,作用是产生喷出涂料所需的负压。辅助孔可促进涂料的雾化,对于喷枪性能有很大影响,孔大或多,则雾化能力强;孔少或小,则需要的空气少,雾形小,喷涂量少,便于小工件的喷涂或低速喷涂,如图 15-6 所示。侧孔借助空气压力可控制喷雾的形状,当扇形调节旋钮关上时,喷雾的形状是圆形,当调节旋钮打开时,喷雾的形状变成长椭圆形。

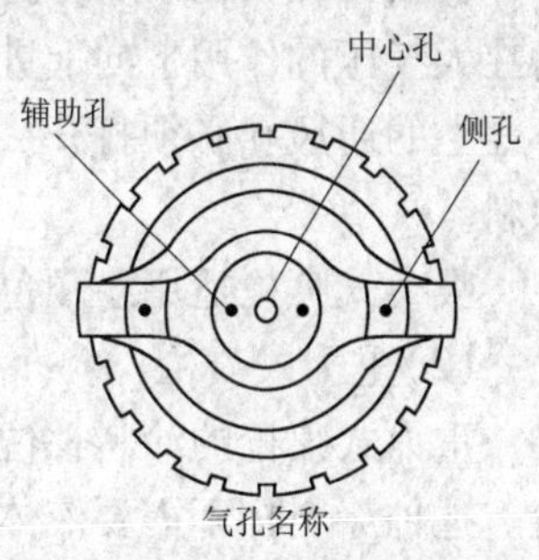

图 15-5 气孔名称

枪针和喷嘴的作用是控制喷漆量,并对气流进行导向。喷

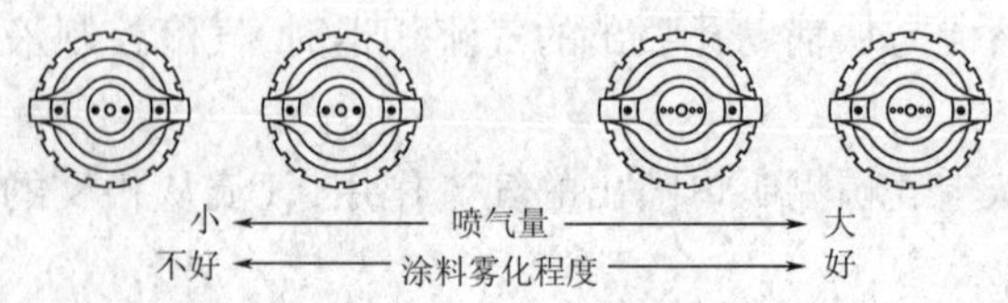

图 15-6 辅助孔的大小与喷枪工作性能的关系

嘴内有顶针内座，枪针顶到内座时可切断漆流，从喷枪喷出的实际漆量由枪针顶到内座时喷嘴开口的大小决定。涂料控制阀可以改变扳动扳机时枪针离其内座的距离。喷嘴有各种型号，可以适应不同黏度的涂料。一般情况下，喷嘴的口径越大时涂料的喷出量越大，底漆等下层涂装多用大口径的喷嘴，面漆等上涂层涂装多用小口径喷嘴。

15.1.2 空气喷枪的类型

空气喷枪根据涂料的供给方法分为吸力式、重力式和压力式三种，修补涂装常用吸力式和重力式；按涂料罐的安装位置常称为下壶枪和上壶枪；根据空气帽的类型，喷枪分为外部混合型喷枪和内部混合型喷枪；根据喷枪的用途，又分为底漆枪、面漆枪和修补喷枪。各式喷枪的特点见表 15-1。

各式喷枪的优缺点 表 15-1

类　型	涂料进给方式	优　点	缺　点
吸力进给式（下壶枪）	涂料罐安装在喷嘴下方，仅用吸力供应涂料	喷枪工作稳定，便于向涂料罐加涂料或变换颜色	喷涂水平表面困难，黏度变动导致出漆量变化。涂料罐比重力进给式大，因而涂装人员较易疲劳
重力进给式（上壶枪）	涂料罐安装在喷嘴上方，用涂料重力及喷嘴处的吸力供应涂料	涂料黏度变化出漆量不会变化，涂料罐的位置可按喷涂件的形状变更角度，节省涂料	由于涂料罐安装在喷嘴上方，反过来就会影响喷枪的稳定性；涂料罐容量小，不适合喷涂较大的表面，多用于修补喷涂
压力进给式	用压缩空气罐或泵给涂料加压	喷涂大型表面时不必停下来向涂料罐内加涂料，也可以使用高黏度涂料	不适合小面积喷涂，变换颜色及清洗喷枪需要较多时间

1）根据涂料的供给方式分类

（1）吸力式喷枪

在吸力式喷枪中，压缩空气流在空气帽处产生一个低压区，提供虹吸作用。涂料杯中的涂料在大气压的作用下向上进入虹吸管和喷枪，在空气帽盖处得到雾化，并从喷嘴处喷出。涂料杯盖上的通风孔必须打开。这种喷枪的涂料杯容量一般为 1L 或更低，现只适用于中低黏度的涂料。

吸力式喷枪适用于颜色多变以及油漆用量少的场合。

（2）重力式喷枪

重力式喷枪的涂料杯位于喷枪的上方，它是利用气流的吸力和涂料的重力使涂料流入喷枪。这种涂料杯不需要液体吸管，因为涂料的出口正好位于涂料杯的底部。涂料杯顶部的通风口必须打开，考虑到其质量和平衡感，涂料杯的容量一般限制在 600mL 左右。

重力式喷枪适用于小规模作业，如：局部修补等。这种喷枪可用于比吸力式喷枪用料少的场合,但涂料的黏度可以大一些。

(3)压力式喷枪

压力式喷枪的涂料是在分开的涂料杯、储罐或泵中得到加压的。在压力的作用下,涂料经过喷嘴,在空气帽处得到雾化。

当涂料太重无法虹吸时,或喷涂作业需要迅速完成时,经常使用压力式喷枪。这种喷枪适用于大面积的作业,一般汽车制造厂中的喷涂车间均采用这种喷涂系统。

2)根据喷枪的使用方式分类

(1)底漆喷枪

底漆喷枪是专门用于底漆、中间涂层喷涂的喷枪,中涂底漆是填充待涂物件表面的砂痕或砂眼,也就是给面漆打基础,以免面漆漆膜上产生一些暇疵。底漆喷枪主要是要求填充性要好,并不强调雾化效果,所以大多数底漆喷枪的风帽处无辅助喷孔。喷枪的椭圆形的喷幅有三层:最里面是湿润层,中间是雾化层,外面是过喷雾化层。底漆喷枪的喷幅必须是湿润层,应比雾化层要宽大,它只需要将底漆均匀地喷涂到工件的待涂表面即可,雾化层应比湿润层窄小,尤其是过喷雾化层更不宜过大。底漆喷涂要求填充性要好,而填充性主要靠湿润层来完成;否则,就会给底漆的喷涂质量带来较差的效果,甚至还会给底漆涂层的打磨工序带来费工费时费料的后果。

(2)面漆喷枪

面漆喷枪是主要用于色漆、清漆涂层喷涂的喷枪,面漆主要是给被涂物件表面着色和装饰作用。着色这个环节非常重要,就必须要使面漆的颜色喷涂均匀,并且要求流平性要好,所以面漆喷枪强调雾化效果;面漆喷枪的喷幅必须是雾化层比湿润层宽大。

(3)小修补喷枪

小修补喷枪是专门用于小面积修补的小喷枪,目前广泛用于专业的汽车修理厂、汽车美容店、汽车制造厂的下线修补、喷绘图案等。这种喷枪所需气压较小,可以轻易地喷出较薄的涂层,反弹的漆雾较少,可以有效地控制喷涂区域。特别对于银粉漆的修补,可以较容易地避免“黑圈”的出现。如图 15-7 所示。

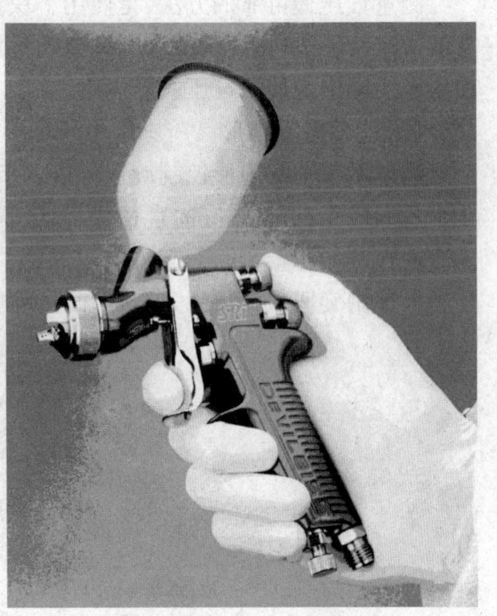

图 15-7 小修补喷枪

15.1.3 环保型喷枪

环保型喷枪又称为 HVLP 喷枪。HVLP 是高流量低气压(High Volume Low Pressure)的缩写。高流量是指用大量的空气来进行涂料雾化,耗气量约为每分钟 430L;低气压是指喷涂时喷枪风帽处最大空气雾化压力低,仅为 0.07MPa(进气压力为 0.2 MPa)。环保型喷枪的一个重要指标是传递效率,传递效率是指喷涂过程中材料表面实际获得的油漆量。传统喷枪的涂料传递效率为 30% ~40%,而 HVLP 环保型喷枪的涂料传递效率高达65%以上。高传递效率减少了不必要的空气污染,改善了工作场所的环境,保障了涂装工人的身体健康,提高了产品质量,从而也降低了涂料的成本费用;由于上漆率高,获得相同漆膜厚度需要的喷涂行程次数就少,可提高生产率,同时也降低了处理飞漆的费用。因此,HVLP环保型喷枪得到迅速推广,成为当今涂装行业中的主流喷枪。

15.1.4 喷枪的操作方法

1)喷枪的调整

喷枪的调整主要是喷雾扇形区域的调节,喷雾扇形取决于空气和雾化的涂料液滴的混合是否合适。涂料的喷涂应平稳,喷涂出的湿润涂层应没有凹陷或流泪现象,在一般情况下要想获得合适的喷雾扇形,有三种基本调节方式:

(1)调节压力

喷枪喷嘴处的压力对于得到合适的喷雾扇形有明显的影响。空气压力的调节一般可通过分离调压器来调节,但由于空气从调压器经过输气软管到达喷枪还受到摩擦力作用,因此存在压降。调压器处测得气压与喷枪处测得气压的差值取决于输气管的长度和直径,一般来说,孔径越大压降越小,管长度越短压降越小,但管长一般不超过10m。因此,应该在喷枪处测量气压值,而且我们所提到的压力值都是指喷枪处的气压。

测量气压最可靠的方法,是使用一块插在喷枪和输气管接头之间的气压表。有些喷枪本身就带有气压表,可用来检查和调节喷枪处的压力值,而大多数喷枪的气压表是可选件,建议在生产实际中应使用气压表。

(2)调节喷雾扇形

通过调节喷雾扇形控制旋钮可以调节喷雾直径的大小。调节喷雾形状时,将扇形控制旋钮旋紧到最小,可使喷雾的直径变小,形状变圆。将扇形控制旋钮完全打开,可使喷雾形状变成宽的椭圆形。较窄的喷雾可用于局部修理,而较宽的喷雾则用于整车喷涂,图15-8所示的是扇形控制旋钮从旋紧到完全打开时,喷雾形状的变化。

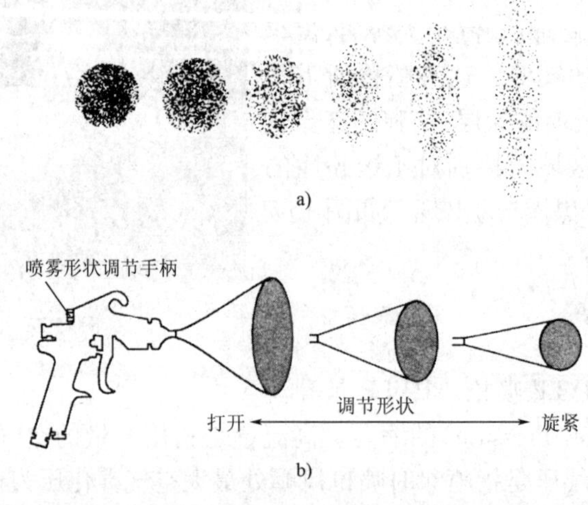

图15-8 喷雾扇形宽度调节

(3)调节涂料流量

调节涂料控制旋钮可调节适应不同喷雾形状所需的涂料流量,如图 15-9 所示。逆时针转动涂料控制旋钮可增大出漆量,而顺时针转动,将减小出漆量。

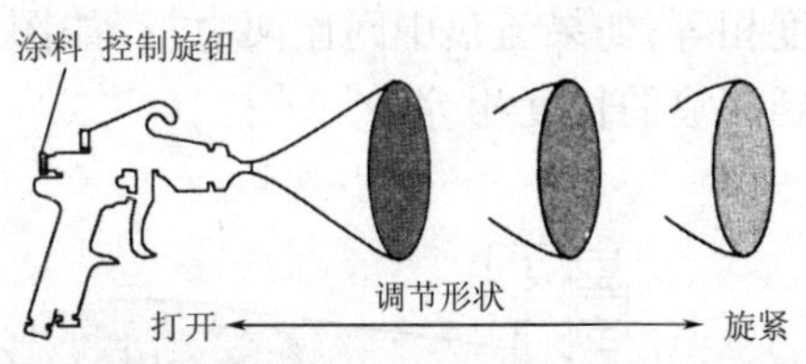

图 15-9 调节涂料控制旋钮控制出漆量

以上三项调节操作需要配合进行,关键的调节是喷涂压力的调节。最佳的喷涂压力是指获得适当雾化、挥发率和喷雾扇形宽度所需的最低压力。压力过高会产生过多弥漫的喷雾,从而导致用料量增加,而涂层流动性降低,因为在涂料到达喷涂表面之前已有大量的溶剂被蒸发掉了,易产生橘皮等缺陷。如果压力过低,会使涂层的干燥困难,因为大多数溶剂都保留下来了,因此容易产生起泡和流挂。

2)喷涂测试

设定好空气压力、喷雾扇形、出漆流量后,就可以在遮盖纸或报纸上进行喷雾形状测试。使用高流量低气压喷枪时,喷枪与测试纸相距为 13 ~ 17cm,而使用传统高气压喷枪时,则相距 18 ~ 23cm。试验应在瞬时完成,将扳机完全按下,然后立即释放。喷射出来的涂料应在纸上形成长而窄的形状,如图 15-10 所示。然后旋转喷雾扇形旋钮,使试样高度达到一定高度为止。一般情况下,进行局部修理时,试样高度从底部到顶部应达到 10 ~ 15cm;进行大面积或全身修理时,试样高度从底部到顶部应长 23cm 左右;通常情况,试样高度在 15 ~ 20cm 即可。

图 15-11 表示了涂料雾化质量的两种情况,图 15-11b)所示的质量好一些。如果涂料颗粒粗大,可以旋进涂料流量控制旋钮 1/2 圈以减少流量;如果喷得太细或过干,则旋出涂料流量控制旋钮 1/2 圈,以达到调节涂料喷出量的目的。

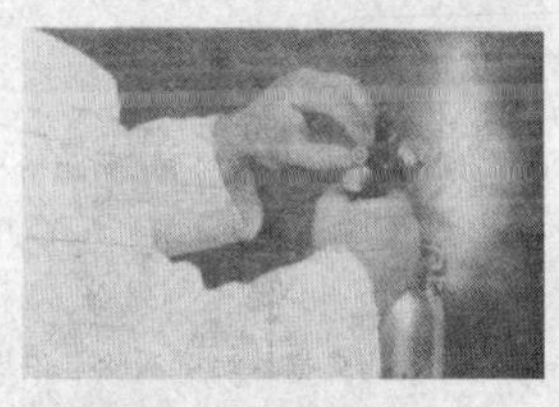

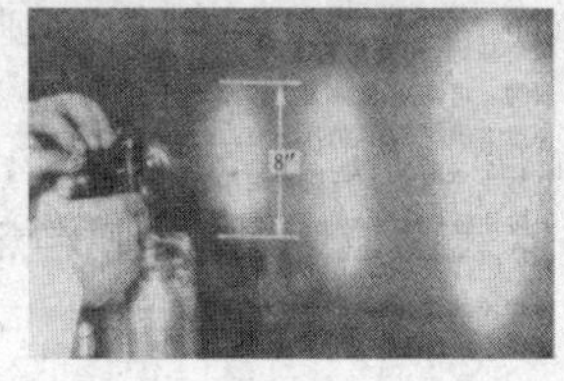

图 15-10 测试喷涂形状

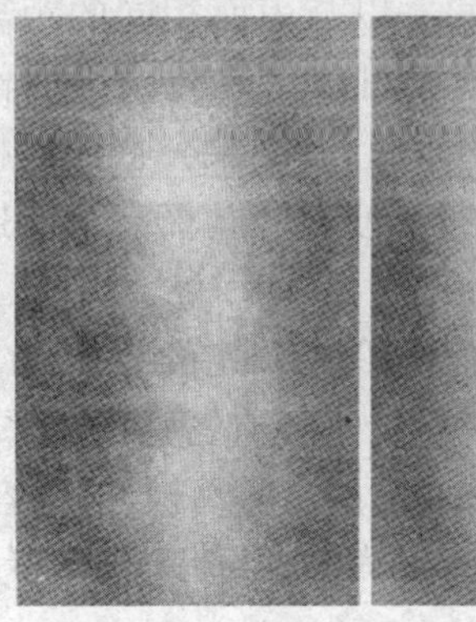
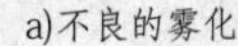

a)不良的雾化

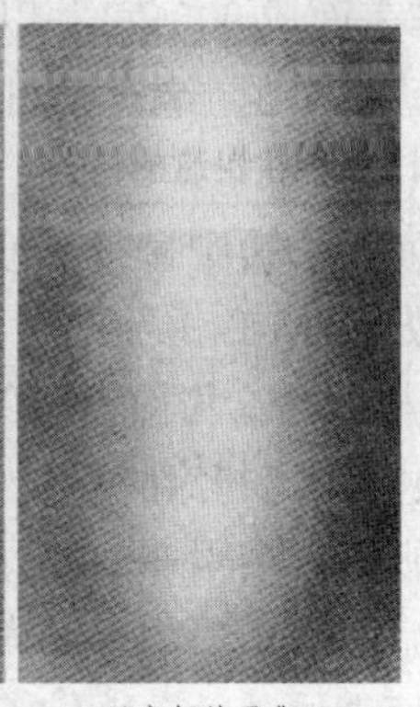

b)良好的雾化

图 15-11 涂料雾化质量

进行这种喷涂测试,既可以确定涂料雾化是否均匀,又可以确定涂料雾化的颗粒是否足够小,以保证合适的流动性。

完成以上测试后,还应测试涂料分布是否均匀。松开空气帽定位环并旋转空气帽,使喇叭口处于竖直位置,此时喷出的图案将是水平的,如图 15-12 所示。再喷一次,按住扳机直到涂料开始往下流,这叫做“流泪”,检查“流泪”的长度。如果所有的调节都合适,流痕的长度应大致相等,如图 15-13a)所示;如果流痕两边长中间短,如图 15-13b)所示,是喷雾形状调得太宽或气压太低，将喷雾扇形控制旋钮转回半圈或增加压力，反复进行这两项调节，直到流痕的长度相等；如果流痕中间比两边长，如图 15-13c）所示，说明喷涂量太大，调节流量控制旋钮，直到流痕的长度相等。

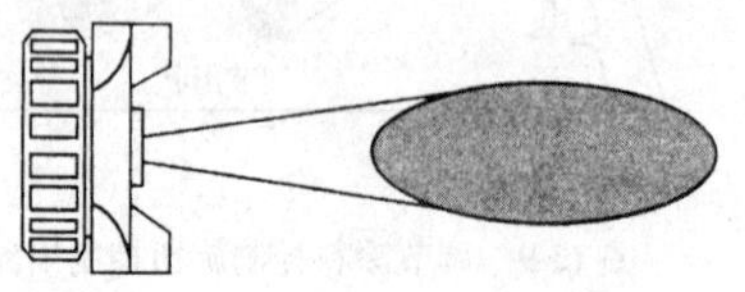

图 15-12　转动空气帽调整试喷图形

图 15-13　测试喷涂图形

3）喷涂操作注意的要领

对喷涂工作而言，要想获得良好的效果，要时刻注意运枪速度、喷涂距离、与喷涂物面垂直、喷幅重叠量等要素的正确运用，掌握好以下这些相关的要领：

（1）握喷枪的方法

喷枪的常用握法是靠手掌、拇指、小指以及无名指握住的，中指和食指用以扣动扳机。在喷涂操作时间较长时，有时也可以改换握枪的方式，如仅用拇指、手掌配合小指，有时配合无名指握枪，中指和食指用来扣扳机，以缓解疲劳，提高劳动效率。

（2）喷枪必须与被喷构件表面保持垂直

为便于操作，一般情况下应以一字步或丁字步站立，在喷枪移运过程中，不论是使用横向的喷雾扇形还是纵向的喷雾扇形，在上下或左右移动时，均要保持喷枪与工作表面成 90°角，并以与表面相同的距离和稳定一致的速度移动。绝对不可以由手腕或手肘作弧形的摆动。如果喷枪有一些歪斜，其结果会造成喷幅偏向一边流淌，而另一边则显得干瘦、缺漆，极有可能造成条纹状涂层，如图 15-14 所示。

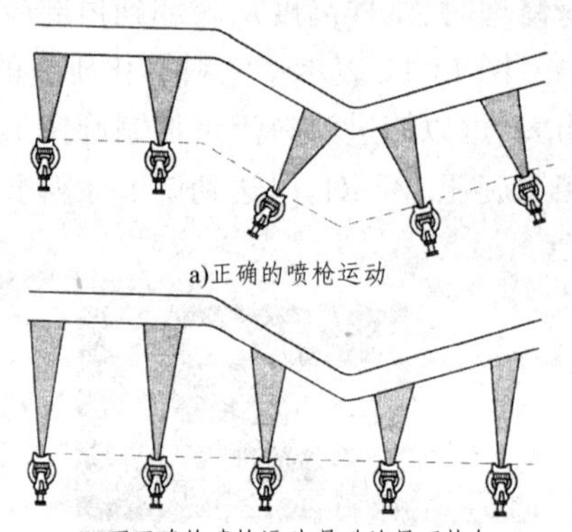

图 15-14　喷枪运动与弧形表面垂直

（3）与被喷涂构件表面保持一定的距离

①喷涂距离与涂膜质量好坏有密切的关系，喷枪离得太近，则涂膜会很厚，喷涂的漆雾易被冲回，容易造成涂膜“流挂”，或产生“橘皮纹”；喷枪距离被涂物太远，稀释剂挥发太多，会使飞漆增多，漆雾不能在物体表面成膜，或涂膜粗糙无光，如图 15-15 所示。

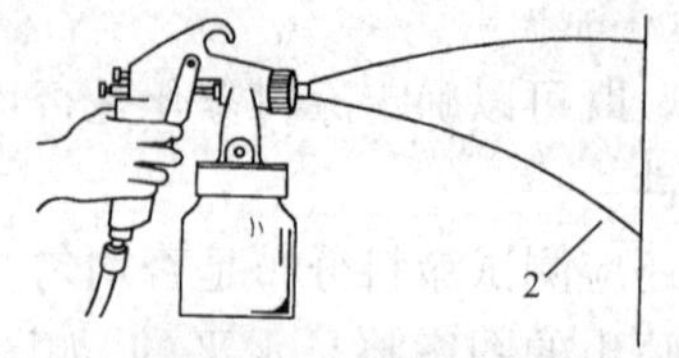

图 15-15　喷涂距离对喷涂效果的影响

②正常的喷涂距离应与喷枪的气压、喷枪的扇面大小以及涂料的种类相配合。一般喷涂距离为20cm左右(可按涂料供应商提供的工艺条件操作),实际距离可通过对贴在墙上的纸张试喷而定。简易测定距离的方法是,手掌张开,喷涂距离应稍大于姆指尖至小指尖的距离。

(4)掌握好喷枪的移动速度

①喷枪的移动速度与涂料干燥速度、环境温度、涂料的黏度有关,行进速度约为30~40cm/s左右。移动速度过快,会使漆膜表面显得干瘦,流平性差,粗糙无光;移动速度过慢,会使涂膜过厚产生"流泪"现象。

②速度必须一致,否则,涂膜厚薄不匀。

③喷涂过程中绝对不能让喷枪停止,否则,会产生流挂。若使用干燥较慢的涂料,可适当提高移动速度至40~80m/s。

④喷枪的移动速度与喷幅的重叠量有关,重叠量大时移动速度要慢一些,反之,则快一些。

(5)掌握好被喷涂料的喷涂气压

选择正确的喷涂气压与多种因素有关,如涂料的种类、稀释剂的种类(快、慢)、稀释后的黏度等。一般要求要在喷涂操作时尽量使涂料雾化,同时又要求涂料中所含溶剂尽可能少的蒸发,传统喷枪调节气压在0.35~0.5MPa,或进行试喷而定。在调节过程中要养成严格遵守涂料厂商产品说明书所提供的施工参数的良好习惯,因为只有这样做才能够获得理想的效果。合适的喷涂气压是获得适当的喷雾、挥发率和喷幅的首要要求。压力过低极有可能雾化不好,会使稀释剂挥发过慢,涂料像雨淋一样喷涂到构件的表面,容易产生"流泪"、"针孔"、"起泡"等现象。而压力过高极有可能过度蒸发,严重时形成所谓干喷现象。

(6)控制好喷枪的扳机

①喷枪是靠扳机来控制的,扳机扣得越深,涂料流量越大。在传统运枪的过程中,扳机总是扣死,而不是半扣。为了避免每次运枪将要结束时所喷出的涂料堆积,最好略略放松一点扳机,以减少供漆量。即手握喷枪向待喷涂构件表面移动,在喷枪移动到距离待喷涂表面的边缘5cm左右的地方扳动扳机,在喷枪扫过已喷涂表面的边缘大约5cm以外的地方放开扳机。

②有一种操作手法叫"收边","收边"的意思是在运枪开始时不扣死扳机,使得开始时的供漆量很小,随着喷枪的移动,逐渐加大供漆量,直到运枪将要结束时再将扳机放开,使供漆量大大减少,从而获得一种特殊的过渡效果的操作。在进行点修补或者在做新喷涂层与旧涂层的边缘润色加工时,都要进行"收边"操作。

(7)掌握好喷涂方法、路线

①喷涂方法有纵行重叠法、横行重叠法和纵横交替喷涂法。喷涂路线应按照从高到低、从右到左、从上到下、先里后外顺序进行。

②应按计划好的行程稳定地移动喷枪,在抵达单方向行程的终点时放开扳机,然后再扳动扳机按原线向相反方向喷涂。在行程终点关闭喷枪可以避免出现流挂,并把飞漆减少到最低。

③难喷部位,如拐角或边缘要先喷涂,要正对被喷涂部位,这样拐角或边缘的两边各得到一半喷漆,喷枪距离要比正常距离近2.5~5.0cm,或将喷雾扇形控制旋钮旋进几圈。如果离的较近,则移动速度应快一些,以使漆膜厚度保持一致。喷涂完所有边角后,就可以开始喷涂平面或接近平面的部件了。

④对于竖直面板通常从板的最上端开始,喷枪的喷嘴位置与上边缘平齐。喷枪第二次单

方向移动的行程与第一次相反，喷嘴位置与第一次行程的下边缘平齐，扇形的上半部与第一次扇形的下半部重叠，重叠幅度应为第二层与上一层重叠2/3或1/2，如图15-16所示，下半部喷涂在未喷涂过的区域。各涂层之间要留出几分钟的闪干时间。

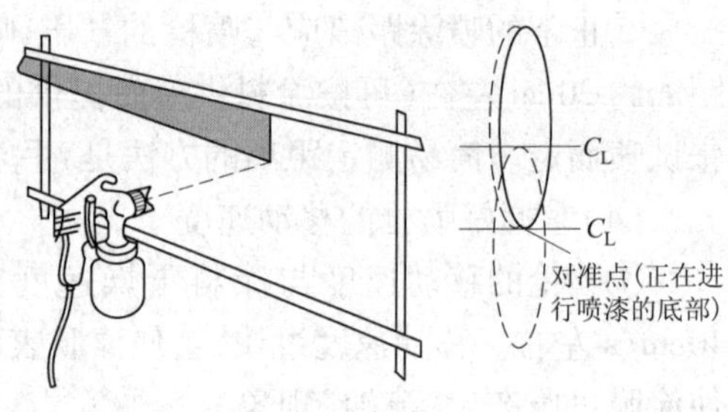

图15-16 喷涂的重叠行程

(8)喷涂非常窄的表面的方法

喷涂图案较小的，小修补喷枪比较适合于这种操作。另外，降低气压和涂料流量后，小心操作也可以使用普通喷枪。

(9)持续进行来回连续操作

每走到头应松开扳机，并降低喷涂图案一半的距离。最后一趟应使喷雾的一半低于已喷涂平面。对门而言，喷雾的下一半就射空了。

上述步骤是针对单涂层的，对于双涂层，应在此基础上重复上述操作。一般而言，良好的喷涂面层由双涂层或多涂层涂料组成，在两个涂层之间应有一段快速蒸发的时间，即溶剂蒸发以使涂层稍微变干的所需时间，一般为几分钟。这可以观察到涂层外表稍微变暗。

4)经常出现的持枪问题

持枪应注意避免倾斜、曲线运动、移动速度、重叠、覆盖等问题。

(1)倾斜

是指漆工将喷枪向下倾斜。因为喷枪与喷涂斜面不相垂直，因此会导致喷雾过多，喷漆发干，以及“橘皮”等现象。

(2)曲线运动

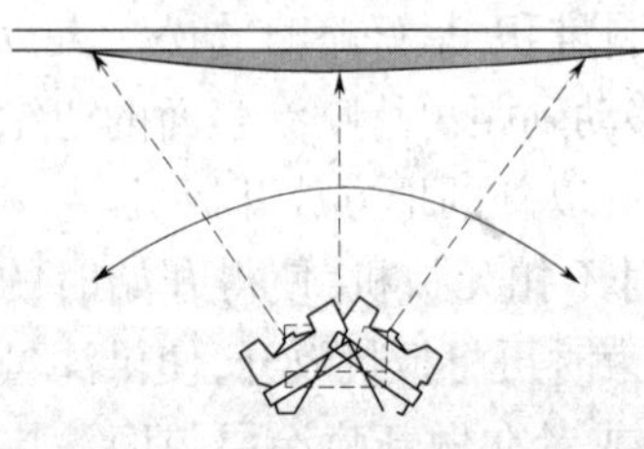
图15-17 喷枪成曲线运动

是指漆工移动喷枪的轨迹与喷涂平面不平行，如图15-17所示。在曲线行程的两头，喷枪距离喷涂平面比行程中间远。其后果是漆膜不均匀，局部喷涂过厚，以及产生“橘皮”。

(3)移动速度快

如果移动速度太快，涂料就不会均匀地覆盖喷涂表面；如果移动速度太慢，就会产生“流挂”及“流泪”。正确的移动速度主要依靠严格的训练和经验来保证。

(4)重叠

不正确的重叠会导致漆膜厚度不均匀，颜色的对比度也不均匀，以及“流挂”。

(5)在板的边缘如果扣扳机不当，会导致漆膜厚度不均匀，应注意交接部分。

15.1.5 喷枪的维护及常见故障

1)喷枪的日常维护

要保持喷枪有效正常的喷涂，必须对喷枪进行日常维护，不重视保养和清洁，会导致喷枪发生故障和缩短喷枪的使用期限。

(1)喷枪的清洗

对喷枪清洗应在使用完毕后立即进行，清洗的关键部位在于喷嘴组件，在清洗时，拆装工作应特别注意以下几点：

①首先把风帽卸下，再旋下内置弹簧的涂料流量控制旋钮；

②抽取出不锈钢枪针，轻轻地摆放到工作台上，注意，不要让枪针碰撞其他的硬质物体，以免造成枪针的弯曲或变形等后果；

③用专用扳手卸下喷嘴，在此特别强调一下，喷嘴和风帽的空气导流孔不宜用硬质物体捅里面的漆尘，以免产生孔距变形；

④浸泡在干净的溶剂中数分钟（注意：不可将喷枪整体浸泡在溶剂中，否则，会使密封圈硬化，并破坏润滑效果）；

⑤清洗完毕后，按先安装喷嘴，再安装枪针的顺序进行，否则，容易造成喷嘴的胀裂等现象；

⑥最后，再安装并调整好风帽的正确方向，否则，会影响到漆雾的均匀（例如，SATA 牌喷枪要求“SATA”字样不宜倒置）。

英国和其他一些国家有环保法规定，喷枪必须用密闭型清洗机进行清洗。目前，我国在一些地区和单位也已开始使用喷枪自动清洗机，结合人工手洗来清洗喷枪，清洗效果非常好。这种设备又称喷枪清洗柜，可用来清洗吸力式和重力式喷枪。采用这种设备后，溶剂就不会进入大气中了。这种设备很像一个箱子，里面装有通风装置和一排清洗喷头。将喷枪和涂料杯放在喷头的上方，盖上盖子，然后打开阀门。此时，气动泵就会将溶剂输送到喷头处，清洗的时间可以预先设置。这种设备的溶剂溢出量非常小，溶剂可以循环使用，但必须定期更换。清洗完毕后，喷枪应当与空气管道相连，以便除去空气/涂料通道中的残留液体，然后用干净的抹布擦干喷枪的外部。喷枪清洗器可节省漆工的时间。与传统的手工清洗方式相比，自动清洗液可节省更换涂料操作 10min 的时间，该清洗器提高了对漆工的安全防护性，因为皮肤不再接触到那些有干燥作用的溶剂。该系统的底部设置了一个螺塞，可容易地将废液排掉。仔细阅读使用说明，搞清楚操作细节应使用的正确溶剂。

注意：如喷枪在使用完毕后不立即清洗，喷嘴就会部分或完全堵上，导致喷枪喷出来的喷雾分裂（喷出干燥的涂料碎片）或喷雾形状不对。对加有固化剂的双组分涂料尤为如此，因为在使用后如果不立即清洗，涂料就会在喷枪的内部硬化。

(2)喷枪的维护保养

喷枪中的下列部位需要定期用不含硅/不含石油的润滑油进行润滑：针的填料、空气阀、扳机螺母。枪针弹簧应当涂一薄层凡士林或不含硅的润滑脂。如图 15-18 所示。

每次清洗后，都必须对上述部位进行润滑。由于正常的磨损和老化，密封圈、弹簧、针阀和喷嘴必须定期更换，更换应按生产厂家的说明书规定进行。由于润滑油过量就会流入涂料和机油通道，造成喷涂缺陷，因此，润滑时必须非常小心，润滑油和涂料混合后就会降低喷涂质量。

2）喷枪故障的诊断

喷枪在使用过程中，由于维护、零件磨损、老化、使用不当等原因，喷枪本身都可能发生故障，造成涂装工作不能正常进行，遇到这种情况应首先了解发生故障的原因，漆工应具备排除一些简单故障的能力。图 15-19 列出了空气喷枪容易发生故障的部位。

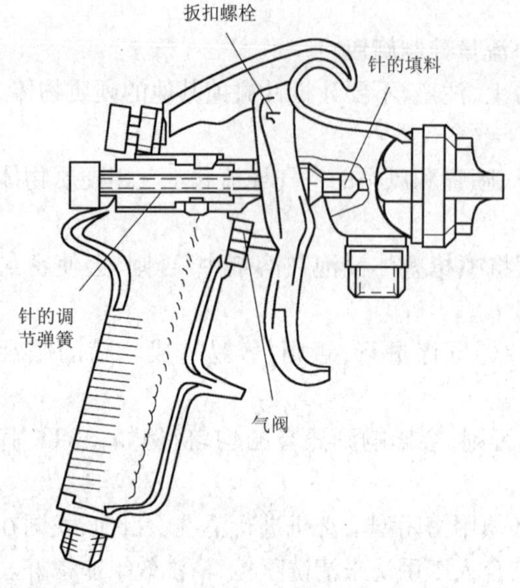

图 15-18　空气喷枪需要润滑的部件

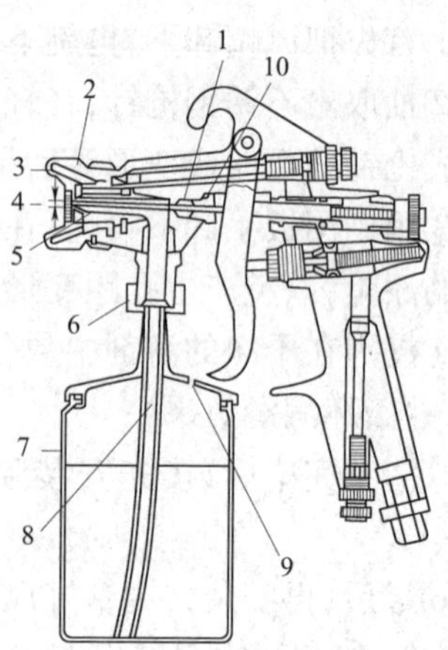

图 15-19　空气喷枪容易发生故障的部位
1-阀套；2-空气帽；3-侧孔；4-中心孔；5-喷嘴；6-储料杯安装螺母；7-储料杯；8-涂料管；9-储料杯盖进气口；10-针阀套螺母

现对一些常见的喷枪故障及原因和采取的措施列表予以说明，见表 15-2。

喷枪故障的诊断　　表 15-2

故　障	可能的原因	建议采取的措施
喷涂过厚或底部过厚	(1)喷气角部分堵塞(外部混合物) (2)涂料喷嘴堵塞、损坏或安装不正确 (3)空气帽座或涂料喷嘴座有脏东西	(1)拆下空气帽清洗干净 (2)清洗、更换或重新安装喷气嘴 (3)拆下来清洗干净
喷涂图案向左偏或向右偏	(1)空气帽发脏或量孔部分堵塞 (2)空气帽损坏 (3)喷嘴堵塞或损坏 (4)喷雾形状控制旋钮调节的太低	(1)要判断故障原因，可将空气帽旋转 180°进行喷涂测试，如果喷涂图案仍向原来的方向偏，则问题出在涂料喷嘴上；如果喷涂图案和原来正相反，则问题出在空气帽上。相应的清洗空气帽、量孔，以及涂料喷嘴 (2)更换空气帽 (3)清洗或更换喷嘴 (4)调节设置
喷涂图案的中心过厚	(1)雾化压力过低 (2)涂料的黏稠度过大 (3)涂料压力相对空气帽通过能力过大(压力式喷枪) (4)喷嘴的口径由于磨损而增大 (5)中心孔过大	(1)增加压力 (2)使用适当的稀释剂稀释 (3)降低涂料压力 (4)更换喷嘴 (5)更换空气帽和喷嘴
喷涂图案分散	(1)涂料不够 (2)空气帽或涂料喷嘴发脏 (3)空气压力过高 (4)涂料黏稠度过小	(1)降低空气压力或增加涂料流动速度 (2)空气帽、喷嘴拆下来清洗干净 (3)降低空气压力 (4)加大涂料的黏稠度

续上表

故　障	可能的原因	建议采取的措施
针眼	(1)喷枪距离工作表面太近 (2)涂料压力过大 (3)涂料过重	(1)喷枪应距离工作表面15~20cm (2)降低压力 (3)使用稀释剂稀释涂料
清漆涂层发红或发白	(1)涂层吸潮 (2)清漆干燥过快	(1)避免在潮湿和寒冷的气候进行喷涂 (2)在清漆中适当地加入慢干剂
橘皮(涂层表面看起来就像橘子的外皮)	(1)雾化压力过高或过低 (2)喷枪距离工作表面过近或过远 (3)涂料没有稀释 (4)表面预处理不正确 (5)喷枪移动过快 (6)使用的空气帽不合适 (7)多余的漆雾喷到已喷涂的表面 (8)涂料没有完全溶解 (9)涂层表面气流过强(合成涂料和清漆) (10)湿度过低(合成涂料)	(1)根据需要调节合适 (2)喷枪应距离工作表面15~20cm (3)进行正确的稀释操作 (4)表面必须进行预处理 (5)小心缓慢地移动喷枪 (6)根据涂料和供料形式的不同选择合适的空气帽 (7)正确安排喷涂操作的顺序 (8)彻底混合涂料 (9)消除涂层表面的气流 (10)增加室内的湿度
过量的喷雾	(1)雾化气压过高或涂料压力过低 (2)喷射经过喷涂部件的表面 (3)空气帽或涂料喷嘴不合适 (4)喷枪距离工作表面太远 (5)涂料稀释得太过分	(1)根据需要正确调整 (2)喷枪经过目标时松开扳机 (3)确定并使用正确的组合 (4)喷枪应距离工作表面15~20cm (5)应适量使用稀释剂
无法控制喷雾锥形的大小	(1)空气帽座已损坏 (2)空气帽座内进入过大的异物颗粒	(1)检查损坏的情况,必要时更换 (2)确保空气帽座的表面干净
流挂	(1)空气帽和涂料喷嘴发脏 (2)喷枪距离工作表面太近 (3)行程的末端没有松开扳机 (4)喷枪与工作表面的角度不对 (5)涂料堆积过厚 (6)涂料稀释得太过分 (7)涂料的压力过大 (8)喷枪移动太慢 (9)雾化不正确	(1)清洗空气帽和涂料喷嘴 (2)喷枪应距离工作表面15~20cm (3)每一行程的末端都应该松开扳机 (4)喷枪与工作表面应成直角 (5)学会计算涂层湿润时的厚度 (6)加入稀释剂时应仔细量好加入量 (7)调节涂料流量控制旋钮,降低涂料的压力 (8)提高喷枪通过工作表面的速度 (9)检查空气和涂料的流量;清洗空气帽和涂料喷嘴
条纹	(1)空气帽或涂料喷嘴发脏或损坏 (2)行程重叠不正确或不充分 (3)喷枪通过工作表面太快 (4)喷枪与工作表面的角度不正确 (5)喷枪距离工作表面太远 (6)空气压力过高 (7)喷雾分散 (8)喷雾形状与涂料流量控制旋钮的调节不正确	(1)和处理流挂现象一样 (2)准确地沿着上一行程 (3)小心缓慢地移动喷枪 (4)和处理流挂现象一样 (5)喷枪距离工作表面应为15~20cm (6)必须降低空气压力 (7)松开空气调节阀或更换空气帽或涂料喷嘴 (8)重新调节

续上表

故　障	可能的原因	建议采取的措施
喷枪的喷射持续呈脉冲状	(1)连接和密封不严或不当 (2)供料管或涂料控制针阀套的连接处泄漏(虹吸供料式喷枪) (3)储料杯内的涂料不足 (4)储料杯倾斜成锐角 (5)涂料通路堵塞 (6)涂料过重(虹吸供料式) (7)储料罐顶部的进气口堵塞(虹吸供料式) (8)储料罐顶部的接头螺母发脏或损坏(虹吸供料式) (9)供料管与压力储料罐或储料杯盖的连接不紧 (10)筛网堵塞 (11)密封螺母没拧紧 (12)输料管没拧紧 (13)喷嘴上O形圈磨损或发脏 (14)从储料罐接出的输料管没拧紧 (15)锁紧螺母垫圈安装不正确或锁紧螺母没拧紧	(1)按使用说明拧紧或更换 (2)拧紧连接处,润滑针阀套 (3)加满储料杯 (4)如果必须,倾斜储料杯,改变杯内输料管的位置,并保持储料杯的装满涂料 (5)卸下涂料喷嘴,针阀和供料管清洗干净 (6)稀释涂料 (7)清理干净 (8)清理或更换 (9)将其拧紧 (10)清洗筛网 (11)确保将密封螺母上紧 (12)按使用说明指示的转矩将输料管上紧 (13)必要时更换O形圈 (14)拧紧 (15)检查并正确安装或拧紧螺母
喷涂图案不均匀	(1)空气帽损坏或堵塞 (2)涂料喷嘴损坏或堵塞	(1)检查空气帽,然后进行清洗或更换 (2)检查涂料喷嘴,然后进行清洗或更换
喷嘴处有涂料泄漏	(1)涂料控制针阀锁紧螺母太紧 (2)涂料控制针阀套发干 (3)涂料喷嘴被异物堵住 (4)涂料喷嘴或涂料控制针阀损坏 (5)涂料控制针阀规格不适合 (6)涂料控制针阀弹簧断裂	(1)松开螺母,润滑针阀套 (2)经常润滑针阀和针阀套 (3)拆下涂料喷嘴,清洗干净 (4)将涂料喷嘴和针阀都更换掉 (5)根据使用的涂料,喷嘴换上规格正确的控制针阀 (6)拆下并更换
锁紧螺母处有涂料泄漏	(1)锁紧螺母没拧紧 (2)针阀套磨损 (3)针阀套发干	(1)将锁紧螺母拧紧 (2)更换针阀套 (3)将针阀套拆下来并用轻型润滑油润滑
当扣动扳机时涂料喷嘴处有涂料泄漏	(1)涂料喷嘴有异物进入 (2)涂料控制针阀被涂料粘住 (3)涂料控制针阀损坏 (4)涂料喷嘴损坏 (5)涂料控制针阀弹簧错位	(1)清洗涂料喷嘴,并将涂料滤干净 (2)将所有干燥的涂料清洗干净 (3)检查损坏的情况,必要时更换 (4)检查出涂料喷嘴的裂口,必要时更换 (5)确保针阀弹簧回位
喷涂过量	(1)扣扳机的操作不正确 (2)喷枪与工作表面的角度不正确 (3)喷枪距离工作表面太远 (4)空气帽或涂料喷嘴的规格不合适 (5)厚度不规则的涂膜沉淀 (6)空气压力过大 (7)涂料压力过大 (8)涂料控制旋钮调节不合适	(1)应养成每个行程结束后松开扳机的习惯 (2)喷枪应与工件表面成直角 (3)喷枪距离工件表面应为15~20cm (4)使用合适的组合 (5)学会计算湿润涂层的厚度 (6)使用最少量的空气 (7)降低气压 (8)重新调节

续上表

故　障	可能的原因	建议采取的措施
涂料不能从喷枪喷出来	(1)涂料用完了 (2)颗粒、灰尘、漆皮等堵塞住空气帽、涂料喷嘴、涂料控制针阀或筛网 (3)没有空气供应 (4)使用的虹吸供料式喷枪的空气帽内部混合	(1)添装涂料 (2)彻底清洗干净喷枪和过滤涂料;工作前必须过滤涂料 (3)检查气压调节器 (4)检查空气帽以及涂料的供应
涂料不能从储料罐出来	(1)储料罐内气压不足 (2)储料罐上的进气口被干燥的涂料堵塞住 (3)储料罐盖的垫圈泄露 (4)喷枪在不同的储料罐之间不能通用 (5)供料管堵塞 (6)气压调节器的连接不正确	(1)检查有无漏气;调节气压以得到充分的气流 (2)这是常见的问题,定期清理进气口 (3)更换新垫圈 (4)按使用说明调整正确 (5)清理干净 (6)按使用说明调节正确
涂层缺乏液态材料	(1)空气压力过高 (2)涂料稀释不正确(仅对应虹吸供料式喷枪) (3)喷枪距离工作表面太远或调节不当	(1)降低气压 (2)将涂料稀释到要求的程度,使用合适的稀释剂 (3)调节喷涂距离;清洗喷枪的涂料与喷雾形状控制阀
起斑点,涂层不均匀,成膜慢	(1)涂料流量不足 (2)雾化气压过低(仅对虹吸供料式喷枪) (3)喷枪移动过快	(1)将涂料控制旋钮调至最紧 (2)增加空气压力,重新将喷枪调平衡 (3)按适当的速度移动喷枪
得不到圆润的喷涂效果	喷雾形状控制旋钮回位不正确	清洗或更换
涂料喷嘴滴漏	(1)针阀套发干 (2)针阀卡滞 (3)锁紧螺母太紧 (4)MBC 型喷枪的喷头调节不当会导致针阀堵塞	(1)润滑针阀套 (2)润滑 (3)调节 (4)用小木棍或生皮鞭轻敲喷头的周围,并拧紧锁紧螺母
多余喷雾过量	(1)雾化气压过大 (2)喷枪距离工作表面太远 (3)喷枪移动不正确,如弧线运动或速度太快	(1)降低气压 (2)调节距离 (3)以合适的速度移动,并且注意与喷涂表面平行
涂层过度模糊	(1)稀释剂过量或干燥太快 (2)雾化气压过大	(1)重新混合 (2)降低
虹吸供料式喷枪不能工作	(1)涂料过浓 (2)使用的喷嘴内部混合 (3)涂料没有过滤 (4)储料罐盖上的进气口堵塞 (5)储料罐垫圈磨损或错位 (6)筛网堵塞 (7)涂料流量控制旋钮调节不当 (8)没有空气供应	(1)使用稀释剂进行稀释 (2)安装外部混合的喷嘴 (3)工作前必须过滤干净 (4)确保该口通畅 (5)检查清楚,必要时更换 (6)清洗或更换筛网 (7)正确调节 (8)检查调节器
松开扳机后, 喷枪仍然喷射空气 (对应无泄放口的喷枪)	(1)空气阀泄漏 (2)针阀卡滞 (3)柱塞卡滞 (4)锁紧螺母拧得太紧 (5)控制阀弹簧错位	(1)将阀拆下来,检查有无损坏并清洗干净,必要时更换 (2)清洗或疏通针阀 (3)清洗柱塞,并检查O形环有无损坏,必要时更换 (4)调节锁紧螺母 (5)确使弹簧复位

15.2 打磨设备

汽车在使用过程中,经常会受到一些特殊自然环境的侵蚀(如日晒、雨淋、酸雨等),使涂层表面出现氧化、起泡、龟裂、脱落、锈蚀等缺陷;在行驶中受到意外的碰撞事故及在进行整形、焊接等修理过程中引起部分涂层损坏。这样,必须将损伤部位的旧漆膜清除掉并进行修整、打磨,为汽车的表面修补涂装做好准备。打磨在整个涂装工艺中起着重要的作用,它是表面预处理中重要的一环。

15.2.1 打磨材料

砂纸是汽车维修中经常使用的打磨材料,用于砂磨旧涂层和原子灰层、除锈及漆面处理。砂纸是用各种不同材料和细度的磨料通过胶黏剂黏结于基底材料上,制成各种类型的砂纸,如图15-20所示。磨料黏结牢固程度是砂纸质量的一个体现,而操作人员选择合适的砂纸细度并正确使用,才能产生最佳效果。

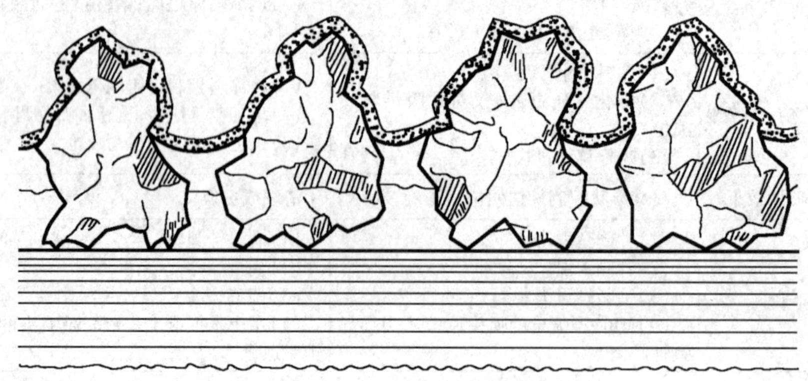

图15-20 砂纸的结构

1)磨料的种类

制造砂纸的磨料,根据原料,可分为氧化铝、金刚砂(碳化硅)和锆铝三种;根据磨料在底板上的疏密分布情况,可分为密砂纸和疏砂纸两种,密砂纸上的磨料几乎完全粘满磨料面,用于湿磨;疏砂纸的磨料只占磨料面面积的50%~70%,疏砂纸用于打磨较软的材料,如原子灰、塑料等,磨料面不会被软材料的微粒粘满而失去作用。

(1)氧化铝磨料

氧化铝磨料是一种非常坚韧的磨料,能很好地防止破裂和钝化。根据粗细不同的选择,可制成用于除锈、清除旧涂层、打磨原子灰层、打磨新旧涂层的砂纸。氧化铝磨料硬度高、耐久性好、使用寿命长且不易在底层材料上产生较深的划痕,目前使用较广泛。

(2)金刚砂(碳化硅)

金刚砂是一种非常锐利、穿透力极高的磨料,呈黑色,通常用于汽车旧漆面的砂磨,以及抛光前对涂面的砂磨。

(3)锆铝磨料

锆铝磨料是已开发的第三种磨料,锆铝具有独特的自磨刃性,在打磨操作过程中其自身不断地提供新的刀刃,以提高工作效率和降低劳动量。一般磨料在较硬的原厂清漆层上打磨会使涂层产生热量,被打磨的材料也会迅速变软并堆积在砂纸面的磨料上而降低打磨效率,而锆铝的自磨刃特性和工作时产生热量少的特性,大大减少了打磨阻力,降低了材料消耗,提高了工作效率和表涂层质量。

2)砂纸的规格

目前砂纸的规格划分主要有三种标准,即欧洲标准(FEPA)、美国标准(ANSI)、日本标准(JIS)。这三种标准划分的依据不同,对应规格也不相同,具体选用时一定要注意。在汽车涂装修补领域使用的砂纸磨料粒度的标准,一般采用欧洲的分级系统,即在标准的数字前标以字母P,本教材中所选用的砂纸规格皆为欧洲标准。数码越大,磨料的粒度越小。粗细不同的磨粒黏结在特制的纸板上,构成适应各种施工需要的粗细不同的砂纸。砂纸的规格见表15-3。

砂纸的规格 表15-3

粗细度		粗——细										
欧洲标准	FEPA	P60	P80	P120	220	—	P240	P320	P360	400	P500	P1200
美国标准	ANSI	60	80	120	220	—	240	—	—	—	360	600
日本标准	JIS	#60	#80	#120	#180	#240	#320	—	—	—	#600	#1000
涂装中的用途		清除旧涂层和原子灰粗磨		磨缘和打磨原子灰		细磨原子灰层		中涂底漆的打磨	喷涂面漆前中涂底漆打磨和旧涂层磨毛打磨		喷涂银粉漆前的打磨	抛光前的打磨

3)三维打磨材料

三维打磨材料是研磨颗粒附着在三维纤维或海绵上形成的打磨材料,这类材料有非常好的柔韧性,适合打磨外形复杂或特殊材料的表面,可用于各种条件下的打磨。如菜瓜布就是三维打磨材料中的一种,主要用于塑料喷涂前的粗化、驳口前对涂膜的粗化,以及修补前去除涂膜表面的细小缺陷等。

15.2.2 手工水磨

手工打磨就是把砂纸平铺在车身上,前后来回进行简单的摩擦操作。操作时,可遵循如下的规程:

(1)将砂纸从中间剪下一半,并折成三叠。

(2)用掌心将砂纸平压在打磨表面上,张开手掌,用掌心沿砂纸的长度方向施加中等均匀的压力。打磨时来回的行程应长而直,如果掌心没有平压在表面上,手指就会接触到打磨表面,这将导致手指与表面之间受力不均匀,所以应避免手指接触打磨表面。

(3)打磨时也不要进行圆周运动,否则,会产生在表面涂层下可见的磨痕。为了获得最好的打磨效果,应该始终沿与车身轮廓线相同的方向进行打磨,如图15-21所示。为了获得平整的效果,也可以采用十字叉花的打磨方法。

(4)使用打磨垫或打磨块可获得最佳的效果。打磨凸起或凹下的板件时,应使用柔软的海绵橡胶垫;而打磨水平表面时,应使用打磨块。

(5)打磨通过已用较粗的砂纸打磨过的区域时应小心操作。

(6)当手工打磨底漆或中涂层时,应打磨到又光滑又平整的程度为止。可用手或干净的抹布在打磨表面上摩擦,以检查有无粗糙的地方。

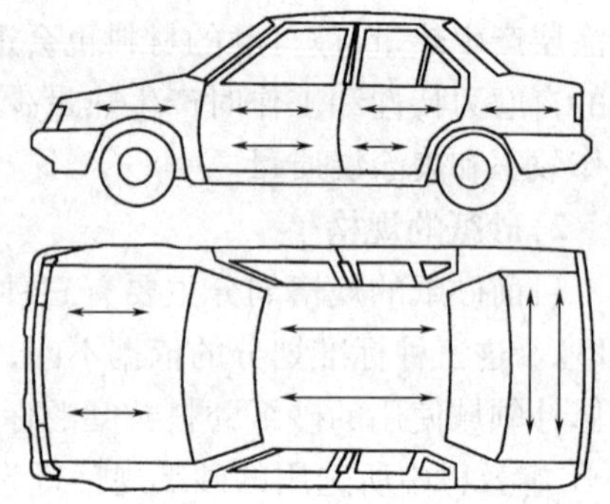

图 15-21 沿着车身轮廓线的方向进行打磨

湿打磨可以解决打磨灰尘堵塞砂纸的问题,湿打磨与手工干磨最大的区别是要使用水,还要用到海绵和刮板等工具,所用砂纸也不同。进行手工水磨时,把砂纸浸在水中,或用海绵把打磨表面弄湿。应大量用水,打磨时行程短一些,并且用力要轻。在湿打磨操作过程中,不要让表面变干,也不要让涂料残渣堆积在砂纸上,就能以砂纸移动时黏结的感觉来判断砂纸磨削的情况。当砂纸开始在打磨表面很快地滑动时,它就不再进行磨削了,磨料已被涂料的残漆渣和金属碎屑堵上。把砂纸放在水中清洗可以清除掉涂料的残渣,再用海绵擦拭就可以清除干净剩余的颗粒。然后,砂纸就能够重新磨削表面了。不时地用海绵清洗打磨表面,并用刮板刮干以检查工作效果,这样可以刮掉所有多余的水,使得判断表面的情况比较容易。最好一次打磨一块板件或一个部位,然后在磨下一块板件之前,先用海绵清洗打磨残渣,并用刮板把表面刮干净。

进行完湿打磨操作后,必须弄干所有的打磨表面。缝隙和倒角处可先用压缩空气吹干,然后用黏性抹布擦干所有的表面。

15.2.3 机器干磨和手工水磨比较

打磨形式分为干磨和水磨,打磨方式又分为机器打磨和手工打磨。机器打磨都是采用动力打磨机,多为干磨形式,又称为机器干磨式;手工打磨有干式和湿式之分,手工干磨由于易产生灰尘,且打磨痕迹粗糙,目前已被逐渐取代,生产中多用手工水磨方式。

手工水磨是较为传统的打磨方式,目前在一些中、小型的汽车修理厂里应用较多,用该方法打磨的效果显而易见,表面较为平整光滑,手感好,适用于精细打磨,而且不易产生灰尘。但用该方法打磨裸金属和原子灰时,水分易被底材吸收,短时间里不易挥发彻底,这就为以后的喷涂留下了隐患,易造成喷涂缺陷,同时也降低了工作效率。目前的涂装施工中多采用双组分的原子灰和底漆,这些涂层不易打磨,若采用手工水磨势必会增加工人的劳动强度。而且随着社会对环保要求的不断提高,手工水磨的废水处理又成为一个问题。漆工一年四季,无论数九寒冬还是三伏盛夏,手总是与污水接触,对身体健康会造成危害。

针对以上问题,机器干磨系统有了很大改进,德国费斯托公司率先推出了无尘干磨系统,可将 80% ~90% 的打磨灰尘吸进回收装置里,有效地解决了灰尘污染。能够顺应双组分涂料打磨工艺的要求,简化了喷涂准备步骤,缩短修补时间,比手工水磨提高工效 2 ~3 倍,降低了成本,减小了产生喷涂缺陷的隐患。由于避免产生污水,符合国家关于环保的要求,同时保护了喷漆车间员工的健康。目前,一些大型汽车修理厂多采用该种打磨方式,而且是以后应大力推广的打磨方式。

15.2.4 机械干磨工具

打磨机广泛地应用于涂装工艺和钣金修复工艺中，它能有效地提高工作效率，降低操作人员的劳动强度及提高涂装质量。打磨工具的种类很多，根据驱动方式，可分为气动与电动两种；根据形状来分，有圆盘式和板式；根据打磨工具的运动方式，又分为单作用打磨机、轨道式打磨机、偏心振动式打磨机、往复直线式打磨机，从而适用于各种不同的工作需要。以气动打磨机为例，应把压缩空气的压力设定在0.45～0.5MPa之间，能满足对涂层或金属表面进行打磨、研磨、抛光等各种需要。

目前在汽车修理行业涂装工作中使用圆盘式打磨工具较广泛，而且动力以气动为多。下面主要介绍气动打磨工具的构造和工作原理。

1）气动圆盘式打磨工具零件分解图

气动圆盘式打磨工具零件分解图如图15-22所示。

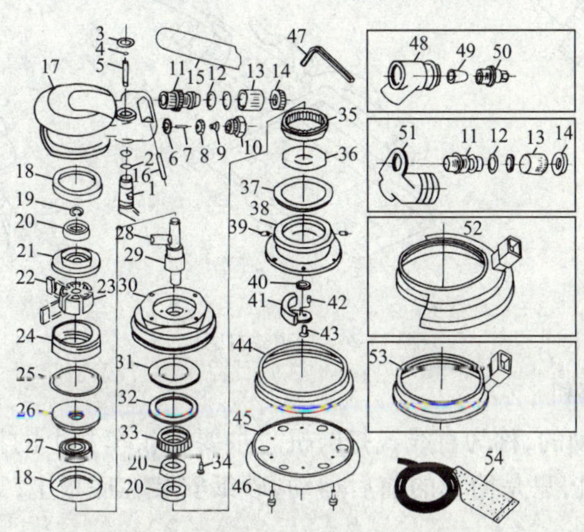

图15-22 气动圆盘式打磨机零件分解图

1-风量开关；2，4，12，25-O形环；3-扣环；5-开关轴；6-垫圈；7-顶针；8-进气活塞；9-锥形弹簧；10-进气接头；11-排气接头；13-排气罩；14-固定螺帽；15-扳机；16-弹簧销；17-本体；18-橡皮衬套；19-扣环；20-滚珠轴承；21-后盖；22-叶片；23-转子；24-汽缸；26-前盖；27-滚珠轴承；28-半圆键；29-偏心轴；30-本体盖；31-防尘板；32，37-防尘垫；33-正齿轮；34，39，43，46-螺钉；35-内齿轮；36-垫圈；38-旋转座；40-衬套；41-配重块；42-固定销；44-护盖；45-沙盘座；47-六角扳手；48-自吸调节器；49-消声套；50-排气头；51-吸尘调节器；52，53-双重吸尘护盖；54-集尘管与集尘袋

2）打磨工具的工作原理

利用电源或压缩空气为动力，使打磨机的旋转轴旋转而作圆周运动，而装有偏心轴会在有衬垫的轨道上运动产生双重圆周运动，或使旋转凸轮变成直线前后运动，砂纸安装在不同旋转状态下的打磨盘上，就会产生不同的运动方向，打磨相适应的物面。

（1）单作用打磨机

该打磨机有粗磨和细磨两种，一般在打磨机的旋转轴上直接安装研磨盘，转速为2000～6000r/min，研磨能力强，汽车修理厂大多用来进行粗打磨，可用于清除铁锈、旧涂层、较厚的原子灰层的打磨操作,如图15-23所示。卸下研磨盘换上抛光盘也可用于涂膜抛光。该打磨机是作单向圆周运动,因此盘面中心和边缘会存在转速差,而造成研磨不均匀及产生圆形磨痕,所以在操作该打磨机时,不能把它平放在打磨面上,而是利用旋转边缘约3cm作为打磨时的研磨面,操作时要轻微倾斜,以保持最佳打磨效果。

(2)轨道式打磨机

轨道式打磨机的砂垫外形都呈矩形,便于在工件表面上沿直线轨迹移动,整个砂垫以小圆圈振动,此类打磨机主要用于原子灰的打磨(图15-24)。该类打磨机可以根据工件表面情况,采用各种尺寸的砂垫,以提高工作效率,轨迹直径亦可改变。

(3)双作用打磨机(偏心振动式)

打磨盘垫本身以小圆圈振动,同时又绕其自己的中心转动,因而兼有单运动及轨道式打磨机的运动特点,如图15-25所示。双作用打磨机切削力比轨道式打磨机大。在确定打磨机用于表面平整或初步打磨时,要考虑轨道的直径,轨道直径大的打磨较粗糙,反之,较细。

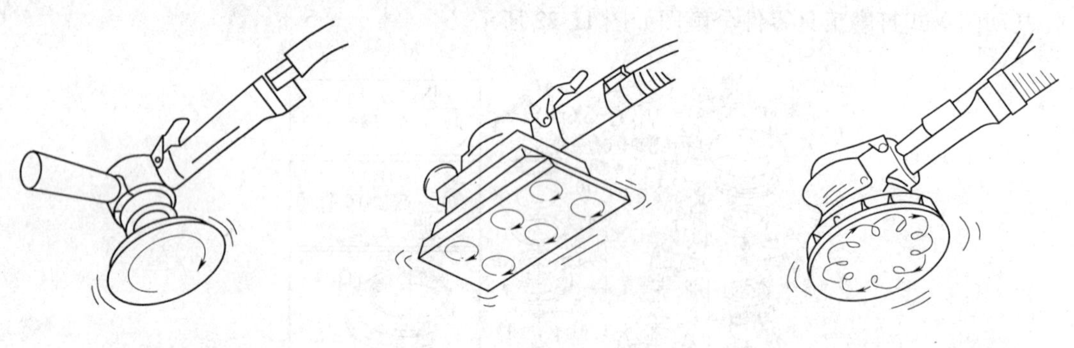

图15-23 单作用打磨机　　图15-24 轨道式打磨机　　图15-25 双作用打磨机

(4)往复直线式打磨机

砂垫作往复直线运动的,称为直线式打磨机。主要用于车身上的特征线和凸筋部位的打磨,是一种长板式打磨机,只是简单的前后运动,砂纸安装在底板上,靠来回的直线运动研磨物面。

3)气动打磨机的优点

电动打磨机和气动打磨机的基本原理是相同的,区别仅在于使用的动力来源上,汽车修理厂使用以气动为动力较多,这主要基于以下原因:

①工作时产生热量少,转速和转矩可调节,发生过载或失速危险性小。

②工具质量轻,便于提携。

③由于不直接使用电,能避免因电路短路或损坏而发生触电及火花引起火灾。相对来说安全性高。

④结构较简单,经久耐用,节约成本。

15.2.5 吸尘设备

吸尘设备是无尘干打磨系统重要的组成部分,与电动工具配套的吸尘系统连接比较简单,除了电源线之外,只需要一个吸尘管。而与气动工具配套使用的吸尘设备一般需要有三个管道与接头，即压缩空气的输入、输出以及吸尘管。这里需要特别指出的是，压缩废气中有微量的润滑油，需要经过过滤才可以放出，否则，容易在漆面上留下污点。

将三根管道捆缚在一起工作起来极为不便，有的公司使用了一种套管，将压缩空气的输入、输出与吸尘三种功能集于一管，如图15-26所示。套管采用快速连接方式，工具更换快捷方便，并具有360°的扭曲补偿，软管不会被扭损，使用起来特别方便。

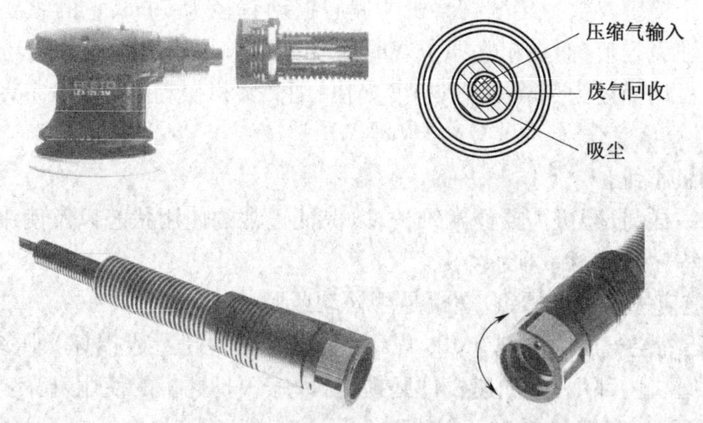

图15-26　三合一套管接头

干磨系统吸尘效果的好坏、作业粉尘的多寡，取决于吸尘系统的优劣。常见的吸尘方式有三种，分别是简易袋式吸尘、中央式多工位吸尘和分离式单工位吸尘。

简易袋式吸尘属于被动式吸尘方式，吸尘所需要的动力由转轴上附加的叶片轮的旋转产生，其吸尘功率受打磨机转速的影响很大。其次，吸尘袋过密会降低吸尘效果，而过疏又容易漏灰，吸尘袋容量也有限，仅适用于工作量不大的小规模作业。

中央式与分离式吸尘同属于主动式吸尘。采用专用的工业集尘器来吸尘，吸尘功率不受打磨机的影响。吸尘系统一般设有自动开关功能，使用寿命长，容量大。中央式吸尘一般适用于有多个固定工位的大型修理企业，而分离式单工位吸尘因其投资小、安装维修简单、工位调整灵活等优点而被越来越广泛地使用。

15.2.6　打磨机的使用及维护

1)打磨机的使用

(1)单作用和双作用打磨机的转速在2000～6000r/min之间，砂垫直径在13～23cm之间，可用于清除原有的涂层。重型打磨机有两个手柄，为的是控制更平稳。使用打磨机时，一定要平稳运动，切勿在某一部位长时间停留，以免产生许多难以消除的磨痕。使用费斯托产的气动打磨机时，可以放在打磨表面上启动，但应注意最好放在低速挡启动。

(2)轨道式打磨机除砂垫旋转外，整个砂垫还可以作摆动。它既可以进行局部环形打磨，又可以同时进行往复直线打磨。使用时，必须将整个轨道打磨机压平在打磨面上，才不会留下磨迹。

(3)操纵气动打磨机时，气压应调到0.45～0.49MPa范围内。操作时，用右手握住打磨机手柄，左手施加较小压力并控制打磨机均匀移动。

(4)为了不损坏镀铬层,在镀铬饰物(或嵌条)外2cm范围内不进行打磨。打磨前应将这些部位用防护带粘贴好,以免造成不良影响。

(5)打磨过程中,发现漆渣开始在砂纸上结块或起球时,应及时更换砂纸或用棕刷将漆块刷掉。

(6)除了打磨机的运动方式以及砂纸颗粒的粗细之外,振动幅度的大小是影响打磨速度与光洁度的另一个关键参数。传统打磨机的偏心振动直径为5mm,它的主要问题是在细磨中涂底漆时不能保证无划痕,而在粗磨原子灰时速度又不够快。费斯托公司巧妙地将磨机一分为二。粗磨磨机振动幅度为7mm,磨灰速度更快;细磨磨机振动幅度为3mm,保证细磨无任何划痕。

2)打磨机的日常维护

和任何设备一样,打磨机需要经常维护,以保证正常的使用状态以及使用寿命。以下是打磨机的日常维护程序和注意事项:

(1)操作之前应检查每个螺钉、螺帽是否松动或脱落。

(2)使用的压缩空气压力在0.6MPa以下,防止气压太高造成损坏。压缩空气应无水分,防止水汽造成打磨机内部生锈,加速机件磨损,从而缩短打磨机的使用寿命。

(3)使用与磨盘或衬垫尺寸相符合的砂纸。

(4)打磨机连续使用30min应适当停机休息,防止过负荷运转,导致打磨机的使用寿命缩短或造成损坏。

(5)操作时,发生异常声音或不正常振动,应关机检查。

(6)在连接压缩空气管时,要注意避免脏物流入。

(7)在打磨工作完毕时,在打磨机还未完全停下之前,不要放下打磨机,以免接触其他物体造成无谓的损伤。

(8)打磨工作完毕后,应把砂纸取下,清除打磨机上的灰尘、污物,不能因贪图方便而用溶剂浸泡清洗。

(9)每天工作完毕后,应用专用工具把专用润滑油或用标准自动变速器机油代替,由进气口(或按说明书进行)注入少许,并让打磨机低速运转一下。

15.2.7 抛光设备

本书中介绍的漆面抛光是指表面经过涂装修复后,若出现脏点等缺陷所进行的修复抛光,并非通常所说的美容抛光,这样,所用设备略微有些差异。

1)磨石

在进行抛光之前,涂料表面往往会存在一些缺陷,例如脏点、流痕,磨石就是主要用于在抛光剂抛光涂料表面以前清除这些颗粒和垂流。但是,如果出现的垂流大或颗粒多,那么从工艺要求及经济的角度看,最好将表面进行重涂。在使用磨石时,操作一定要稳,不要在涂料表面造成凹坑。目前,在实际使用过程中有很多产品的功能与磨石相仿,例如表面加附砂纸的产品,图15-27a)为磨石,图15-27b)为加附砂纸的产品。

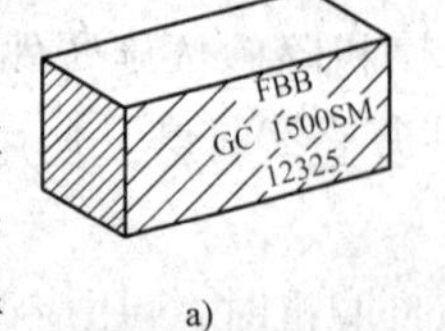

a)

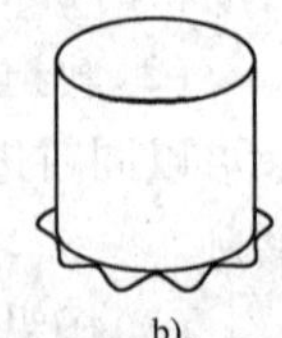

b)

图15-27 磨石及表面加附砂纸的产品

2)砂纸

美容专用砂纸主要用于调整纹理或清除颗粒和垂流,广泛使用的是 P1500 ~ P2000 砂纸,有与专用磨石配套使用的砂纸,如图 15-28 所示。

3)抛光剂

抛光剂是混在溶剂或水中的摩擦粒子,其用处因其所含的粒子的大小不同而异,通常使用粗的和细的抛光剂。溶剂和水主要起促进抛光作用,溶剂内的添加剂有的起增加光泽作用,有的起防止成分分离作用。

4)抛光垫

抛光垫专门用在抛光机上,并与相应的抛光剂联合使用,用来抛光涂料的表面。常用的抛光垫按材料分为供粗抛光用的和供精抛光用的两种,如图 15-29 所示。粗抛光垫用于清除打磨划痕和调整纹理,摩擦效果较大,抛光痕迹明显,通常粗抛光垫与摩擦效果比较大的抛光剂(例如,粗粒抛光剂)联用。相反,精抛光垫主要与摩擦效果较小的抛光剂(例如,细粒抛光剂)联用,摩擦效果较小,抛光痕迹不明显,以便产生光泽和清除涡旋痕迹,即抛光垫或抛光剂产生的划痕。

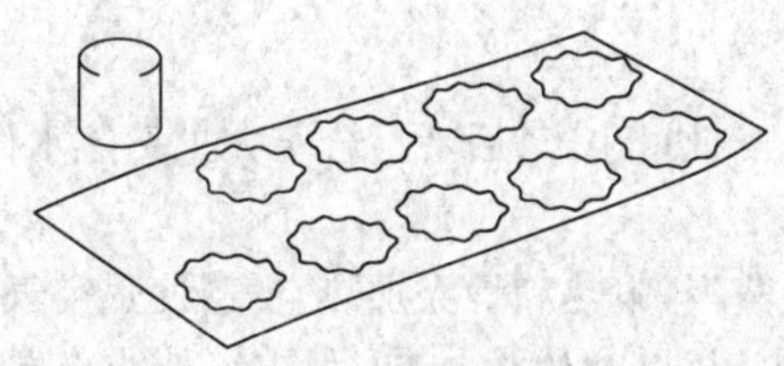

图 15-28 美容砂纸

a)粗抛光垫

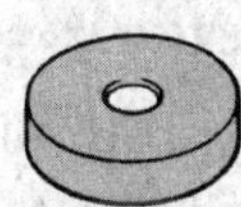

b)精抛光垫

图 15-29 抛光垫

抛光垫的材料,有纯羊毛、人造纤维和海绵三类。

(1)纯羊毛为传统的抛光材料,一般用于普通漆面的抛光,由于其研磨力强,用于清漆层抛光时要谨慎操作。

(2)人造纤维较羊毛柔软,一般用于普通面漆和清漆层的抛光。

(3)海绵一般用于普通面漆和清漆层的抛光。

在以上三种抛光垫的材料中,海绵抛光垫被越来越广泛地采用。海绵由聚酯材料组成,采用特殊的海绵材料及使压力热能散发的新型设计,可极大地散发由于高速运动而产生的热量,减轻涂面所能承受的热能。若使用抛光水性材料,利用海绵吸水的特点,蘸水抛光,可以降低涂膜温度,避免涂膜软化、开裂、脱落等。海绵垫一般有三种颜色,各种颜色的海绵垫有不同的功能。黄色的质硬,用以清除涂膜的氧化层或划痕;白色的质软,用以清除涂膜表面的细微划痕或抛光;黑色的一般作精细抛光用,质软、柔和、细腻,适合普通涂膜和清漆层的抛光。

5)抛光机

抛光机是利用抛光垫对已喷涂的外涂层进行光整加工的设备,一般有磨砂和抛光双效功能,安装砂轮可以打磨金属材料,换上研磨盘和抛光垫又能进行漆面抛光,操作起来非常平稳,不易损坏,转速一般可调整。按动力分类有电动机驱动和压缩空气驱动两种形式。目前,电动机驱动的抛光机比气动抛光机用的普遍。两种抛光机的特点对比如下:电动机驱动型转矩大,

能保证在有负载的情况下稳定旋转,但需要较大的力来维持它的运动;气动型在有负载时速度下降,只需要较小的力就可以维持它的运动。

6)法兰绒擦布

如果需要抛光的面积太窄,不能用抛光机进行抛光,那么,可以使用一种称为法兰绒的软布进行手工抛光。如果没有专用的法兰绒擦布,可以使用较软的棉布代替,不能选用比较结实的布,例如毛巾,因为它会在涂料表面留下划痕。

15.3 烘干设备

15.3.1 烘干设备的类型分

1)按干燥设备的外形结构分

烘干设备分为室式、箱式和通过式三种。修理厂常用的喷烤漆房就属于室式烘干设备;箱式烘干设备适用于小批量,间歇式生产;通过式主要用于汽车生产厂大批量、机器化生产。

2)按生产操作方式分

烘干设备分为连续式和周期式两种。前者适合于批量生产,后者适合于大批量流水作业。

3)按加热和传热方式分

烘干设备分为对流式和辐射式。对流式是指用蒸汽、电热和炉火加热空气,使热空气在房内对流加热;辐射式是指将热能转变为各种波长的电磁波,对物体加热,利用红外线作辐射源的称为红外线辐射干燥设备。在汽车修补领域,对流干燥和辐射干燥设备使用比较普遍,在本节中将作简单介绍。

15.3.2 对流干燥式烘干设备

对流干燥也称热空气干燥,应用对流传热的原理,利用空气为载热体,将热能传递给被涂层,加快涂层的干燥。一般来说,温度越高,涂料的化学反应越快,涂料干燥也越快。

1)对流洪干室特点和分类

对流烘干室有以下一些特点:(1)对流烘干加热均匀,从而保证了涂层颜色的一致性;(2)烘干温度范围较大,基本上能满足一般类型涂料烘干温度的要求;(3)设备使用管理和维护较为方便,运行费用较低。

但是,对流烘干室也有一定的局限性:(1)升温时间长、效率低;(2)设备庞大,占地面积大;(3)涂料表面成膜快,阻碍内部溶剂的挥发,易产生针孔、起泡、皱纹等涂膜故障。

对流式烘干设备类型也很多,按照使用的热源分,对流烘干室可分为电加热或燃油加热形式;按照加热空气介质的方式,又有直接加热和间接加热两种类型;按照热空气在烘干室内的对流方式,可分为强制对流式和自然对流式。不管对流烘干室是何种类型,一般由烘干室体、加热系统、空气过滤层、温度控制系统等组成。

2)燃油对流烘干室

燃油式对流烘干室的结构如图 15-30 所示。

(1)室体。烘干室室体的作用是使循环的热空气不向外流出,维持烘干室内的热量,使室内温度保持在一定的范围之内;室体也是安装烘干室其他部件的基础。

(2)加热系统。对流烘干室的加热系统是加热空气的装置,它能把进入烘干室内的空气加热至一定的温度范围,通过加热系统的风机将热空气引进烘干室内,并形成环流在室内流动,连续地加热工件,使涂层得以干燥。为了保证烘干室内的溶剂蒸气浓度处在安全范围之内,加热系统需要排出一部分带有溶剂蒸气的热空气,同时,需从室外吸入一部分新鲜空气给以补充。加热系统一般由进风管、空气过滤器、空气加热器和风机等部件组成。

(3)温度控制系统。温度控制系统的作用是调节烘干室内温度的高低和使室内温度均匀。对流烘干室温度控制有循环热空气量调节和循环热空气温度调节两种方法。

3)电热烘干室

电热烘干室是一类最简单的热空气对流式烘干室,主要用于烘烤小型涂装工件,结构如图15-31所示。电热烘干室规格很多,烘干室内部装有1000~3000W的电热丝多根,分布在烘干室内部两侧及底层。室体分内外两层,层间填满隔热保温材料,如石棉粉、玻璃丝、紫石等。烘干室的顶部装有排雾管及测温用的热电偶,内部的底面装有小钢轨两根,便于推盘出入烘干室。烘干室门上装有一个玻璃窗,便于观察工件涂层在烘干室内的干燥情况。

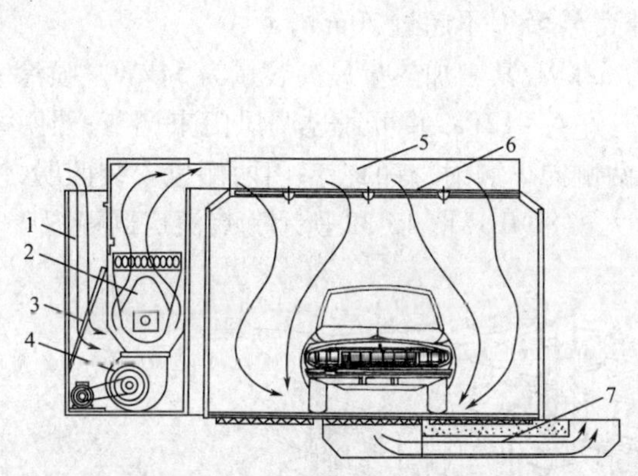

图15-30 燃油式对流烘干室结构示意图
1-进气管;2-空气加热器;3-空气过滤器;4-风机;5-压力风道;6-空气过滤器;7-排风道

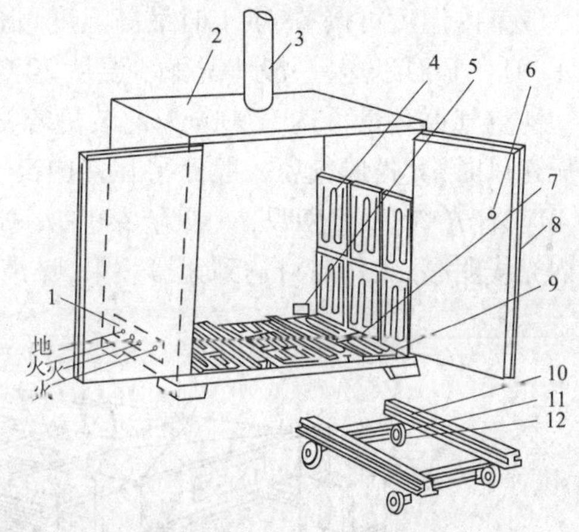

图15-31 电热烘干室结构示意图
1-电源;2-箱体;3-排气管;4-电热丝;5-进气口;6-玻璃小窗;7-小钢轨;8-拉手;9-电炉板;10-活动推架;11-滚轴;12-滚轮

电热烘干室的最大特点是不污染环境,但电消耗量大,使用成本高,目前,汽车修理厂广泛使用以燃油为能源的烘干室。

4)汽车喷涂烤漆房

(1)烤漆房功能和种类。

①汽车喷涂烤漆房集喷漆与烤漆为一体,常称为烤漆房。其节约场地,使用方便,可提供清洁的喷涂环境,提高喷涂质量,同时,可对原子灰及底、面漆进行强制干燥,加快了工作节奏,提高了工作效率和涂层质量。

②烤漆房的种类繁多,根据能源来分,有燃油型和电热型;根据干燥方式,有热空气对流干燥、远红外线辐射干燥等。

目前,国内燃油式热空气对流干燥的低温烤漆房在汽车修理行业中使用较普遍。该烤漆房采用高性能钢组合式房体,无接缝式无机过滤棉,配合进风过滤系统及正风压,确保进入烤房内空气彻底净化。全自动循环进风活门使烤房内烘烤时的热空气能在烤房内经净化后循环使用,配合房体的夹心式隔热棉提供极佳的保温效果。烤漆房内的照明设备采用无影灯式日光照明灯管,其发出的光的光谱与太阳光线相似,为漆工师傅对颜色的辨别提供了良好的光源。应用计算机技术全自动操作控制台经设置程序后,能自动控制风压、温度、时间。在结构上采用了正压原理,室内风压高于室外 4 ~ 12Pa,使灰尘不能进入室内,再加上进入室内的空气经多次过滤,因而空气净化度较高。在烘烤过程中,空气循环加热,每次大约补充 10% 的新鲜空气,这样热量利用充分,电能节约。废气经滤网、活性炭吸收过滤后排于室外,排放浓度符合环保标准要求。

(2)烤漆房具有的特点。

①空气流动好,新鲜空气不断进入,废气及时排出室外。根据喷涂状态和烘烤状态的需要,调节排气管和进气管,使喷涂状态时排出废气,烘烤时则不断循环空气,并将热空气反复使用,以保持温度,节约能源。

②过滤层网采用钢丝网,美观大方,坚固耐用。

③室内温度可调节,烘干时最高温度可达 80℃。室内温度均匀,每一点的温度变化范围为 ±2℃。升温迅速,一般情况下室温从 20℃升高至 55℃不超过 20min。

④空气循环量可达 12000m^3/h,装机容量为 62kW,其中加热量最高容量为 54kW。喷涂室正压送风时,其送风气压一般保持在室内高于室外 4 ~ 12Pa,并可通过调风门来调节;照明采用 40W 日光灯,每组四只,一般为八组,从房顶两侧向下照射,有的在室内两侧也安装照明,使室内光线明亮,工作时可达到无影效果,噪声不大于 80dB。图 15-32 所示为烤漆房剖视图。

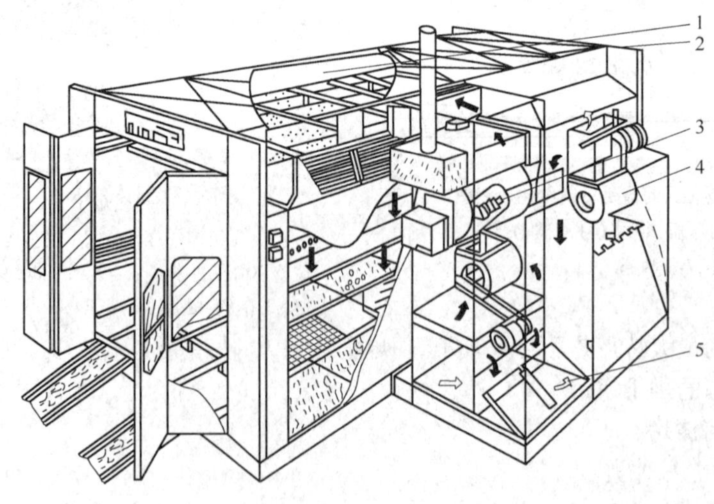

图 15-32　烤漆房剖视图

1-顶部过滤棉;2-日光灯;3-燃烤器;4-排风机;5-二次过滤网

⑤目前,使用的烤漆房一般采用气流下行式,即空气从天花板进入,经过车顶向下从车身两侧的排气地沟排出,经三级(粗、中、细)过滤后干净、干燥、适温的空气,在流过车身时不会

留下任何灰尘,并连同飞扬的飞漆也一起被下吸,可防止飞漆污染新涂的物面,气流下行式减少了喷涂操作人员可能吸入的飞漆和溶剂蒸气,有利于喷涂操作人员的身体健康。

⑥由于喷涂烤漆房喷与烤在同一室内进行,喷涂时与烘烤时空气流速是有差别的,一般喷涂时空气流速最好控制在 0.3 ~0.6m/s。对涂膜进行加温烘烤时空气流速应在 0.05m/s 左右。在对汽车涂膜进行加温烘烤时,烘烤温度要适当控制,汽车修补涂装温度调节一般以被烘烤物体表面温度达到 60℃为宜,若温度过高,达到 85℃以上会造成仪表、塑料件变形等,达到 90℃以上则可能引起燃油起火、爆炸等。

(3)烤漆房空气滤清系统。

喷漆房最重要的系统是空气滤清系统,它不仅关系到喷涂质量,还关系到保护喷涂操作人员的身体健康及环境保护。因此,烤漆房的空气滤清系统的维护非常重要。目前,喷漆房常用的空气过滤系统按去除飞漆和尘埃的方式,主要分为湿式过滤法和干式过滤法。

①湿式空气过滤系统能滤清喷涂时产生的飞雾,并不受涂料黏度和干燥速度的影响,工作容量大,能减少更换过滤网、棉的费用和不便,并符合环保要求,广泛应用于气流下行式喷漆房。在湿式空气过滤中主要有喷淋式、水旋式、水帘式、无泵式等,其中水帘式处理效果最好,喷漆房的废气经过水帘式清洗,与空气混合在一起的飞漆被水从空气中冲洗掉而净化,同时倒流板按与空气相反方向转动,利用离心力的作用收集小液滴,使空气干净、干燥。

②干式空气过滤系统主要使用纸、棉、玻璃纤维、聚酯纤维等,对空气进行过滤,其工作原理类似于筛网,当空气通过这些过滤材料时,将其中的飞漆、尘埃及其他污物分离掉,有些过滤材料能粘住小纤维或捕获飞漆,如玻璃棉过滤材料具有捕获飞漆的特性。目前大部分汽车修理厂和汽车制造厂都使用装有这种过滤系统的喷漆室,这种过滤系统主要用于低流量的喷涂作业。其造价比采用湿式过滤系统的喷漆室要低,但由于需要定期更换过滤介质,其运行成本比较高。通过粗滤、中滤、细滤三级过滤的有效措施,去除飞漆率可达到 99.8%,并能全部滤去人眼在涂膜表面所能见到的最小尘埃(10μm 粒径),有效防止在涂膜表面产生粗粒的缺陷。使用时,要经常检查过滤材料的过滤状况,并清洗或更换过滤材料。

(4)烤漆房的日常维护。

①喷涂烤漆房内不准进行任何原子灰打磨及其他打磨工作,也不准进行钣金作业或各种抛光作业。

②必须经常检查过滤系统,按规定时限更换各级过滤网或过滤棉。定期检查排风系统、加热系统、电气系统、控制系统,以确保安全,正常运行。照明设备损坏应及时修复。

③喷涂工作结束后,把烤房内的喷涂工具、喷涂材料清理出烤房后,才能加温烘烤。

④烤漆房内工作结束、车辆驶离后应清除一切杂物,如遮盖纸、残留废弃物,并擦净地板、墙壁及烤漆房内的其他设备。压缩空气输送软管要盘好,放在专用的工具箱内。

⑤除每天的日常清扫外,定期对烤漆房进行彻底清扫。

⑥更换因高温而老化的门封条,防止因破裂而使灰尘吸入和热量流失。

15.3.3 红外线辐射干燥设备

1)辐射干燥原理

辐射加热使涂层加速干燥,通常是用红外线、远红外线加热设备。

热辐射的热能是以电磁波的形式传递的,不需中间媒介,即可由热源直接辐射在被加热的物体上,利用辐射热使物体受热干燥,即为辐射干燥。辐射加热要比对流加热速度快,热能损失少。红外线辐射加热就是一种辐射形式的加热方法。

2)红外线

日光通过三棱镜,可分为赤、橙、黄、绿、青、蓝、紫七色,称为可见光,在红色光和紫色光两端还存在着不可见光,即红外线和紫外线。可见光、红外线和紫外线都是电磁波,它们的区别仅是波长不同而已。电磁波的波长范围很宽,它包括宇宙射线、X 射线、紫外线、可见光、红外线和无线电波。电磁波与红外线如图 15-33 所示。

宇宙射线	X射线	紫外线		红外线	雷达	无线电波	交流电波

图 15-33 电磁波与红外线

从图 15-33 中可以看出,红外线介于紫外线与雷达微波之间,其波长范围在 750 ~ 1000000nm 之间,一般以 5600nm 为分界线,波长小于 5600nm 到红色光 750nm 一段称为近红外线,而波长大于 5600nm 到 1000000nm 一段称为远红外线。

3)红外线的传播

(1)红外线与可见光一样,都是直线传播的,当它辐射到达物体时,会出现以下三种情况:一部分在物体表面被反射,一部分被物体所吸收,其余部分透过物体。被吸收的红外线辐射能量就转变成热能,使物体温度升高,被吸收的能量愈大,物体的温度就升得愈高。不同的物质对红外线的反射、吸收和透射是不同的,即使是同种物质也会因其结构和表面状况的不同而不同。同一物体对于不同波长的红外线,其反射、吸收和透射也是不同的。

(2)到达被加热物体上的红外线辐射能量与红外线传播的距离有着密切的关系,红外辐射源至被加热物体之间的距离每增加一倍,达到物体的红外辐射能量便减少到原来的 1/4。所以,应用红外装置加热时,辐射源与被加热物体之间的距离应小一些。

(3)红外加热的效果,主要决定于被加热物体吸收红外辐射能量的多少,这就需要采用辐射率大的材料作辐射源和缩短辐射的距离,使到达被加热物体的红外辐射能量尽可能的大;同时,要求被加热物体的红外吸收率也要大,以吸收尽可能多的辐射能量。

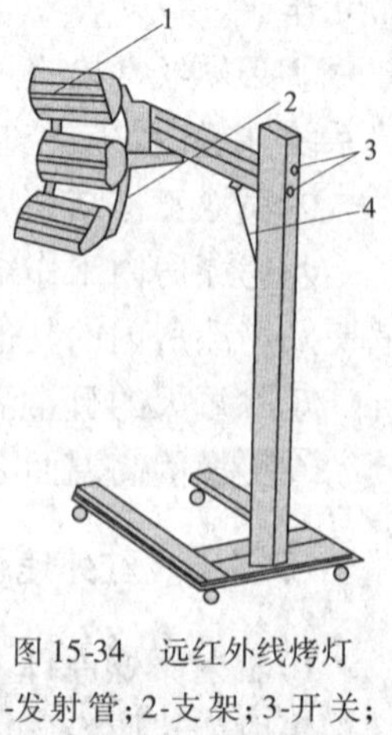

(4)红外线辐射使涂料吸收能量产生热量,溶剂由内向外挥发,热能损耗小。涂层干燥内外一致、透彻,有利于提高涂层质量。远红外线比近红外线更适合用于涂料的干燥。远红外线辐射干燥速度快,时间是热空气对流干燥的 1/10,近红外线辐射干燥的 1/2。红外线辐射无气流的流动,降低尘埃粘上漆面的可能性。设备投资费用低,高效、节能、无污染。但对形状复杂的物件,辐射距离会产生差异,导致同一物体不同部位干燥快慢产生差异。

1
2
3
4

图 15-34 远红外线烤灯
1-发射管;2-支架;3-开关;4-气压撑管

4)常见的红外辐射加热装置

(1)远红外线辐射加热器。远红外线辐射加热器虽有各种型号,但一般都由金属板(管)、碳化硅板、陶瓷三部分组成,加热器形状一般分为管状、平板状及灯泡状三种。图 15-34 所示为远红外线烤灯,辐射器一般包含热源和远红外辐射层两个基本部分。热源的作用是给辐射层提供热能,使之辐射远红外线;辐射层的作用是在受到加热后,从其表面辐射出与其温度相对应的红外辐射能量,由有效辐射远红外线的材料所组成。

由于汽车修理行业的特殊性,要求干燥加热装置具有移动性、可变性,因此常使用可移动的远红外加热装置用于原子灰、底漆、面漆各个部位的局部强制干燥,提高工作效率。

这种远红外线加热器的性能特点主要有以下几方面:

①独立开关控制;

②整个发射管可作360°旋转;

③发射管支架由气压撑杆支撑,上下自如;

④电子计时器可分别控制预热、全热过程,自动转换;

⑤可烘烤汽车车身任何部位,如车顶、前后盖等。

红外灯也可设计成方阵加热装置,用于局部修补加热用。由灯射出的放射红外线能展开成扇形,离灯20~30cm的距离内,中心与外部的温度分布基本均匀,用多个组合可互补热能,以获得均匀的温度。

(2)连续式通道烘干室。连续式通道烘干室是广泛地应用于大批量生产的一种烘干设备,目前连续式通道烘干室大多采用远红外干燥或红外线干燥。在每个阶段的若干节烘干室内,配置数量不等的远红外线辐射装置。烘干室内设有排风装置,以排除烘干时蒸发的溶剂蒸气。由于在通道烘干室内,涂有涂层的工件是连续或间歇地移动的,移动装置可采用架空式单线和双线输送带、板式小车输送带、杆式输送带等各种不同的传送形式。

(3)短波红外线烤漆房。短波红外线烤漆房,使用红外线的辐射原理加热,具有环保、高效、节能的特点。烘干室内短波红外线装置每边上下各一排,每排四个红外线装置,每个装置有2根红外线灯管的管状热源向涂层辐射热量。每个红外线灯管功率通常为1.2kW,室内装有16个红外线装置,共32根红外线灯管,总功率达到38.4kW,辐射距离大于500mm,可用于对整车涂层进行烘烤,独立式开关系统也可对原子灰、底漆、面漆进行局部烘烤。短波红外线烤漆房如图15-35所示。

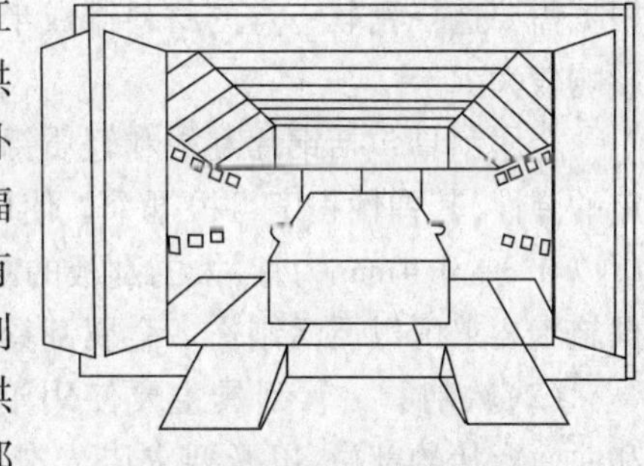

图15-35　短波红外线烤漆房

该烤漆房升温快,在同样温度下比对流烘干效率提高70%,能极大地提高涂膜的干燥速度,并具有涂膜干燥彻底、内外一致的优点,可提高涂膜质量。由于室内没有空气流动,干净无尘,降低涂膜沾尘的几率。

15.4　汽车修补涂装其他常用设备和涂膜检测设备

15.4.1　汽车修补涂装中常用的其他设备

汽车修补涂装作业中,除了前面所介绍的设备外,还有一些经常用到的设备和工具。

1)原子灰刮涂工具

原子灰的施工主要采用刮涂的施工方法,而刮具则是刮涂原子灰的主要手工工具,刮涂工具按其材料组成的不同,可分为牛角刮具、塑料刮具、橡胶刮具、金属刮具;按其软硬程度,可分为硬刮具和软刮具。此外,还有与刮具相配套的调托原子灰的托板。刮具一般都较简单,绝大部分是自制的,但随着汽车工业的迅猛发展,目前市场上专用刮具的供应种类也很多。

(1)硬刮具。硬刮具适用于刮涂大的凹坑、大的平面缺陷部位,由于其刮口具有一定的硬度,所以易刮涂平整,工效高、省材料,适用于要求平整度的施工工序。常见的硬刮具和刮涂手势如图 15-36 所示。

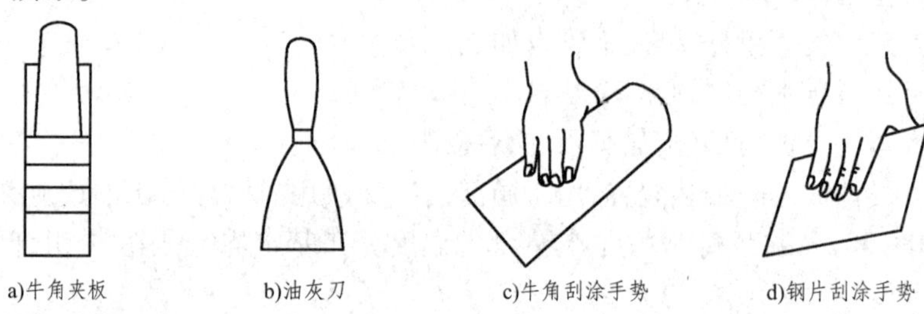

a)牛角夹板　b)油灰刀　c)牛角刮涂手势　d)钢片刮涂手势

图 15-36　硬刮具和把持姿势

牛角刮具是以水牛角为原料制成,要求牛角纹理清晰、角质透明、弹性良好、无杂痕。由于牛角来源及宽度有限且易变形,使用后需要用夹具保管,所以牛角刮具现已逐渐被其他材料替代,特别是金属材料已被广泛使用。

塑料刮具材料来源广、价格低,目前使用较广泛,常用的有硬聚氯乙烯及环氧树脂板,也可根据需要选择稍软一点的材料制成半硬刮板。但塑料刮具耐磨性较差,而且温度对其柔软性影响较大。

金属刮具包括钢片刮板和轻质铝合金刮板及其他金属材料制成的刮板。金属刮板具有一定的弹性,其弹性程度可根据个人使用习惯、刮涂原子灰的对象来选择。如一般钢片刮板的厚度以 0.3 ~ 0.4mm 为宜,大的刮板的刮口宽度一般以 12 ~ 15cm 为宜,小的刮板的刮口宽度根据施工要求可以灵活制作。金属刮具是目前使用的刮具中最多的一种。

(2)软刮具。软刮具主要使用于刮涂圆弧形、圆柱形和曲面形状的部位,以及要求以光滑度为主的部位。常见的软刮具和刮涂手势如图 15-37 所示。

a)橡胶刮板

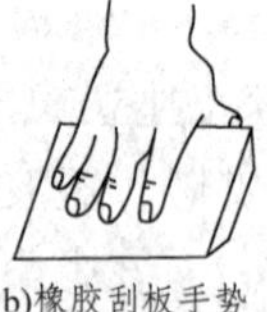

b)橡胶刮板手势

图 15-37　软刮具和把持姿势

橡胶刮具是用耐油橡胶板制成,刮口面磨成斜口,俗称橡皮刮板。橡胶刮板一般自行制作,大的橡胶刮板厚度为 6 ~ 8mm,刮口宽度以 100mm 为宜;小的橡胶刮板厚度为 3 ~ 4mm,刮口宽度根据施工需要制作。

塑料刮具一般用软性塑料板制成,刮口面磨成斜口,形状大小根据需要制作,其基本要求与橡胶刮板相似。

(3)使用刮具注意事项。

①刮具的刮口要平直,不能有齿形、缺口、弧形、弓形等。

②对于易变形的牛角、塑料刮板使用后要用专用夹具夹好。

③刮具使用完毕后,要立即用溶剂清洗干净,以免原子灰聚集于刮板上,固化后不易清洗,

影响下次使用效果。

④目前使用聚酯原子灰较普遍，对于平面缺陷或凹坑较大部位应使用硬刮板。

2）漆刷

除了喷涂和刮涂的施工方法外，在某些特殊部位和情况下，也常采用刷涂的施工方法。刷涂是一种既古老、简单而又普遍采用的涂装方法，在汽车维修中，刷涂主要应用于刷涂底漆和底盘。刷涂不需要复杂设备，施工简单，浪费较少，刷涂时的机械用力能使涂料渗入底材，增强涂膜附着力的作用。刷涂适宜初期干燥较慢的油性涂料，而不适宜快干型涂料。手工刷涂采用的工具就是漆刷，常用漆刷的规格见表15-4。

漆刷规格 表15-4

序号	宽度(mm)	序号	宽度(mm)
1	12	5	50
2	19	6	65
3	25	7	75
4	38	8	100

（1）漆刷的种类与选择。漆刷的种类很多，按形状可分为圆形、扁形和歪脖子形三种；按毛刷的硬度可分为硬毛刷和软毛刷两种。在进行涂装作业时，使用的以扁平毛刷为多，又叫长毛刷或船用毛刷。漆刷的种类如图15-38所示。

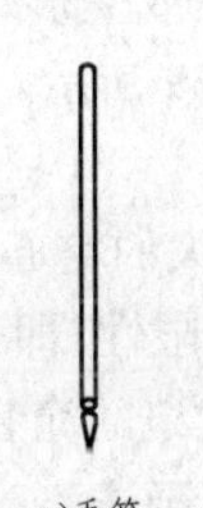

a)扁形 b)圆形 c)歪脖子形 d)短毛形 e)毛笔 f)小毛刷

图15-38 漆刷的种类

漆刷的质量的好坏对于涂装质量的影响也非常大，在选择漆刷时一般应以毛长、鬃厚、口齐、根硬、头软为好，同时应根据使用涂料品种、被涂工件形状大小、涂层质量要求等实际情况而定。一般选择漆刷时应注意以下几点：

①涂料黏度高，应选用硬毛刷；

②被涂面积大，应选用宽而长的毛刷；

③被涂物件小而质量要求高，应选用细软的小毛刷；

④黏度低而快干的涂料，应选用细软的毛刷。

（2）漆刷使用时应注意的问题。

①直握漆刷手柄就像直握乒乓球拍时的手势，靠手腕的转动配合手臂的来回摆动进行操作。

②毛刷浸入涂料的部位不应超过毛长的2/3，蘸涂料不宜太多，漆刷蘸涂料后要在桶口边缘靠刷一下，以减少过多的涂料液。

③应将选择好的涂料用配套的稀释剂搅拌均匀，调制成适合涂装的黏度，在25℃时，一般以40～100m^2/s为宜。

④刷涂路线应先斜后直，从上到下，由左到右形成均匀的薄膜层。

⑤刷涂工件是垂直形状的，最后一次刷涂应从上到下修饰刷涂。

⑥刷涂工件是水平形状的，最后一次刷涂应按光线照射的方向修饰刷涂。

⑦对于形状复杂、有内外之分的被涂物件，应先刷内部和较难刷的部位，后刷外部和容易刷的部位。

(3)漆刷的维护。

①新漆刷使用前要在砂布上来回砂磨，以清除杂毛和易脱落的鬃毛，以便于使用和避免产生刷痕及脱毛现象。

②刷涂凹弯部位时，不要用力捅，以免损坏漆刷鬃毛。

③每次使用完毕后，短时间中断使用时，应甩干漆刷上的涂料液，垂直悬挂在溶剂中，不要让鬃毛露出液面，也不要接触底面，需使用时甩干溶剂即可。

④使用完毕后，若长期不用，应用溶剂把漆刷彻底清洗干净，晾干后用油纸包好并存放在干燥处。

⑤切忌使用完毕后，把漆刷随意放在漆桶内或溶剂槽内，这样将使刷毛变硬或变形，影响下次刷涂质量。漆刷的保养、存放如图15-39所示。

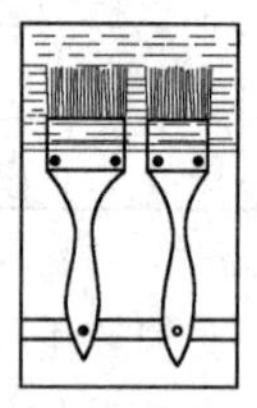

a)漆刷保养一

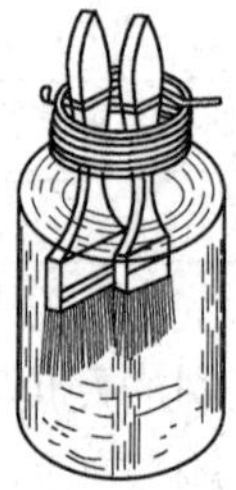

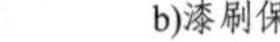

b)漆刷保养二

图15-39　漆刷的保养

3)滚筒

滚筒是一种直径不大的空心圆柱，其表层由羊毛或合成纤维做成多孔吸附材料而构成。滚涂的涂面有一定的局限性，即只能滚涂平面。但因其工作效率高，对操作人员的技术要求低，故广泛应用于平面建筑的涂装，如高架桥、外墙及家庭内墙的涂装。但在汽车涂装作业中，有些面积较大、涂层质量要求不高的作业也采用滚筒涂装。

(1)滚筒的组成

①滚筒由滚筒本体和滚套两部分组成。滚套可以自由地装卸，由滚刷毛和芯材组成。滚套质量的高低及合适的尺寸，滚刷毛的选择将直接影响涂装质量。滚刷毛黏结在芯材上，其材料有纯羊毛、合成纤维和两者的混合物。一般纯羊毛因耐溶剂性强，适用于油性涂料及合成树脂；合成纤维因耐水性好，适用于水性涂料。

②滚筒的宽度有多种尺寸，常用的宽度有18cm和23cm及标准直径4cm，若滚涂量大，也可用直径6cm的滚筒，以增加蘸涂料量而提高工作效率。图15-40所示为常用滚筒。

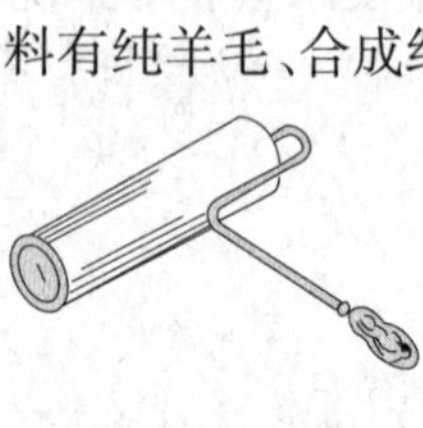

图15-40　滚筒

(2)滚涂的操作要领。

①涂料放在容器中，将未蘸涂料的滚筒一半浸入涂料中，然后在容器的专用滚动板上来回滚动几次，使滚筒完全浸透涂料。

②在废报纸或其他废平面上滚几下，让滚套充分蘸匀涂料。

③浸涂料后，在容器的板面上再滚动一下，使涂料蘸浸均匀后，即可开始涂装。

④在滚涂操作中，应使滚筒按W形轻轻滚动，使涂料大致分布到被涂物表面上，然后上下

来回滚动,将涂料扩展开,最后再按一定方向在该表面上轻轻地进行修饰性滚动。

⑤在滚动时,滚筒蘸满涂料时用力要轻,以后逐步加力。

15.4.2 涂膜的检测设备

涂膜质量的检测是取得优异的汽车涂装效果的重要保证。做好涂料、涂膜的质量检验工作,不仅是给汽车涂层提供满意的外观装饰效果、优异的防腐性和耐久性,同时也是对企业负责,推动企业发展的有力保证。

涂料产品的组成可以通过化学分析的手段获得,而涂料的性能则是通过对物理性能和干膜特性的测试而得到,有时是在施工现场的条件下测试的。不同用途的涂料测试的侧重点是不同的,例如,汽车修补涂料的测试往往是喷涂在金属底材上进行的,而装饰乳胶漆则常在黑白纸板上测试,然后在水泥墙面施工测试。对汽车修补涂料来说,最重要的性能指标有:附着力、硬度、耐候性、光泽、颜色、黏度等。

第十六章　色彩理论与调色

汽车修补涂装总的目的是要达到一种无痕迹修补，所谓无痕迹修补就是无论从颜色方面还是从涂膜连接部位，都不易觉察出修补的痕迹。这样，在喷涂面漆之前，就必须对涂料的颜色进行调配。

16.1　调色的基础知识

16.1.1　颜色的定义

我们生活在一个多彩的世界里，白天，各种色彩争奇斗艳，并随着照射光的改变而变化无穷，但是，每当黄昏，地上无论多么鲜艳的景物都将被夜幕缓缓吞没。也就是说，经过光、眼睛、神经的过程才能看到颜色。所以，颜色是光线刺激人的眼睛所产生的视感觉。

物体对光线有选择性地吸收、反射、透射而产生颜色。当物体吸收了太阳光中所有可见光，便呈现黑色；如果它反射了所有波长的可见光，便呈现白色；如果能全部透射太阳光，它就是无色透明体；如果只反射（透射）一部分波长的可见光，其余波长的可见光被吸收，物体则呈现反射（透射）光的颜色。

16.1.2　颜色的属性

尽管颜色很多，但纵观所有颜色，都有三个共同点，即每种颜色都有一定的色彩相貌、一定的明亮程度和一定的浓淡程度。我们把颜色的这三个共同点叫颜色的三属性或特性，分别叫做色调、明度和彩度。要想完整、准确地描述一个颜色，需要包含这三方面的内容，缺一不可。无论什么颜色，都可以用这三种特性来定性、定量地描述。颜色的这三种特性可以用仪器测定，也可以用目测比较评定，它是颜色分类和说明颜色变化规律最简练、最易接受的一种方法。

1）色调

色调（也叫色相或颜色名称）是颜色之间的区别，是一定波长单色光的颜色相貌。色调是色彩的第一种性质（属性），这一特性使我们可将物体描述为红色、橙色、黄色、绿色、蓝色和紫色。色彩系统中最基本的色调是红色、黄色和蓝色，它们也称为“三原色”，几乎所有的颜色都可以用它们调配出来。而橙色、绿色、紫色又是红、黄、蓝三原色按 1 ∶ 1 的比例两两调配出来的，称为“三间色”，这六种颜色又统称为颜色的六种基本色调。我们把这些色调排列成一个圆环，沿着圆环的周边每向前一步，色调都会产生变化。若从色光的角度来看，色调又随波长变化而变化，紫红、红、橘红等都是表明红色类中间各个特定色调，这三种红之间的差别就属于色调差别。同样的色调可能较深或较浅。

2)明度

明度是人们看到颜色所引起视觉上明暗(深浅)程度的感觉,也叫亮度、深浅度、明暗度、光度或黑白度。明度随光辐射强度的变化而变化,是色彩的第二个最容易分辨出的属性。明度是一种计量单位,它表明某种色彩呈现出的深浅或明暗程度。反射光很小的变化,甚至小于1%的变化,人眼也能感觉出来。明度随光辐射强度的变化而变化。同一色调可以有不同的明度,例如,红色就有深红、浅红之分。不同色调也有不同的明度,如在太阳光谱中,紫色明度最低,红色和绿色明度中等,黄色明度最高,人们感到黄色最亮就是这个道理。

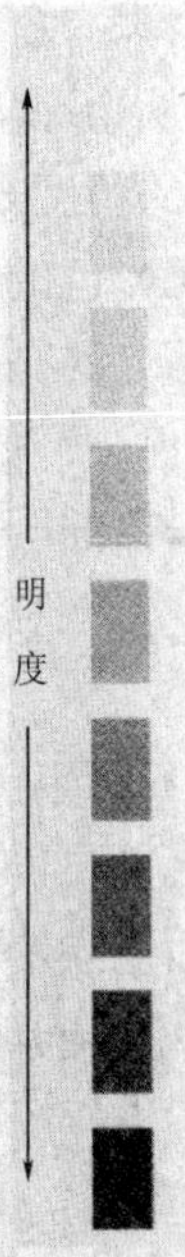

明度可标在刻度尺上,从黑至白依次排列,如图16-1所示。愈近白色,明度愈高;愈近黑色,明度愈低。因此,无论哪个颜色加上白色,也就提高了混合色的明度,加入白色愈多,明度提高;反之,加入黑色就降低了明度,黑色越多,明度愈低;如加入灰色的话,那就要看灰的深浅而定了。

明度

图16-1 明度变化

3)彩度

彩度是表示颜色偏离具有相同明度的灰色的程度,是颜色在心理上的纯度感觉。彩色还有纯度、鲜艳度或饱和度之称。彩度是色彩的第三个性质,也是一种不易觉察并经常受到曲解的性质。除非我们比较同一色调和明度的两种颜色,我们才会意识到它的表现形式。作这种比较时,我们通常会使用“鲜艳”或“黯淡”、“鲜亮”或“浑浊”这样一些词语来进行描述。彩度可分为0~20档,一般彩度小于0.5时就成为无彩色,彩度接近20就接近饱和。

彩度也指某种颜色含该色量的饱和程度,也是对颜色的色觉强弱而言的。当某一颜色浓淡达到饱和,而又无白色、灰色或黑色渗入其中时,即呈纯色(亦称正色)。若有黑、灰渗入,即为过饱和色,若有白色渗入,即为未饱和色。

高彩度的色调加入白或黑时,将提高或降低它的明度,同时也降低了它的彩度。

每个色调都有不同的彩度变化,标准色的彩度最高(其中红色最高,绿色低一些,其他居中),黑、白、灰的彩度最低,被定为零,称之为消色或无彩色。除此之外,其他颜色称之为有彩色,有彩色有色调、明度和彩度变化;无彩色只有明度变化,没有色调和彩度。

有彩色物体颜色的彩度往往与物体的表面结构有关。如果物体表面粗糙,表面反射光呈漫反射,在任何方向上都有白光的反射,在一定程度上冲淡了色彩的饱和度,将使颜色的彩度降低。如果物体表面光滑,表面反射光单向反射,这时对着反射光观察,由于光线亮的耀眼,饱和度较低,而在其他方向,由于反射白光很少,颜色的彩度就较高。

把一些主要的颜色进行排列,可得出它们之间明度和彩度的变化,见表16-1(数字大者为高)。

主要色调的明度、彩度变化 表16-1

色调	红	橙	黄	黄绿	绿	青绿	青	青紫	紫	紫红
明度	4	6	8	7	5	5	4	3	4	4
彩度	14	12	12	10	8	6	8	12	12	12

由表中可以看出:红色彩度最高,青绿色彩度最低;黄色明度最高,而青紫色明度最低。

4）无彩色的特性

有彩色具有色调、明度和彩度变化，每一颜色都可用颜色三属性来表示。无彩色只有明度变化，没有色调和彩度。

从物理学意义上来讲，无彩色不包含在可见光谱之中，因而不能称之为色彩。但从视觉心理学的角度来讲，它们具有完整的色彩性，并在色彩世界中扮演者极为重要的角色。对于光来说，无彩色的白黑变化相应于白光的亮度变化。当白光的亮度非常高时，人眼就感觉到是白色的；当光的亮度很低时，就感觉到发暗，无光时是黑色的。无彩色只有明度的差别，因为它不呈现彩色，所以就没有色调和彩度的差别。色彩学中规定无彩色从白到黑的黑白层次为明度等级，以白的明度为10，黑的明度为0，中间分成9个视觉上等差的灰色等级，共11级。

16.1.3 颜色特性的表示

日常生活中离不开色彩的语言的运用，而千变万化的汽车颜色更是需要表达和传递，给颜色起名子的方法比较方便，而色立体的发明更是使色彩变得标准化、科学化。用一个三维空间的枣核形立体可以把颜色的三种属性（色调、明度、彩度）全部表示出来，如图16-2所示，就是色立体。

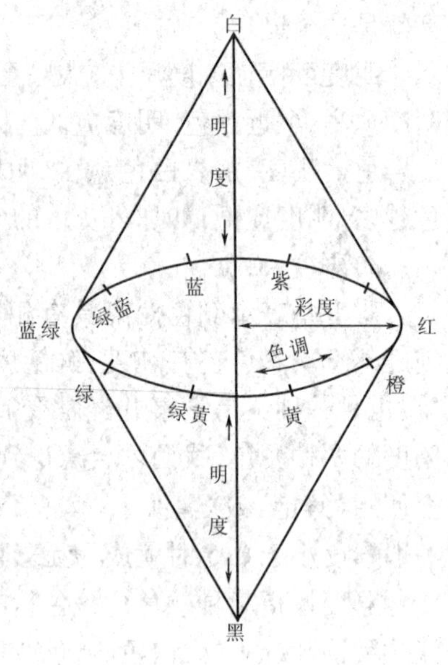

图16-2　色立体

在色立体中，垂直轴代表白黑系列明度的变化，顶端是白色，下端是黑色；中间是各种灰色的过渡，中间最大的圆周代表色调，圆周上的各点代表光谱上各种颜色的色调，如红、橙、黄、绿、蓝、紫等，圆心是垂直轴的中心，为中灰色，中灰的明度和圆周上各色调的明度相同；从圆周向圆心过渡表示颜色彩度逐渐降低。从圆周向上下白黑方向变化也表示颜色彩度的降低；颜色色调和彩度的改变不一定伴随明度的变化。颜色在色立体同一平面上变化时，只改变色调和彩度而不改变明度；只要颜色离开圆周，它就不是彩度饱和的颜色了。

色立体是理想化了的示意模型，目的是为了使人们更容易理解颜色三属性的相互关系。在真实的颜色关系中，彩度饱和度最大的黄色并不在中等明度的地方，而是在靠近白色明度较高的地方，彩度饱和度最高的蓝色在靠近黑色明度较低的地方。因此，色立体中部的色调圆形平面应该是倾斜的，黄色部分较高，蓝色部分较低，而且该平面的圆周上的各种色调离开垂直轴的距离也不一样，某些颜色能达到更高的彩度，所以这个圆形平面并不是真正的圆形。

色立体相当于一本"配色词典"。帮助我们丰富"色彩词汇"，开拓新的色彩研究思路。色立体展示着色彩的分类、对比、调和等一些规律。各种色彩在色立体中是按照一定的秩序排列起来的，无论色调秩序、彩度秩序和明度秩序都组织得非常严密。标准化的色立体色谱，只要知道某种色彩的色立体标号，就可以从色谱中迅速准确地找到。

16.1.4 颜色合成方法

颜色相互混合，能得到新的颜色，可以用色光相加的方法或色光相减的方法实现。用两种或两种以上的色光采取直接混合或间接混合成新的色光，这种方法叫加色法。根据白光是复色光和色料有选择性吸收色光的光学特性,用色料从白光中减去(吸收)某些色光的量,从而得到所需要的颜色,这种方法叫减色法。加色法和减色法虽然都能调出所需要的颜色,但是这两种调色法用的手段不同,混合过程不同,得到的结果也不同。如彩色电视、彩色印刷、某些工艺美术品是加色法的应用,印刷、涂料、印刷油墨、印刷制版都是减色法的应用。

16.1.5 补色

在颜色应用中,互补色混合有两种结果。在加色法中,任何一对互补色混合的结果成为白光,而在减色法中则相反,一对互补色混合近似黑色。因为前者为色光混合,后者为色料混合。

由于颜色的对比,互补色都在自己的周围诱导出与自身色调相反的颜色来,从而两个对比色都加强了。在挨着红色的边缘诱导出红色的相反色——绿色,在挨着绿色的边缘诱导出绿色的相反色——红色,彼此都加强了颜色的浓度。所以红色与绿色放在一起,会显得红更红,绿色更绿。同样,如果将黄色与紫色放在一起,由于对比的作用,也会显得黄色更亮更黄,紫色更暗、更紫。

这种由于颜色的对比,使每个颜色在自己的周围诱导出与自身色调相反的颜色现象,实际上并不存在。它是由于对比引起眼睛中产生的错觉造成的。就像黑色与白色单独存在时,不显得白色很白、黑色很黑。如果将两者并置在一起,会感到黑色更黑,白色更白,这就是对比作用引起的错觉。

另外,互补色混合成为近似黑色,因此加入互补色可使明度降低来调整颜色的明暗度。

16.1.6 消色

原色和复色中加入一定量的白色,可调配出粉红、浅红、浅蓝、浅天蓝、淡蓝、浅黄、蛋黄、奶黄、牙黄等深浅不一的多种浅淡颜色。如再加入黑色,则可调出棕色、灰色、褐色、黑绿等明亮和色调不同的多种颜色。前面已经讲过,黑色与白色属于无彩色类,调色时由于白色或黑色的掺入,可明显地降低颜色的彩度和明度,使原颜色的色调减弱、改变甚至消失,如对紫色加入等量的黑色,则紫色的色调就会完全消失而变为黑色。因此,把白色和黑色称为"消色"。在色彩调配过程中,合理使用消色,可以对颜色的色调、明度起到校正调节作用。

16.2 调色设备和工作流程

16.2.1 调色概述

1)调色的目的

随着汽车工业的不断发展,汽车漆的颜色、种类及色彩特性也层出不穷,人们不可能把每一种颜色都做成涂料并储存起来以备随时使用。唯一的解决办法是提高调色人员的配色技能,利用涂料制造商提供的几十种基本色素(色母),按照一定的用量比例(颜色配方),对现有颜色进行调配,以达到我们所期望的理想色彩。

2)调色的概念

所谓调色,就是指根据颜色的3个基本属性(色相、明度和彩度),将两种或两种以上的不同的基本色素(色母、涂料)按一定比例混合在一起,以产生所需要的理想颜色的过程,如图16-3 所示。

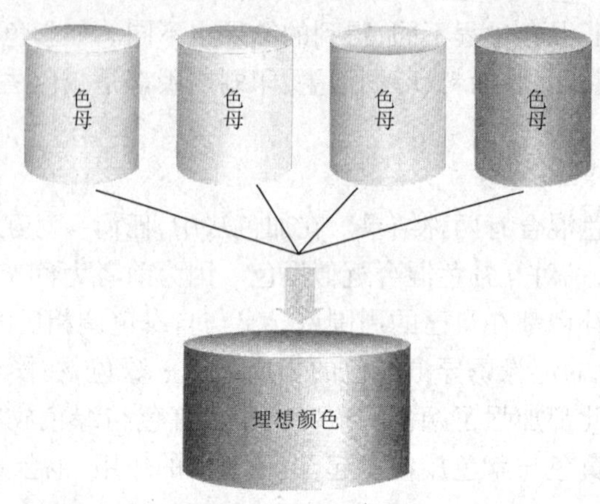

图 16-3 调色的概念

3)调色的基础

调色过程中,主要是利用调漆人员的眼睛,充分发挥其作用,而最重要的工作是理解所看到的现象。最基本的起点是颜色基础理论,然后是把理论知识灵活地应用到实际工作中,选出正确的色母,完成调色工作。调色人员掌握下列几个原则对于调色工作非常重要。

(1)颜色的基本过渡规律,如图 16-4 所示:

红色 + 黄色 = 桔色;

黄色 + 蓝色 = 绿色;

蓝色 + 红色 = 紫色。

(2)所有的颜色都有主色和副色:主色往往由两种色母组成,副色总是位于主色两侧。以红色为例:主色(红色),副色(橘色 + 紫色)。

(3)颜色的调配:对头色(又称互补色)混合后(如红色 + 绿色;黄色 + 紫色;蓝色 + 桔色)会产生灰色,即彩度降低,变浑浊;添加色母时,以配方中的色母为第一选择,然后是靠近主色的近似色母,避免加入对头色母;灰色系列中的黑色和白色,主要用于控制明暗度和彩度。

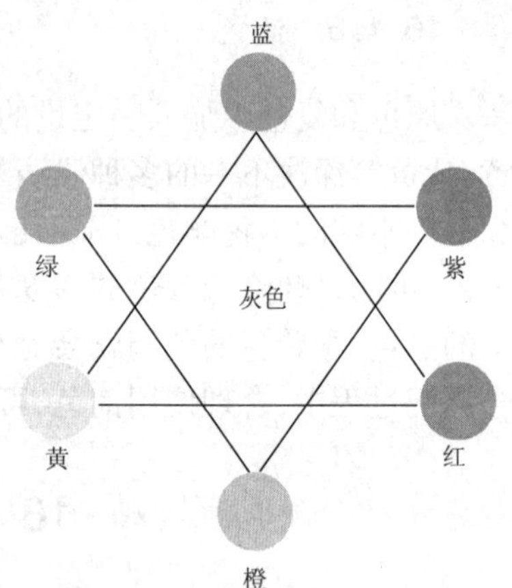

图 16-4 颜色的基本过渡规律

16.2.2 调色设备及工具

调色中心在进行调色时用到的主要设备有:阅读机、调漆机、电子秤、配方微缩胶片、比色卡、比例尺等。

1)调漆机

调漆机又称油漆搅拌机。各大涂料公司都有调漆机和其配套产品,有 32、38、59、108 等各种规格的调漆机。调漆机配有电动机、搅拌桨,利用这种工具很容易混合及倒出涂料。涂料中的树脂、溶剂及颜料经过一段时间就会分离,这是因为它们的比重不同所致。因此,涂料在使用以前需要充分混合。油漆搅拌工具如图 16-5 所示。

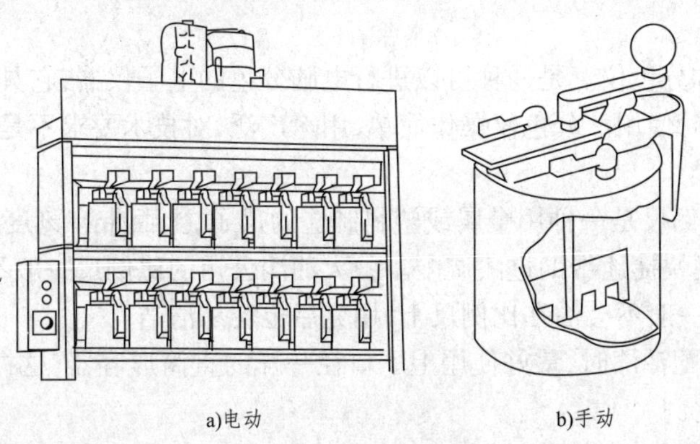

a)电动　　b)手动

图 16-5　油漆搅拌工具

为了确保色母质量的稳定性,最好在每天早上调色工作开始前,开动调漆机搅拌 30min,午饭过后搅拌 15min。

2)菲林片阅读机

根据查阅油漆配方的工具不同,目前国内有胶片调色和电脑调色。胶片调色即通过阅读机阅读微缩胶片、查配方。因这种方式成本低、操作简单,以前采用较多,目前随着计算机的日益普及,通过计算机系统查询配方正在增多。

微缩胶片又称菲林片,必须和菲林片阅读机配合使用。每张微缩胶片上记录着大量颜色配方,由于胶片很小,一般只有 18cm×24cm 或 10.5cm×14.7cm 大小(巴斯夫鹦鹉牌),通过投影反射后才能在阅读机屏幕上反应清晰的文字。微缩胶片中列出了:汽车生产商名称、原厂颜色编号、使用年份、颜色名称、资料指引编号、参考颜色编号、标准编号、涂料公司系列代号及色差、原产地、施工方法、收费价格、色母编号、配方、图片说明及资料提示等,用户可根据生产厂商提供的颜色编号找到相应的配方,查找容易,使用方便。但是,胶片不易保存,资料更新速度慢。

3)电脑光盘

电脑中存有所有色卡配方,用户只需将自己所需漆号和份量输入电脑,就可以直接查阅计算好的配方数据,快捷、方便、准确,而且数据更新,是一种先进的调色方法。目前各大油漆公司都具有完善的电脑调色系统,更新迅速和信息量大的网络系统。

4)电子秤

电子秤又称配色天平。是一种称涂料用的专用天平,帮助计算适当的混合比,由托盘秤、电子显示器、集成电路板组成。常用的电子秤量程可达 7500g,精确度为 0.1g,由明亮的发光二极管作显示器,安装在托盘上方,使用方便,属于专为汽车修补漆称量用的配套产品。电子秤的灵敏度较高,使用时应避免大的气流。

电子秤的操作程序如下:

(1)电子秤必须水平放置,绝对避免高温、振动。

(2)打开电子秤总电源开关,按下电子秤电源处,暖机 5min。

(3)按下归零键,将被秤物轻置于秤板中心,依序操作。

(4)使用完毕后,按下电子秤电源关闭键,关闭电子秤电源总开关。

5)颜色分析仪

颜色分析仪又称分色仪。是一种可以进行电脑分色的电子仪器,它具有修正软件,可以手提,并可以结合智能磅使用。分色仪操作简单,用途广泛,对技术要求不是很高。

6)其他调色工具

(1)比例尺。比例尺是一种用金属或塑料制造的尺子,上面带有刻度,可计量适当量的固化剂、稀释剂,能方便快捷地帮助进漆调配。各大油漆公司的比例尺一般不可混用。混合油时也可作搅杆用,涂料一般不会沾在比例尺上,用完后也容易清洁。

(2)容器。在调配油漆时,最好使用上下口径一样的直筒形容器,这样才能通过比例尺正确地测算出调配的比例。

(3)烘箱。烘箱是一种强制烘干实验样板的烘干设备,在人工调色烘干样板时使用。

(4)配色灯。配色灯是一种接近阳光的所有波长的灯,可在夜间或下雨时代替阳光,有时做成灯箱。

16.2.3 调色的程序

1)色号的查询

大多数汽车的颜色信息(即原厂色号)都附在车身某个或几个特定部位上(即色号牌上)。查看汽车厂出厂编码板,记下编码板上所示汽车制造厂商的油漆编码(VIN),对调色非常有帮助。不同的厂商油漆编码的位置是不同的。表16-2列出了部分国外汽车制造厂商油漆编码的位置,使用时与类似图16-6所指位置代号配合(各涂料厂商都会给出更为详细的图册资料,具体使用时再查寻)。

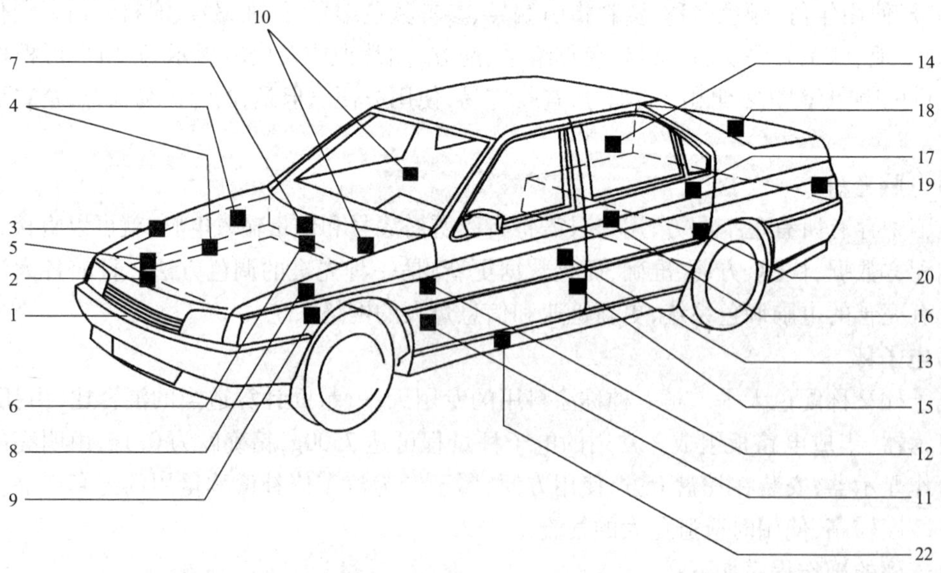

图16-6 色号牌位置图

色号牌对应位置表 表16-2

车厂车牌	对应中文	漆码位置	车厂车牌	对应中文	漆码位置
Alfa Romeo	阿尔法·罗密欧	5-7-8-18-19	Lotus	莲花	3-9-10
Dacia	达契亚	7-10-19	Mazda	马自达	2-3-5-7-10-15-21
BMW	宝马	3-4-8	Mercedes Benz	奔驰	2-3-8-10-12
Chrysle	克莱斯勒	4-7	Mitsubishi	三菱	2-3-7-8
Citroen	雪铁龙	3-4-7-8-10	Nissan	日产	2-4-5-7-8-10-15
Daewoo	大宇	2	Opel	欧宝	2-3-4-7-8-10-19
Daihatsu	大发	1-2-7-10	Peugeot	标致	2-3-4-7-8-9
Ferrari	法拉利	2-5-8-14-18-19	Porsche	保时捷	5-7-10-12-14-15
Fiat	菲亚特	2-3-4-5-10-18-19	Renault	雷诺	3-4-5-7-8-10-19
Lancia	兰西亚	2-4-5-7-10-12-18	Rolls royce	劳斯莱斯	8
Ford	福特	2-3-7-8-10-15-22	Saab	萨博	4-8-10-16-17-20
GM	通用	19	Seat	喜悦	8-10-17-18
Honda	本田	3-10-15-18	Skoda	斯柯达	8-10-17
Hyundai	现代	7	Ssangyong	双龙	6
Isuzu	五十铃	2-7-10-13-15	Subaru	斯巴鲁	1-2-3-8-10
Jaguar	捷豹	2-5-12-13-15-22	Suzuli	铃木	3-4-7-8-10-21
Kia	起亚	10	Toyota	丰田	3-4-7-10-19
Lada	拉达	4-5-17-18	Volkswagen	大众	1-2-11
Land Rover	兰德陆虎	?	Audi	奥迪	14-17-18-19
Lexus	雷克萨斯	10	Volvo	沃尔沃	2-3-4-6-7-10

2）表面准备

在日常工作中，我们通常所使用的配色标准板（油箱盖、车身部位），表面往往有许多污染物，可能会影响颜色的比对效果。因此，在配色前应该用细蜡进行清洁处理，以免造成将来车身上的颜色差异。

3）色卡的对比

如果在车身上无法找到原厂色号，那么可以利用油漆公司提供的各种色卡，从色相、明度、彩度三个方面进行比对，挑选出相对接近的颜色，然后根据色卡查出对应的胶片标号，即可得到相对接近的配方。

4）配方的查询

在车身上查到原厂漆号或通过色卡比对找到色号后，找到正确的微缩胶片号，用阅读机进行阅读，找到正确的配方。当然，也可以用电脑查到配方，因为电脑中存有所有色卡配方，用户只需将查找到的色号和所需份量输入电脑就可直接查阅计算好的配方数据，快捷、方便，计算准确。

5)计量添加色母

找到颜色配方,确定需要油漆的数量,利用电子秤计量添加相关色母的质量。在添加色母时,最好首先倾斜漆罐,然后逐渐拉操纵杆,让色母慢慢倒出。如果先拉操纵杆,那么当漆罐倾斜时可能有大量色母立即倒出。为了在倾斜末尾进行精细调整,也必须小心操作操纵杆,以控制色母流量,如图16-7所示。虽然各种色母的质量因颜色而异,但是通常情况下一滴的质量大约为0.03g,三滴的质量在0.1g左右。

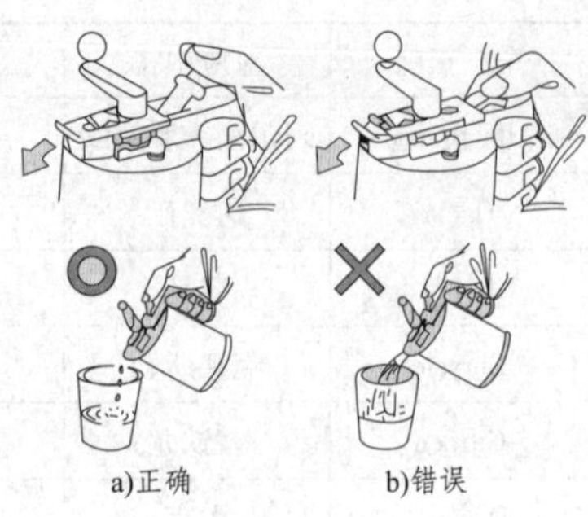

图16-7 添加色母

在添加完所有色母后,要用搅杆或比例尺混合涂料,以产生均匀的颜色。如果涂料粘到容器的内壁,要用搅杆刮下涂料,以防产生色差。

6)对比色板

添加并搅拌均匀后的涂料,从色相、明度、彩度三方面与待调配的标准色板进行比对,以保证调配良好。比对方法有比较法、点漆法、涂抹法和喷涂法。

7)添加色母进行微调

如果颜色的比对结果表明,所调颜色与汽车的颜色不一样,则必须鉴定出应添加哪一种色母,继而添加该色母以获得理想结果,这个过程就是"精细配色"或"人工微调"。这是一个比较和添加涂料的循环,此循环一而再、再而三地重复,直至获得理想的汽车颜色。

确定颜色调得非常接近虽然比较困难,但却十分重要。涂料的颜色越接近汽车的颜色越好,但是在实践中有一个点,达到此点我们便可认为颜色已经够接近了,不会有问题了。最好用比色计,用数字表示颜色相差的程度,但是如果没有比色计,就必须靠我们的双眼,最好让尽可能多的人来帮助进行鉴定,作出结论。

8)喷涂操作

把微调完毕的涂料,按要求添加相应比例的固化剂、稀释剂并混合,按正确的施工程序进行涂装。注意,采用合适的修补技巧,达到无痕迹修补。

16.3 色漆调配

16.3.1 色漆调配的基本知识

在汽车修补涂料的调色问题上,由于无法实现完全的匹配,只能在颜色的三个属性方面尽量接近,以达到近似可过渡喷涂的目的。在调色工作中,通常谈论的颜色的偏向(色调)、颜色的深浅(明度)和颜色的纯净与否、浑不浑浊或者灰不灰(彩度),实际上就是这三个属性。

1)色调

在不考虑明度和彩度的情况下,我们都可以认为每个颜色都能在孟塞尔颜色树中找到自己相应的色调位置。而且,在实际调色工作中颜色色调的变化只可能有两种偏向,就是与它相邻的两个主要的色相,例如:可以有偏绿或偏红(紫)的蓝色,偏紫或偏橙(黄)的红色;不会有偏红的绿色,或偏蓝的橙色。

实际工作时能正确判断颜色偏向很重要,除了色盲或色弱外,一般人的眼睛对于颜色偏向都能分辨得很细微,所有的调色人员对色调这个概念都很清晰,不会弄错。但是,在实际判断试板与标准板(车身)之间的色调差异时,就要把它们之间的明度(深浅)和彩度(纯度)的影响考虑进去。因为另外两个因素差别较大时,色调就很难判断;反过来,即使色调一样,如果另外两个因素有些差别时,也会让观察者觉得总有一些偏差,不专业的人员都会归结为"颜色(色调)不准"。调色人员分清楚两者间区别的比较好的办法是:先把颜色的深浅和纯度调接近,再调整颜色色调。但要注意,加入色母调整颜色色调的同时,至少会引起颜色的其他两个属性中的一个属性变化,所以说,调色有一定的难度。

要改变一个颜色的色调可以采取两个方法:一个是尽量选用纯度高的色母,加入量不必太多,这样即使颜色在亮度和色度上没有大的变化,也能达到微调的效果;另一个是改变原配方中相应色母之间的比例,一个含量上升,另一个含量就下降,这样不但能改变其色调,而且还是配方与标准相差较大时常用的手段。作为一个完整的调色系统,所有的修补涂料系统都有浑浊的色母,它们在各自的色母指南卡上都有注明。作为调色人员,要清楚地认识到:使用这类色母时,色调改变的同时,明度和彩度也降低了。

调色时,不要长时间地盯着颜色作比较,否则,会产生错觉,造成色调判断上的失误。每间隔一段时间要休息一会,并以初次观察的感觉为准。

2)明度和彩度

彩度是颜色的强度,也是颜色的质量,我们以此分辨颜色的强或弱。在颜色的三个特性中,彩度是最难学习的。因为彩度很容易与亮度混淆,因为一个物体阴影部分看起来比物体明亮部分显得深和灰。所以,在较小的变化范围内,使颜色逐步变灰,而不改变它的亮度;或使颜色逐步变暗,而不改变它的色度,都会让人觉得颜色的变化是"相同"的。

一般人认为调出来的蓝色银粉漆(特别是某些浅色银粉漆,如薄荷青、香槟金之类)不够蓝,往往考虑究竟是蓝的彩度不够,还是该蓝色太浅(亮)。调色时不要混淆这两个概念,实际上,这里谈的前者是颜色彩度不够,蓝色调的色母少了,实际微调是可以补加进去的;后者指颜色的亮度太高,往往是因为银粉或珍珠加入过多或选用不对,由于无法从涂料中拿出单一的色母,只能相应加入所有不含银粉或珍珠的色母,或者重新选择银粉或珍珠色母来改正。所以说,正确地判断才能在微调时少走弯路,省时省料。

16.3.2 各类色漆调配的要点及金属(珍珠)色母的特点

由于涂装技术的发展,现代的汽车有着丰富多彩的外观颜色。在汽车面漆修补过程中,涉及到的涂装颜色种类,粗略地可以认为分成三大类:素色漆、金属色漆和特殊效果色漆。这里,金属漆包含我们通常所说的银粉漆和珍珠漆。

素色和金属色几乎就是当今所有汽车颜色的范围,在实际应用时,习惯把其中的金属色漆细分为两工序金属漆和三工序金属漆。

特殊效果色漆往往用于汽车内饰件表面,例如,仪表板、门把手等。这类颜色多数需要使用到特殊的纹理添加剂,或是一些常规修补涂料以外的工艺。

1) 素色漆

素色漆也叫纯色漆或实色漆。它与金属漆不同,喷涂的因素对素色漆颜色变化的影响较小,大体上是"所见即所得"的效果,所以,这类漆颜色容易调配。

素色漆调色比较简单,往往只需要注意其彩度和色调,对明度的考虑不太重要。一般而言,我们可以使用少量的白色母来降低颜色的彩度,同时会让明度稍微上升,但过多的白色母则只会使两者都下降;使用黑色母来降低颜色的彩度,明度会稍微下降;黑、白色母少的颜色除了彩度高之外,通常明度也高。

在大多数的汽车修理厂,对于素色漆一般都使用单工序喷涂的工艺,这样既方便快捷,又省时省料。因此,素色漆色母一般要求高遮盖力、高彩度、干涂膜、高光泽。但由于调色的需要,一套完整的色母系统中还要求有低遮盖力的色母,称为低强度色母,这些色母常用于微调颜色。

与金属漆不同,素色漆在喷涂后不会出现侧面色调的效果,往往正面颜色调得准确,侧面也不会有什么差别。此外,施工条件、施工环境对素色漆颜色的影响也非常小,这些因素都使得素色漆相对容易调配。

素色漆除了在汽车上使用外,还在广告设计、物件的表面装饰等其他方面广泛使用。在各大品牌修补涂料的颜色配方库里,一般都会有流行的国际标准颜色的配方。因此,在这方面素色漆比金属漆有更多的商业机会。

调配素色漆时应该注意以下几点:

(1)色母的沉降效果。白色母和某些黄色母是最重的一类色母,原因是其颜料的密度大,造成的直接效果是产生湿涂料与喷涂色板之间的明显色差。如果湿涂料中含有一定量的白色母或某些黄色母,在用调漆尺搅拌湿涂料、目视比较标准板时,要求湿涂料调配的比标准板的颜色要浅、淡。这是因为在搅拌湿涂料时,重的色母来不及沉降,涂料的颜色就较浅;而喷涂后的流平时间内则发生了沉降,轻的色母在表面聚集较多,外观表现得"暗"一点。刚喷涂完的漆面和干固后的漆面状况不同,烤干后的漆面都会显得偏暗一点。

(2)尽量选用彩度高的色母。汽车素色漆大多数是明快、鲜艳的色彩,以红色、蓝色、黄色为主。这些颜色调配要根据需要,少用黑色母,偶尔会用相当数量的白色母调节亮度,但要认识到这会造成一定程度的颜色浑浊。

(3)尽量不选用低强度的色母作主色,必须选用时,也要尽量搭配使用高遮盖力的色母,这种情况以鲜艳的红色最为常见。

(4)白色在使用了一段时间后会变得稍黄,如果按照配方调色,可以适当增加配方中黄色母的用量。

(5)在白颜色中加入其他色母时,尽量选用低强度的色母,即透明的色母。强度高的色母浓度一般是低强度色母的6~10倍,即使1L里面只用一滴,在白色中也能明显地反映出来,因为人眼对白色的分辨能力比对其他颜色强。所以,选用低强度色母的好处是微调时容易控制变化范围。

(6)黑色的表面光泽对判断其色差起着决定性的作用。新喷涂的黑色由于表面光泽太高而容易给人造成新喷涂的漆面过黑的误解,可以先打蜡抛光,再进行比较;或者在喷涂时就加入少量的白色母,使原黑色明度稍微高一点。

(7)调配因长时间暴露而褪色的涂料时,可以添加少量白色母或黄色母。

虽然在实际操作过程中,素色漆往往使用单工序的工艺,但在某些情况下,素色漆也用双工序喷涂,即在色漆上喷涂清漆。当今市场上的各个涂料品牌大多采取两种不同的做法:一种是保留色母不变,改变调合树脂,从而达到转换色漆类型的目的;另一种是直接使用不同的色母。使用前者会很方便,但更换树脂后,个别的颜色多少都会有一点变化,必须先喷涂样板确认后再施工。如果使用后者,也许稍微麻烦一些,当今市场上大部分采用这种类型的涂料系统。在单、双工序的色母之间一般都有相互近似颜色的色母,使用时可以直接替换。唯一需要注意的是,不同色母之间的颜色强度是不同的,转换时往往要调整相应的质量,有时甚至还要使用强度较弱的同颜色的色母。

2)金属(珍珠)色漆

金属漆颜色是现代轿车使用量最大的颜色,与素色漆相比,金属漆的颜色更鲜艳、亮度更高、更富于变化。一般称使用了铝粉的色漆是金属漆或银粉漆,而把使用了云母粉的色漆称为珍珠漆。在颜色外观上,前者显得颗粒较粗、正面反光能力强,而侧视效果较暗;后者颗粒较细,光反射比较柔和,侧视色调稍微浅、亮一些。另外,与银粉漆比较起来,所谓的侧面效果在珍珠漆里更明显。所有的金属色漆都是由银粉(珍珠)色母和颜色色母组成,对于需要掺入调合树脂的系统,一般可以认为树脂对颜色的影响很小。

由于修补涂料手工喷涂的特点,施工条件和施工环境对金属漆颜色的影响非常显著,金属漆调色没有素色漆那种"所见即所得"的效果。这样,目视比较只能得到大概的轮廓,少数时候甚至是完全错误的。可以说,正确调配金属漆比较可靠的方法是喷涂试板。

(1)色母特征

对于每个颜色配方来说,银粉色母决定了该颜色亮度和彩度。它既包括银粉,也包括了珍珠粉。银粉色母选择的正确与否对调配银粉漆是非常重要的,不能正确地选择银粉色母,颜色无论怎么调都感觉缺少什么;相反,如果选择合适的银粉色母,调整色调的工作就相对简单了。因此,了解和掌握所用涂料系统中的银粉色母的特性是准确调配金属漆的关键因素。

另外一个是颜色色母,它决定和控制该颜色的色调。对于颜色色母,又可以分为决定颜色基调的色母(基调色母、主色母)和微调色调的色母(微调色母)。

基调色母在配方里的用量大,这些色母用量在较小范围内增减,一般不能反映到手工喷涂的样板上,即不会对颜色变化产生较显著影响。在配方中,它们是该颜色基调的主要来源,所用的色母和数量比例确定后,基本决定了这个颜色的基调。

一般情况下,选用两三种色母配合作为基调色母,因为这样的色母组合变化能更丰富,供选择的余地更大。现在常见的各种修补涂料系统,在每种主色调下的色母往往都会分成两种偏向,以保证能配合使用。例如,绿色的色母在各种系统中都是最少的,但都会提供一个偏黄的绿色母和一个偏蓝的绿色母。实际使用中,通过改变这两种色母之间的质量比例来调整主色调的走向,可以使绿色调偏黄或者偏蓝。我们在选用基调色母时尽量在同一种色调内选择,这样做能够容易地控制侧视色调的偏向,同时又能保证不会严重影响到正面色调。所以,有多种色母组合可供选择时,在调配正面颜色的同时还要考虑到这种组合对侧视色调的大致影响。因为对于侧视色调,可供调节的范围是不大的,只有一开始就考虑全面,才可以减少以后的工作量。

使用三种以上色母构成主色调的颜色也有很多,组合越多,色彩变化就越复杂。这里也要注意一个原则:构成主色调的色母越多,主色调的彩度就越低。这是由涂料颜料的特性所决定的,各种颜料太多,就吸收掉更多的光线,反射的光线就越少,整个颜色外观上就容易变浑浊,不纯净。

(2)选用基调色母的原则

①改变这些色母之间的质量比例时,尽可能在保持正面色调不变的同时,能够改变侧视色调。

②要使用纯度高的色母,因为这些色母用量大,纯度不高会使整个颜色浑浊。

③一般情况下,主色母不要超过三种。现在质量好的修补涂料色母纯度都很高,即使四五种色母混合,颜色整体效果也不一定不好。但是,多种色母混合会加大调色的难度。

④使用主色母越多,越容易造成颜色异构。

相对于基调色母,微调色母用量较少。微调色母的作用是:在主色调的基础上进一步微调颜色,以达到最佳效果;微调颜色的侧视色调、亮度;微调颜色的彩度。这类色母的数量在调整时一般不需要改变太多,个别的色母甚至在1g/L以下的变化都能影响到整个颜色的效果。只有当颜色的正面开始接近或基本接近、侧面相差不大或者整个颜色的色调只有细微差别时,才需要调整微调色母的用量。

(3)使用微调色母遵循的基本原则

①如果在涂料供应商提供的颜色配方基础上调色,尽量使用原配方中提供的色母。

②在微调颜色的色调时,尽量不要再次影响亮度和彩度,也就是尽可能加入少量色母。加入太多的色母,包括银粉和珍珠,都会降低颜色的彩度,引起浑浊。

③颜色侧视色调只能往浅、亮的方向调整,在这里最常用的是白色、亮黄色和控色剂等。如果需要把侧视色调调整得更暗、更黑,只能通过改变配方中银粉比例和主色调的构成色母来解决。

④在尽量保持正面色调不变的情况下,颜色侧视色调往黄、红方向调整比较容易,往蓝色方向调整比较难。

3)银粉色母

(1)银粉色母的分类

每家涂料供应商一般都会供应十几种银粉色母,根据银粉色母的特点可以有以下三种分类方法:

①按银粉颗粒大小分类。涂料厂家生产颗粒大小不同的色母是为了增强调色能力,颗粒的大小在外观上很容易就能看出来。但是,当两种不同颗粒的色母混合后,人的眼睛就难以分辨,只能感觉到混合后的颗粒度会介于两种色母的颗粒度之间。在实际调色的时候,利用这个原理,通过改变颗粒度不同的色母的质量比例,控制调配出来的颜色的颗粒度。调色时要注意,同一类型的银粉,颗粒越粗,侧视越暗。

②按银粉颗粒外形分类。可分为不规则形和椭圆形,如图16-8所示。不规则形的银粉每个颗粒都没有固定的形状,每一粒银粉的上面有各种各样的棱角,用放大镜观察就像一堆奇形怪状的石头,而椭圆形的银粉是椭圆的橄榄球形状。不规则形的银粉对光线有漫反射作用,正面的亮度相对稍低,而侧视的

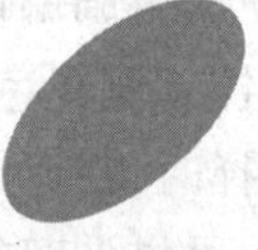
a)椭圆形

b)不规则形

图16-8 银粉形状

亮度反而较高;椭圆形的银粉由于表面反射光的角度一致,所以正面亮度较高,但侧面很暗。实际应用时,如果需要把正面调得更白、更亮或需要把侧视色调调暗,那么更换银粉的种类是最有效和最常用的手段,事实上很多时候也是唯一的手段。

③按银粉颗粒的亮度可以把银粉分成三类,即无(平)光银、亮银和闪银。正面亮度按此顺序增大,侧视亮度则是按此顺序变暗。实际使用中,一般以使用亮银和闪银为主,因为它们的纯度高,调出来的颜色彩度高,操作时主要用它们来提高颜色的亮度和纯度。一般不使用过多的平光银,否则,调出来的颜色正面将变得很灰暗,稍远处一看就会感到整体发黑。平光银还有一个特点,可以用亮银和白色母近似地调配出来。因为在亮银中加入少量白漆,可以使得银粉正面变灰,降低亮度,而同时使得侧视变浅。

目前使用的各大品牌的修补涂料系统基本使用第三种分类方法,把所有的银粉色母分为无光银、亮银和闪银三类,每类色母都有一系列颗粒度不同的两个或两个以上色母。无光银、亮银是不规则形的银粉,闪银是椭圆形银粉。

银粉漆调色中,选择正确的银粉是关键的一步。在实际调漆工作中,单使用某一种的银粉常常达不到应有的效果,所以经常使用 2~3 种银粉。当两种银粉混合后,表现出来的属性就是原来各个银粉属性的折中。例如,亮度不同的银粉混合,所得亮度就介于它们之间,侧视亮度也是如此。

(2)银粉色母的特点

①在亮银和闪银中,银粉颗粒越小,正面越暗。

②银粉的颗粒越大,正面就越闪亮,但侧面会越暗。

③加入少量亮、闪银粉,颜色的正面亮度升高,彩度基本不变或微降;数量继续增加,只会使颜色正面和侧视变灰,颜色彩度下降。加入无光银,颜色正、侧面都变灰。

④相对细颗粒银粉,粗颗粒的银粉在湿涂料中把颜色反衬得很鲜艳,与喷涂效果有明显的区别。

⑤在颗粒大小相近时,椭圆形的银粉侧视比颗粒不规则形状的银粉更暗。

⑥无光银的正面最暗,侧面最浅;闪银的正面最亮,侧面最黑。

⑦常提到的银粉很"白",一般是指颗粒不太粗而且亮度很高的银粉。

⑧银粉的正面效果(亮度和颗粒度)是首要考虑的要素。配好的颜色侧视一般偏暗,这样可以微调;假如侧视偏浅,只能重新选择银粉组合。

⑨选择银粉色母时,先判断需要使用的银粉亮度级别,明确需要使用哪一类或哪两类亮度的银粉色母;再判断银粉的颗粒度,确定使用何种粒度的银粉色母和质量比例。

⑩可以在阳光直射下检查银粉的颗粒度和亮度。

4)珍珠色母

我们常说的珍珠色母大多数是在云母粉表面镀上一层二氧化钛加工而成的,图 16-9 是珍珠色母的示意图。通过控制二氧

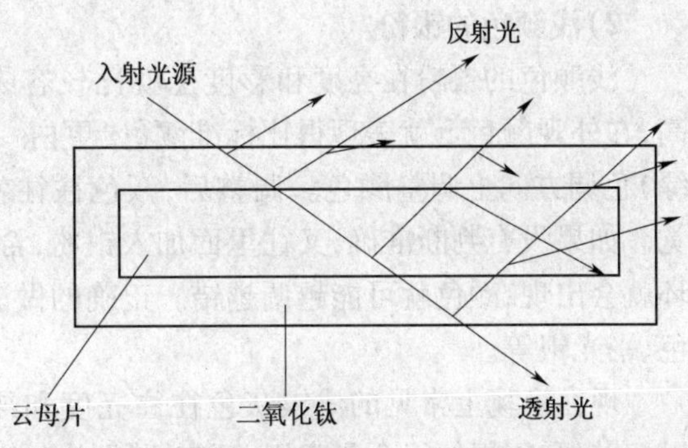

图 16-9 珍珠色母的示意图

化钛层的厚度,就得到了我们所见到的一系列不同颜色的珍珠色母粉,例如,白珍珠、黄珍珠、红珍珠、绿珍珠和蓝珍珠等。另外一些常见珍珠色母,如珍珠铜、珍珠红等的结构稍有不同,是在二氧化钛层外又镀了一层氧化铁,产生出红色或金红色。还有一种比较新的银色云母则不是用氧化铁镀层,而用铝粉镀层,这是为了提供立体效果强烈的金属银色的光泽。

珍珠色母的正面颜色由反射光组成,而侧视色调则由透射光组成。根据光学原理,具有上述结构的珍珠色母对光的反射和透射的规律是:白珍珠反射白光,也透射白光;红珍珠反射红光,也透射红光;黄珍珠反射黄光,透射蓝光;绿珍珠反射绿光,但透射红光;蓝珍珠反射蓝光,但透射黄光。反映到色母的外观上,正面表现出相应的颜色,侧面就表现出透射光的颜色。但是,这种侧视色调在纯珍珠色母中表现不明显,与其他色母混合后就会影响到侧视色调的走向了。所谓"珍珠漆有变色的效果",主要就是因为这个原因。选择珍珠色母比较简单,调什么颜色就使用什么珍珠。

与银粉色母比较,珍珠色母有以下特点:

(1)使用珍珠色母能使颜色的彩度更高,显得更纯更鲜艳。

(2)珍珠色母的颗粒比银粉色母更细,且同色珍珠中也有粗细之分。有时在配方中仅使用很少量的闪银也能近似模仿出珍珠的正面效果。

(3)珍珠色母在配方中的数量多,侧视色调就较浅,且无法调暗。

(4)无论加入哪种珍珠色母,都能提高正面(效果不如银粉)亮度和侧面亮度(银粉则不能)。

(5)在湿涂料状态下,珍珠色母在颜色方面表现得比较突出,实际喷涂后则没有这么明显,特别是使用黄、绿珍珠等。

(6)可以在阳光直射下检查珍珠的颗粒闪亮和颜色反射程度。

16.3.3 一些常见色漆的调配技巧

1)纯银灰的颜色

纯银灰的颜色往往主要考虑亮度,也就是"够不够白",其色调和彩度都处在次要的地位。调配的时候主要是对银粉的颗粒度和亮度选择要对,最后再加入一点点相应的色母调整色调,这类颜色相对容易调配准确。如,大众系列宝来和波罗的反射银(VAG. A7W)、捷达和桑塔纳的银灰(VAG. 97A)、夏利和别克的亮银、奇瑞的钻石银灰等,

2)浅颜色的银粉

浅颜色的银粉在亮度和彩度上就比较容易混淆。例如,薄荷青由于颜色浅,如果亮度偏高,在外观颜色上就表现得比标准颜色"更白一点,不够蓝(或绿)"。这时我们往往先向蓝(或绿)色调方向上调整颜色。调整后,颜色往往就会变得更鲜艳,似乎又有"太蓝(或绿)"的感觉。如果没有判断准确,又往里面加入银粉,希望冲淡"蓝(或绿)色调"。这样一来,错误的循环就会出现,颜色就可能越调越错。正确的做法,应该是接着加入降低亮度的色母,如黑色、白色、平光银等。

现在市场上常见的浅银灰色往往亮度和纯度都高,侧视亮度不会太暗,有一点偏蓝。所以,亮银和闪银的组合最常用,还需要用控色剂和少量白色微调侧视效果。各个品牌银粉控色剂的作用也有不同,有的可能是调节侧视效果的,有的也可能是调节银粉喷涂效果的,要小心

使用。白色母对浅银灰类颜色的影响明显，在0.5%的范围内就能对侧视效果起决定性的作用，这时对颜色正面影响还不算太大，只是亮度稍微降低，数量再多的话就使得正面亮度下降的很快，造成银粉灰黑的效果，到了这时，其纯度也很难再调高了。

3）金黄色

这种颜色多数是以浅金黄色为主，一般取名字如沙滩黄、香槟金等。这类颜色一般是以银粉为主，辅以通透红和通透黄之类的色母，再用少量黑、白微调颜色纯度。浅色的金黄色使用银粉数量较多，鲜艳的金黄色就使用较少的银粉。

这类颜色的湿涂料在搅拌状态下，颜色会显得稍淡一点，在实际喷涂后颜色会更金黄。从某种程度上讲，这也是最难调准的一类颜色。造成难调往往是由于施工条件、涂料与稀释剂的配比、环境温度、喷涂速度、喷涂层数等因素的影响，所以调配这类颜色时，喷涂试板是很重要的。尽可能让准备喷涂车身的人员在实际涂装的条件下喷涂试板，减少人为和环境的影响。必要时，还应该根据试板微调颜色，以适应实际喷涂人员的喷涂方式。

其实，对于这种浅颜色的金属漆，包括前面提及的薄荷青类金属漆，重要的是能正确地判断颜色偏差。大多数的修补涂料品牌都建议使用驳口工艺来解决色差，然而这些颜色在过渡喷涂时稍不注意就会在接口处产生明显的黑印，因此部分涂装工不愿做驳口。

4）深色银粉漆

深色银粉漆刚好与纯银灰色相对，其亮度和色度容易掌握，调配这类颜色很大程度上依赖于调整其色调。这类颜色的范围广泛，名称往往是铁灰（或深灰）、枣红、墨绿、深蓝等。

这类颜色的亮度和彩度靠肉眼分辨比较模糊，但是选对了银粉种类，调配好颜色的彩度，一般都能比较容易地把握其亮度。所以，调色的工作主要集中在色调的调配上。

5）红色漆

红色的色种结构比较复杂，实际调配时，除了绿色母基本上不会使用外，其余的色母都可能被使用。在各个品牌的修补涂料中，红色色母几乎是数量、种类最多的，既有各种偏向的红色，每种偏向又分通透和不通透等多种红色。

在红色的金属漆中，红珍珠占了很主要的数量，这类颜色主要由红珍珠配合各种红色母调配而成。在这里黑色是常用的色母，主要调节颜色的明暗、深浅，数量根据实际情况或多或少。调配红珍珠的时候要注意能表现出那种鲜艳的通透性，珍珠感觉要明显，这时就要求多选用透明的色母。

红珍珠在调配中有一个缺点，它的侧视色调普遍容易偏黄向。也就是说，在微调中要把侧视色调往蓝向或紫向调配是比较难的。这当然是在不严重破坏正面色调的基础上而言，不然的话，加入蓝色后，侧面是蓝了，可正面肯定就偏差很大。出于相同的原因，另一个缺点正如前面所说的，要把侧视调得更暗也似乎没有什么好的办法。这是因为这种颜色使用的珍珠色母量大，侧视色调多少被冲淡了。特别是正面那种透出来的金黄色调，而且在侧面又较暗、色调偏紫时，在微调时很难解决类似的情况，所以，建议在选用组成基调的红色母时应该小心。另外，施工中做驳口也是常用的办法。

6）蓝色漆

蓝色色母的密度普遍都比较小，遮盖力稍弱于其他色母。由于受生产上使用原材料的限制，多数的蓝色母在侧视方向上带有明显的红色调，所以很多蓝珍珠或银粉漆的颜色侧面显得

紫红。在湿涂料搅拌的状态下,涂料颜色表现出稍微偏红,而侧面的红色调尤其明显。这种红色调在表面喷涂上清漆后往往被消除很多,反而会显出偏绿的色调。

浅蓝色的金属漆也是一类极为常见且难以调配的颜色,它们的名称一般都是“某某青”,如薄荷青等,它与沙滩黄等类似。这些颜色真正难点在于能否正确地判断出“颜色是怎样偏差的”,亮度、还是色度?是前者,需调整银粉;是后者,需调整控制颜色的色母。

湿涂料搅拌时,也是应该把颜色调得稍微浅一点,喷涂后会变鲜艳一点。另外,也可以通过喷涂手法来控制,有时这会比微调涂料更方便、更有成效。多喷涂一遍,或喷涂速度慢些的效果,不会比往每升涂料内多加入几克蓝色母喷涂较薄的效果差。所以,不同的喷涂效果既能稍微影响正视颜色,也能影响侧视效果。

7)绿色漆

绿色金属漆当使用了绿珍珠或黄珍珠色母时,湿涂料的颜色呈金黄色,实际喷涂后蓝色调才会浮现出来。另外,由于绿珍珠粉侧视透红的特性,决定了大多数的绿珍珠颜色侧面有明显的偏红色调,必要时,加入微量的青黄色母就能校正过来。

8)深银灰色漆

深银灰色漆指的是以银粉和黑色色母为主的一类颜色,一般相对容易调配,主要是掌握好银粉的颗粒大小和数量。当其亮度和彩度基本差不多时,再微调色调就比较容易。这时的侧视色调一般只会有不够浅亮的问题,可以用银粉控色剂或微量的青黄色母进行微调。湿涂料状态下的深灰色会比喷涂后显得更黑,银粉颗粒更不明显。

16.3.4 调整侧视色调的方法

金属漆之所以难调准,主要是因为有侧视色调需要考虑,再加上珍珠粉正面反光、侧面透射光的不同,就造成金属漆正、侧视变化的复杂性。在调配某个颜色时,每一个色母都会对这个颜色的正、侧面产生影响,所以在使用每一个色母时都要考虑到它所造成的影响。例如,使用了较多的无光银(5% ~10%或以上)时,就绝对无法消除正面的灰暗和颜色的不纯;使用大量的珍珠色母(30%或以上)后,就不要期望能把侧视调暗。

当选用了合适的银粉,确定主要的基调色母后,颜色就基本定形了,我们只可以在一定的程度上进行微调。微调中使用的色母在考虑正面改变的同时,要清楚地知道会使侧面色调有什么走向。在只允许加入少量色母的条件下,容易把侧视色调浅、调亮;容易把侧视色调得偏黄、偏红。

调整侧视色调的方法主要有:

(1)改变基调色母之间的比例。基调色母一般成对使用,例如,同是绿色就可以使用一个偏黄和一个偏蓝的色母,当适当改变两者数量时,就能控制正面色调基本保持一致,而侧视色调偏黄或偏蓝。

(2)选用合适的银粉组合。通过改变银粉组合,能让侧视变暗或变亮。调节变亮的方法较多,不必使用这种。但调得更暗的方法就屈指可数了,这是最常用和最好用的一种。例如,亮银换成闪银,副作用是正面亮度也升高,但一般不明显,即使很明显,也可以使用黑色再次降低其亮度。比较起来,侧视的色调只有这样才能调暗。

(3)使用银粉控色剂。大多数品牌的修补涂料会提供调节银粉侧视亮度的控色剂,以帮助调色。使用控色剂的好处是既能最大限度地保证正面色调不变,又使银粉大幅度变亮,但它会让银粉颗粒显得稍粗。

(4)使用白色或通白色色母。作用效果同使用银粉控色剂的方法,使用量即使在 5g/L 以内也有很明显的效果,而且对正面的影响也很少。但浅色银粉漆,包括浅银灰、浅蓝等,正面的亮度对白色母比较敏感,每升几克的用量就能感觉到颜色透出灰、黑,亮度不够。

(5)使用青黄或鲜黄色色母。和白色母的使用方法相同,效果也是明显提高侧视亮度,还附带使侧视色调偏一点黄。这里用的黄色一定要亮度和纯度是最高的,色调也要最纯正的黄,也可以偏绿向。这个方法对消除像深蓝、深绿等颜色侧视过度偏紫、偏红极为有效,同时造成的侧视亮度上升也是无法避免的。

(6)尽量多使用透明的色母。

第十七章 汽车涂装工艺

17.1 涂装作业前处理

17.1.1 涂装作业前处理的必要性

要保证涂层的质量,必须重视涂装工艺,而涂装作业前处理是涂装工艺中重要的一步。涂装作业前处理又称为涂装表面预处理,在进行汽车喷涂修补之前需要对原车漆面或新部件进行必要的处理,以增加黏附能力,减少喷涂缺陷,处理质量的好坏将直接影响涂层质量的好坏。表面经过预处理,使工件表面无油、无锈、无其他污物,并具有一定的粗糙度,能使涂料牢固地附着在物面上。涂装作业前处理是保证涂层使用寿命及质量的重要环节。

1)保证涂层质量

涂装作业前处理的方法,应根据被涂物的用途、材质、要求和表面状况,采取不同的与之相适应的处理方法。如经脱脂、除蜡、除锈的黑色金属,可首先在其清洁的表面进行磷化处理和涂抹转换涂料(金属表面转换剂),这样既可防止金属腐蚀,又能增强对涂膜的附着力。汽车车身上使用较多的铝及镀锌板等,也同样可作磷化处理和涂抹转换涂料。总而言之,表面处理完善,再加上合理选择涂料,正确的施工工艺,适合的使用环境,能在很大程度上延长涂膜的使用寿命,达到涂料保护物面的目的,发挥涂料的保护作用。用同一种材料的物面,采用不同的表面处理方法,涂以相同的底漆和面漆进行对比,其损坏期限和腐蚀情况各不相同。

2)增强涂膜在底材上的附着力

附着力的强弱虽与涂料品种质量及合理选择配套有关,但表面处理好坏也是一个关键,若表面不清洁,存在水、油、粉尘、氧化皮、锈、蜡及其他污物或不牢固的旧涂膜,就会使新涂膜附着不牢,起泡、开裂、脱落,使金属与空气中的有害气体、水分接触而发生腐蚀,造成损坏。表面处理的目的就是要清除这些有害物质,并使其表面具备涂装所允许的粗糙度,增强涂膜与物面的附着力,使涂膜牢固地附着在物面上,从而提高涂膜的使用寿命。

3)提高涂膜的耐蚀能力

金属表面的水、油、锈及其他污物会降低涂料的耐蚀性能,它们存在于涂膜与被涂物表面之间,会起到腐蚀金属表面和破坏涂膜的作用。如铁锈不清除干净,就会在涂膜下促使钢铁进一步腐蚀,并逐渐膨胀,最后导致涂膜开裂或剥落,使钢铁与空气、水分、有害气体接触,金属表面很快被腐蚀。若表面处理干净,达到涂装前的技术要求,表面耐蚀能力大大增强,涂膜寿命也大大提高,物面得到有效保护。图17-1 所示为涂层破坏,钢铁被迅速腐蚀的状况。

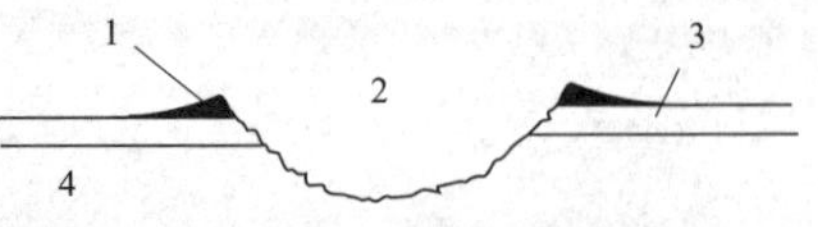

图 17-1 涂层破坏,钢铁被迅速腐蚀
1-锈蚀;2-潮气;3-涂层;4-钢铁

4）提高涂层的美观

车体表面处理不彻底或未进行处理，涂装后会产生许多涂膜缺陷，如被涂面有油污，会使喷涂上去的新涂膜产生缩孔（鱼眼）、脱皮；蜡质会使新涂膜不干、回黏，产生针孔；铁锈、氧化皮会使涂膜起泡，影响车辆外表美观，失去涂料的装饰作用和保护作用。

17.1.2 常用的金属底材的特点

汽车外壳主要是以钢铁为主，随着现代汽车工业的发展，其他金属底材也越来越多地被使用，如铝及铝镁合金、镀锌及锌合金、镀铬等。由于不同金属底材各有特性，要充分发挥涂料的保护作用，就必须了解其特性。

1）钢铁底材

汽车车身表面一般都是由钢材制成，钢铁也称黑色金属。车身表面锈蚀产生的主要原因是钢铁本身不稳定且容易氧化，而车身表面由于涂层开裂、脱落、碰撞，使钢铁暴露在空气中，空气中的水分、氧气、二氧化碳等就会使钢铁表面产生锈蚀。一般轻锈呈黄褐色，此时无疤痕，但能加快金属的腐蚀还原，若再发展则是棕色或褐色的疤痕。旧车修理时常发现积水处、弯角、饰条处、积垢处易产生锈蚀，腐蚀严重时被蚀物质会填满锈坑。

涂层一般都有不同程度的渗水、渗氧、渗离子的弱点，水、氧和离子等到达金属基层，会在涂层底部形成水气，导致涂层的附着力下降，甚至起泡，锈蚀也随即形成。为了增强金属的耐蚀能力，底材用酸性金属处理液进行处理，形成转换涂层，以提高耐蚀能力。

2）镀锌金属底材

镀锌钢板的结构是在钢材表面镀上一层锌。镀锌层在钢板上形成了一道隔离层，将钢材和空气、水分隔开，锌与空气接触会在其表面形成一层氧化锌，氧化锌能与锌层牢牢地附着在一起，由于氧化锌的稳定性，在锌与空气、水分之间形成一层极好的保护膜。若在镀锌钢板上直接施涂聚酯原子灰，便会产生原子灰层剥离，导致起"痱子"及底材生锈。施涂聚酯原子灰后，会在聚酯原子灰和镀锌层间生成一层金属盐，从而导致生锈，如图17-2所示。因此，镀锌钢板在涂装前要进行特殊处理。

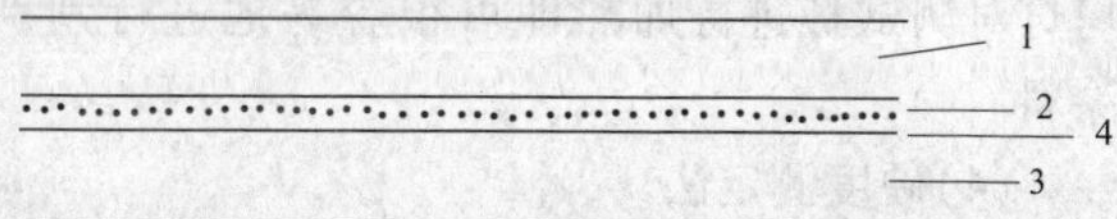

图17-2 聚酯原子灰与镀锌层附着不良

1-聚酯原子灰层；2-金属盐生成层；3-钢板；4-镀锌层

3）铝材

随着汽车车速的提高，车身要求轻量化，为减轻车身质量，许多车身上用铝材代替了钢材。目前铝材大多用于汽车的前盖和后盖，有某些品牌的汽车出现了全铝车身。铝材的性能类似于镀锌板件，当化学活泼性很高的纯铝与空气中的氧接触时，板件的表面就会生成一层致密的保护膜。对于铝材的表面预处理，不宜采用强酸、强碱，以防被侵蚀。

17.1.3 原涂层及底材的判别

汽车修补中的表面预处理，应根据涂层的表面状况、原涂层的性质、不同的板件，采用相应的办法。在进行新涂层的修补之前对车辆原涂层及底材进行判别是非常重要的，因为原涂层及底材的类型如果与修补涂层的类型不符，将会出现严重的涂膜故障，如在镀锌板底材上施涂聚酯原子灰会造成附着力不良而引起脱落；在自然挥发型涂料或热塑性涂料上施涂可能造成咬底或涂膜脱落等，对修补质量有很大的影响。因此，在涂装修补之前要首先对原涂层和底材进行准确地判别，并以此为根据，选用合适的操作工艺和适当的修补材料。

1）原涂层的判别方法

（1）目测方法

目测方法即通过仔细地观察，根据不同涂料的不同特征进行判断。这种方法往往需要很多的实际经验，有时还要配合适当的识别操作等才能比较准确地判断。例如，如果车辆特征线附近的表层结构粗糙，经过摩擦后能够产生一种抛光的效果，则可初步判定原涂层是抛光型的涂料；如果出现一种丙烯酸聚氨脂型涂料特有的光泽，可以断定原涂层是丙烯酸聚氨酯型涂料。

（2）涂抹溶剂法

涂抹检查法即用普通硝基稀释剂在原涂层上进行涂抹擦拭，通过观察有无溶解现象判别原涂层是否为溶剂挥发干燥型涂料。检查时，应使用白色的软布蘸上硝基稀释剂在破损涂层周围或在车身隐蔽部位轻轻擦拭，如果原涂层溶解，并在布上留下痕迹，说明原涂层属于溶剂挥发干燥型。如果原涂层不溶解，说明原涂层属于烘干型或双组分型漆。丙烯酸聚氨酯型漆层不易溶解，但稀释剂会减少漆面光泽。

若原涂层为自然挥发干燥型涂料，则在修补喷涂时要充分考虑新涂层中的溶剂成分可能会溶解原涂层，造成咬底等涂膜故障。

（3）加热检查法

加热检查法用来判别原涂层是热固性还是热塑性。如果原涂层为热塑性涂料，则在修补喷涂时应选用同类型的涂料，或将旧涂层完全打磨掉后，再使用热固性涂料。用红外线烤灯对测试板进行加热即可很容易地进行判别，如果漆面有软化现象则可证明为热塑性涂料。

（4）硬度测定法

由于各种面漆干燥后漆膜的硬度不同，一般说来，双组分漆和烘干漆硬度较高，而自干漆硬度较低。判断漆膜硬度最常用的方法是使用铅笔，测试时保持铅笔与板件表面成45°角，然后向前推。如果铅笔穿透了涂膜，则说明涂料的硬度要比铅笔的铅硬度低一号。

（5）厚度测试法

各种面漆由于性质不同，其涂层厚度是不一样的，所以可通过用厚度计测定漆膜厚度来判定面漆的大致类型。

（6）电脑检测仪法

利用电脑调色系统可直接获得原车面漆的有关资料，这是目前涂装行业中普遍使用的检测方法。此方法方便快捷，只需将原车车身加油口盖拿来，利用仪器很快就能准确无误地判别面漆的类型。

表17-1列出了确定原有涂层类型的几种方法。表17-2列出了各种类型的原有涂层和能够涂敷在这些涂层上的面漆的配套性。

原有旧涂层的判别　　表 17-1

原有的涂层	分类的方法			
	视觉检查法	硬度测定	涂抹溶剂法	加热检查法
醇酸磁漆	表面呈沉淀状	F-H	不溶解	发生一定程度的软化
聚丙烯涂料	—	B-H	溶解	软化
聚丙烯磁漆	—	F-H	—	发生一定程度的软化
聚氨酯涂料	抛光的表面	—	—	—
聚丙烯聚氨酯涂料	抛光的表面	—	难溶解	发生一定程度的软化
聚丙烯聚氨酯磁漆	出现光泽并伴有一些橘皮形缺陷	—	—	—

原有旧涂层与重喷涂料的适用性能　　表 17-2

面漆	原有的漆层					
	醇酸磁漆	聚丙烯漆	聚丙烯磁漆	聚氨酯磁漆	聚丙烯聚氨酯漆	聚丙烯聚氨酯磁漆
醇酸磁漆	A	B	A	A	B	A
聚丙烯漆	A	B	B	A	A	A
聚丙烯磁漆	A	B	A	A	A	A
聚氨酯磁漆	B	B	B	A	A	A
聚丙烯聚氨酯漆	B	B	B	A	A	A
聚丙烯聚氨酯磁漆	A	A	A	A	A	A

注：A-能够重新喷漆；B-重新喷漆时必须使用特定的原子灰或封闭涂料。

2）底材的判别方法

目前车身制造所用的金属板主要有：钢板、镀锌板、铝或铝合金。根据金属的不同性质可以对相应的底材作出正确判断。

（1）钢板底材的判断

钢板机械强度较高，表面比较粗糙，未经加工的表面一般呈现灰黑色，有些部位会有铁锈存在。钢板表面经过粗糙砂纸打磨后会显露出白亮的金属光泽，但从侧面观察，颜色有些变暗；钢板耐强碱侵蚀的能力较强，使用强碱对经过打磨后的表面进行浸润或涂抹一般不会太大的反应。

（2）镀锌金属底材的判断

钢板表面经热浸涂或电镀的方法镀上一层锌，可以大大提高表面的防腐能力。未经加工的镀锌板表面常有银色的光芒，有些镀锌板表面有鱼鳞状花纹。使用中的镀锌板表面没有锈迹，裸露处常显现灰白色，经过砂纸打磨的地方比钢材表面更加白亮且侧光时变暗的程度也要轻一些；镀锌板不像钢板耐强碱的侵蚀，使用强碱浸润或涂抹时多会留下发黑的痕迹。

（3）铝及铝合金的判断

铝的机械强度较底，汽车上一般使用铝合金板材。铝合金板材的机械强度较高而且较轻，板材表面比钢板和镀锌板都要光滑，不耐强碱，经处理后表面形成氧化膜，打磨后可显露白亮的内层金属。通过打磨后涂抹强碱的方法，可以比较准确的加以区分。

17.1.4 底材的处理工艺

在对原车需修补部位的底材、旧涂层进行判别之后，要根据涂层或表面的状况进行必要的处理。如涂层状况良好，未发生开裂、老化、附着不良等现象，就没有必要铲除旧涂层。一般的处理方法包括打磨、清洁、防腐处理和填平等操作，下面简要介绍针对不同的底材的处理方法。

1）裸金属的处理

根据裸金属的不同情况采用不同的处理方法。

（1）表面打磨

对于质量较好或经过表面钣金修复后的裸金属，进行表面打磨即可。表面打磨的目的是去除修复表面上的锈蚀、油渍等，增加与其他涂层的结合力。打磨以采用机械干磨为好，可以防止金属的二次锈蚀。打磨时，多采用单作用式磨头配合 P80 ~ P120 号干磨砂纸，将金属表面打磨到完全裸露出白亮的新层即可。打磨后用高压空气或吸尘器将打磨下来的锈渣和金属屑清理干净，准备下一道清洁工作。

经打磨后的金属需要用专用金属清洁剂进行清洁处理，由于金属清洁剂中含有溶剂成分，可以将裸金属表面的油渍或蜡渍等充分溶解，对锈渍等也有良好的清洁作用，此外，有些种类的金属清洁剂中还含有磷化液，在清洁的同时对裸金属进行磷化处理。清洁时，两手各持一块干净的清洁布，一块饱蘸金属清洁剂，另一块为干布。清洁的方法为：一手用沾有金属清洁剂的布擦拭第一道，另一只手马上用干布将第一道擦拭的湿痕擦干，以吸附、去除锈迹和油渍。清洁工作的面积如果比较大，不要一次先用清洁剂擦拭整个表面之后再用干布擦拭第二遍，而应一道一道地清洁，确保第一道在没有挥发的情况下就马上用干布擦干，这样有利于完全清洁干净，若等第一道挥发之后再用干布擦拭，有些已经溶解的油渍、蜡渍等又会重新黏附在金属表面而不能完全清除。这种清洁方法在清洁处理其他表面时也同样适用。

（2）喷砂除锈

对于表面质量较差，锈蚀比较严重的裸金属可以用打磨机进行打磨或进行喷砂处理去除锈蚀。喷砂可以清除大面积的锈蚀，同时将已经锈蚀成孔的部位暴露出来，喷砂处理过的表面清洁、干燥，适合重新喷涂。对于已经造成锈蚀成孔的部位，一定要打磨干净或用锉刀、专用工具将锈孔内及四周的锈迹清除干净，然后进行补焊，补焊部位同样进行打磨。打磨完毕后用金属清洁剂进行一擦一抹式的清洁，彻底清除表面的油污、蜡点、汗渍。另外，对裸金属进行打磨后要尽快喷涂其他涂层，对钢板和镀锌板打磨后要喷涂磷化或封闭底漆，提高底材的防腐能力和附着力，对特殊板材，如铝合金板材需要进行钝化处理，或喷涂专用底漆，这在进行喷涂时特别需要注意。

2）良好旧涂层的处理

良好的旧涂层的处理与裸金属的处理有些差异。裸金属上需要进行全套的涂装工作，而良好的旧涂层需要根据情况只进行部分涂装修复，往往不需要进行全套的操作，所以要根据情况进行必要的处理即可。

（1）底材表面没有大缺陷的旧涂层

一般情况下，其面漆的下面涂层基本没有损坏或只有很少的地方需要修补，所以，只要将面层表面进行适当地打磨，磨掉已经氧化变差的一层，露出良好的底层即可。

打磨时，一般使用 P360 ~ P400 号干磨砂纸用打磨机干磨，或用 P600 ~ P800 号水砂纸手工湿磨，磨花旧涂层，以提供良好的附着力。打磨时尽量打磨均匀，尽量不要将涂层磨穿。如果需要磨穿至裸金属，就要对裸金属进行打磨，并将裸露金属的周围涂层向四周打磨开，使裸金属与原涂层的结合部形成很大的斜面（羽状边），像羽毛的边缘那样极其平顺地过渡，切不可出现台阶，否则，在重新喷涂后会出现非常明显的痕迹。

（2）表面有缺陷的旧涂层的处理

①对于小的缺陷，在缺陷部位进行打磨，直至没有受到损伤的涂层或裸金属。裸露的金属部分必须进行打磨、磷化或钝化处理，如果裸金属部分有锈蚀或穿孔的情况，还要进行除锈或补焊，将锈蚀清除干净，防止继续产生锈蚀或结合力变差的情况发生，并进行磷化或钝化处理。打磨时，要将缺陷四周充分打磨开，既打磨出"羽状"斜边，使旧涂层的涂层结构分层显露，边缘平滑，这样进行其他涂层的修补时，可以获得较好的结合力和平顺的表面。打磨时，通常采用 P360 ~ P400 号干磨砂纸打磨机打磨，或用 P600 ~ P800 号砂纸手工湿磨。需要注意的是，当打磨到裸金属时不要用湿磨，必须使用干磨砂纸进行干磨。

②对于面积较大的缺陷，可以用喷砂机进行喷砂除漆，或用打磨的方法将旧涂层脱漆。用喷砂机进行除漆时，注意不要将缺陷周围良好的涂层也清除掉，这样将会增加修补工作量。用喷砂机除漆时，只将缺陷部位和缺陷周围附着力下降的涂层清除掉，然后用 P360 ~ P400 号干磨砂纸打磨机干磨，或用 P600 ~ P800 号干磨砂纸手工干磨缺陷周围附着力良好的旧涂层，将旧涂层打磨成羽状斜边，使涂层各层分层显露，边缘平滑。这两种方法都将使涂层完全脱落，直至裸金属，对于裸露的金属部分用 P360 ~ P400 号干磨砂纸打磨机打磨，或用 P600 ~ P800 号干磨砂纸手工打磨。

经过打磨处理的旧漆层仍旧需要用清洁剂进行必要的清洁处理，所使用的清洁剂与金属清洁剂不同，用于旧漆层的清洁剂更加柔和一些，更偏重于对油渍、蜡渍等妨碍喷涂的有害物质的去除作用。清洁的方法与前面介绍的金属清洁剂的使用是相同的，都要一湿一干地进行。

对于打磨到裸金属的部分区域，需要进行如前面所述的对裸金属处理，如磷化、钝化或喷涂防锈底漆等，根据裸露面积的大小适当处理。

17.2 原子灰涂装处理

底材处理完毕之后需要根据具体情况采用相应的处理，例如，裸金属需要喷涂底漆或用原子灰进行填补等；对于需要喷涂中涂层的底材需要喷涂中涂并进行打磨等。其目的主要是加强防腐处理和为面漆打下良好的基础。对于表面缺陷严重的板件，需要进行原子灰涂装处理。

原子灰是一种膏状或厚浆状的涂料，它容易干燥，干后坚硬，能耐砂磨。原子灰一般使用刮具刮涂于底材的表面（也有使用大口径喷枪喷涂的浆状原子灰，称为"喷涂原子灰"），用来填平补齐底材上的凹坑、缝隙、孔眼、焊疤、刮痕，以及加工过程中所造成的物面缺陷等，使底材表面达到平整、匀顺，使面漆的丰满度和光泽度等能够充分地显现。

原子灰俗称"腻子"，但与通常所指的腻子是有区别的。通常所指的腻子一般是用油基漆作为胶黏剂，以熟石膏粉等填充料，并加入少量的颜料和稀释剂调和后填补用。这种腻子干燥时间长,干燥后质地比较软,而且会出现不同程度的凹陷,对其上面的涂膜具有一定的吸收作用,不利于涂装修补和面漆的美观,现已不用。20 世纪 80 年代我国研制出了水性腻子,用水作为稀释剂调和后使用,该种腻子在一定程度上对油性腻子的性能有所改善,但仍存在塌陷、吸收、质软等缺点,现在也已经不使用。而原子灰硬化时间短,常温下半个小时即可干燥硬化,可以进行打磨;经打磨后的原子灰表面细腻光洁,表面坚硬,基本无塌陷,对其上面的涂料吸收很少甚至不吸收;附着能力强,耐高温,正常使用时不出现开裂和脱落现象。因此,现在被广泛应用于汽车的制造和修补工作中,用于填补作用。

17.2.1 原子灰的组成

原子灰是一种涂料,所以也是由树脂、颜料、溶剂和填充材料等组成的。现在较为常用的原子灰树脂有聚酯树脂和环氧树脂等,环氧树脂原子灰具有良好的附着力、耐水性和防化学腐蚀性能,但涂层坚硬不易打磨,由于其附着力优良,可以刮涂得较厚而不脱落、开裂,多用于涂有底漆的金属或裸金属表面。聚酯树脂原子灰也有着优良的附着力、耐水性和防化学腐蚀性能,而且干后涂膜软硬适中,容易打磨,经打磨后表面光滑圆润,适用于很多底材表面(不能用于经磷化处理的裸金属表面,否则,会发生盐化反应,造成接触面不能干燥而影响附着力),经多次刮涂后,膜厚可达 20mm 以上而不开裂、脱落,所以,是应用最为广泛的一种,现在常见的原子灰基本都是聚酯树脂原子灰。

原子灰中的颜料以体质颜料为主要物质,配以少量的着色颜料。填充材料主要使用滑石粉、碳酸钙、沉淀硫酸钡等,起填充作用并提高原子灰的弹性、抗裂性、硬度以及施工性能等。着色颜料以黄、白两色为主,主要是为了降低彩度,提高面层的遮盖能力。

原子灰多为双组分产品,需要加入固化剂后方能干燥固化,以提高硬度和缩短干燥时间。聚酯树脂型原子灰多用过氧化物作为固化剂,环氧树脂型原子灰多用胺类作为固化剂。

17.2.2 原子灰的种类

原子灰的种类很多,经常使用的有:

1)普通原子灰

普通原子灰多为聚酯树脂型,膏体细腻,操作方便,填充能力强,适用于大多数底材(例如,良好的旧漆层、裸钢板表面等)。因其具有良好的附着力和弹性,也可用于车用塑料保险杠和玻璃钢件,但刮涂不宜过厚。普通型原子灰不适用于镀锌板、不锈钢板和铝板等和经磷化处理的裸金属表面,附着能力会达不到,造成开裂。但在这些金属表面首先喷涂一层隔绝底漆(通常为环氧基)后即可正常使用。

2)合金原子灰

合金原子灰也称金属原子灰,比普通原子灰性能更加良好,除可用于普通原子灰所用的一切场合外,还可以直接用于镀锌板、不锈钢板和铝板等裸金属而不必首先施涂隔绝底漆,但不适用于经磷化处理的裸金属表面。合金原子灰因其性能卓越,使用方便,所以应用也很广泛,但价格要高于普通原子灰。

3)纤维原子灰

纤维原子灰其填充材料中含有纤维物质,干燥后质轻但附着能力和硬度很高,因此,能够一次刮涂的很厚，可以直接填充直径小于50mm的孔洞或锈蚀，而无需钣金修复，对孔洞的隔绝防腐能力也很强。用于有比较深的金属凹陷部位填补效果非常良好。但表面呈现多孔状，需要用普通原子灰做填平工作。

4）塑料原子灰

塑料原子灰专用于柔软的塑料制品的填补工作。调和后呈膏状，可以刮涂也可以揩涂，干燥后像软塑料一样，与底材附着良好。虽然干后质地柔软，但打磨性很好，可以机器干磨也可以用水磨，常用于塑料件的修复。

5）幼滑原子灰

幼滑原子灰也称填眼灰，有双组分的也有单组分的，以单组分产品较为常见。填眼灰膏体极其细腻，一般在打磨完中涂层后，喷涂面漆之前使用，主要用途是填补极其微小的小坑、小眼等，提高面漆的装饰性。因其填补能力比较差，且不耐溶剂，易被面漆中的溶剂咬起，所以不能作为大面积刮涂使用，但它干燥时间很短（几分钟），干后较软，易于打磨，用在填补小坑非常适合，可以提高生产效率并能保证质量，所以也是涂装必备的用品。

17.2.3 原子灰的施涂

对于不平整的表面或经过钣金处理后的金属板需要使用原子灰进行填平工作。常用的聚酯原子灰具有良好的附着能力、填充性和弹性等，并具有一定的隔绝防腐能力。原子灰的刮涂应在喷涂完底漆后进行，若需要填补的区域范围比较小，在不影响其附着能力的基础上可以直接刮涂于裸金属上。有些原子灰的施工厚度可以达到20～30mm，但仅限于特殊情况，且面积不可过大。施工原子灰的厚度一般为2～3mm，不可过厚。

1）原子灰的调配

原子灰有很多品种，在施工时可以根据不同的情况合理选用。施工的底材对原子灰的附着力也有一定的影响，在填平施工时要根据不同的底材选用不同的原子灰，比如，镀锌板及铝合金板材、不锈钢表面等不可直接施涂普通聚酯原子灰，只能使用合金原子灰，否则，会造成附着力不良，如要刮涂普通原子灰则必须首先喷涂隔绝底漆后，方能达到理想的效果；磷化底材表面不能直接刮涂原子灰，必须首先喷涂隔绝底漆后才能施工。

在进行原子灰的施涂时，首先将需要施涂的区域进行打磨、清洁，然后将原子灰按使用手册标明的比例正确混合固化剂。聚酯原子灰通常使用过氧化物固化剂，其添加比例要严格遵照使用说明，不可随意添加或减少，而且混合一定要均匀。通常情况下混合比选用体积比，比例一般为2%～3%，固化剂添加过量，虽然可以促进干燥，但剩余的过氧化物会与其上面的涂层发生氧化反应，引起面漆的脱色等；添加量过少会引起原子灰层干燥不彻底，在喷涂时出现咬底等现象。原子灰的颜色通常为灰白色或淡黄色，但固化剂的颜色通常为鲜艳的红色或黄色，在调配时两种颜色均匀地混合后即可进行刮涂施工。

原子灰混合固化剂后其活化寿命很短，只有5～7min左右（常温），在温度较高的季节，可施工时间会进一步缩短。所以，原子灰的调配和施工速度要快一些，在其活化时间内尽快施工完毕。在寒冷的季节气温低于5℃时，原子灰和固化剂的反应将会减慢或停止，导致不易干燥，所以，应采用升高施工场所温度的方法来促进固化，或用红外线烤灯进行加热，但烘烤温度不可超过50℃，加热温度太高，原子灰在干燥时会产生应力，容易造成开裂、脱落等。

2)原子灰的刮涂

施涂原子灰时,用两把刮刀,一把用来放混合好的原子灰,另一把用来施涂,施涂时将原子灰刮在施涂区域。对于填补层较厚的区域可以分几次进行填补,第一遍施涂的原子灰要薄,并用铲刀尽量压实、刮平,以防止有气孔或填充不实的情况产生。第一层干燥后可以直接刮涂第二遍,施涂的面积比第一遍稍大,施涂过程中同样要压实、刮平,在两端部位压得要紧一些,以获得薄而且平的效果,需要填补的中间部位力量稍稍放松,以获得良好的填补效果。如需要进行更多次的刮涂,方法同上。如果上一次刮涂的不平整,可以等干燥后稍稍打磨并清洁后再继续刮涂,直到填平。

车身上有些部位形状比较特殊,需适当采取一定的措施才能更好地完成原子灰的填平工作,例如,车身上的冲压线、对缝和比较大的曲面等等,要根据情况使用不同的方法。

(1)车身棱边的填充

在填充车门、后侧板、发动机罩等有明显棱边线的部件时,采用一般的刮涂方法很难保留清晰的棱边线,应采用以棱边为分界线,分别对各个平面进行填充的方法来解决。填充时,先将上边面贴好防护带,填充斜面和下边面,在原子灰干固之前,取下防护带,并清除上棱多余的原子灰。待原子灰干固后进行打磨。在下面处理完毕后,再在斜面上沿棱边贴防护带,对上边面进行填充,用相同的方法处理上平面,这样就能得到较清晰的棱边填充。在接缝处施涂原子灰的方法与对板件冲压线施涂的方法基本相同。

(2)曲面上施涂原子灰

对于较大的曲面,一般采用分段施涂的方法,即将一个曲面分成若干个较小的平面,由一边向另一边施涂,用防护带分割平面,当第一个平面干固后,把将要施涂一侧的防护带取下,然后进行施涂,依次类推,直到全部平面施涂完毕,干固后用打磨机或手工将平面之间的棱边打磨圆滑,即得到一个较平滑的曲面。

3)原子灰的打磨

(1)掌握打磨时间

先等待原子灰干透,然后进行打磨。如果打磨太早,原子灰会继续收缩,打磨太迟,则会因原子灰过硬而不易打磨。用手指甲检查原子灰软硬程度,方法是用手指甲划原子灰刮涂较薄的部位,如果出现白色痕迹说明原子灰已经干固。一般在正常室温下原子灰约1h左右就可打磨,采用强制干燥方法,40min后即可打磨。

(2)打磨方法

可用手工打磨,也可用机械打磨;可干磨,也可湿磨。但要注意,原子灰干燥后的打磨以干磨为好,因为干燥后的原子灰涂层是一种多孔的组织,如果采用水磨的方法,原子灰层会吸收大量的水分而很难完全挥发掉,对以后的涂装工作会造成很多困难。

原子灰的干磨可以使用P240~P360号干磨砂纸配合ϕ7mm偏心振动打磨头来进行,打磨效果很好。若使用过粗的砂纸或运动轨迹过大的打磨头会留下明显的砂纸痕迹,影响其上面涂层的平整程度。打磨时,应使原子灰涂层与原涂层以羽状边结合,不可留有台阶等填补痕迹。具体的操作方法是:用双手把持打磨机手柄,先用粗砂纸打磨。当原子灰表面的刮痕基本消除后,应及时更换细砂纸磨至原子灰表面与周围高度相近,以留出足够的手工细磨余量。机械打磨时,如果出现了结球现象,就应及时更换砂纸,否则,会堆积在一起划伤表面,并降低磨具的打磨效果。

(3)打磨后修整

经过打磨后的涂层有时会存在小坑、小孔等缺陷,可以使用幼滑原子灰进行填补,然后再进行下一步的喷涂。

17.3 底漆层、中涂层的涂装

表面比较平整的板件,不用进行原子灰的施工,可以直接喷涂底漆层和中涂层。但是,完整的底层涂料施工包括底漆层、原子灰填补和喷涂中涂漆,由于在车身涂装修补中底漆层和中涂层多数都采用空气喷涂方式,所以,并在一节进行介绍。

17.3.1 贴护

1)贴护的作用

贴护工作是在实施喷涂之前所进行的重要工作,即用遮盖材料将所有不需喷涂的部位或部件进行遮蔽,防止喷涂过程中的污染,有时也用遮盖的方法对施工区域进行隔离以便操作,例如,在打磨时对无须打磨的区域进行遮盖,可以防止对良好部位的损伤等。

2)贴护所用材料

贴护所用的遮盖材料主要有:遮盖纸、塑料膜、防护带(胶带)以及各种防护罩等,各涂装设备生产厂商都有相应的产品可供选择,不可使用普通纸张、胶带等代替。

(1)遮盖纸。遮盖纸要求能够耐热、纤维紧密(不掉毛)、耐溶剂。汽车遮蔽用专用遮盖纸的一面为紧密的纸层,另一面涂有一层蜡质物质,这层物质与基纸结合非常紧密并且耐热不熔化,抗溶剂性能优良。而有些汽车修理厂在实际生产中使用报纸或其他纸张代替遮盖纸进行贴护,虽然节约了部分成本,但在工作中往往会造成更大的损失。普通纸张或报纸在耐热程度、抗溶剂性等方面很差,而且沾染有油墨等物质,会对施喷表面造成一定的影响,尤其是吸收了大量的溶剂后会出现松散、纤维脱落等,严重的可能会使被遮盖底层出现失光、咬起、溶痕等故障,脱落的纤维会造成喷涂表面出现脏点等,因此,应严格禁止使用。

(2)防护带。防护带要求弹性小、耐热、耐溶剂、不掉胶、黏着性好且胶质所含溶剂成分低。专用贴护胶带多为纸基,在拉伸时变形小,胶面可耐溶剂,在喷涂时不会因为溶剂的影响而开胶。需要注意的是,不要用绝缘胶布或其他种类的普通胶带代替防护带,如果使用不合标准的胶带,将会对修补增添不必要的麻烦。如果防护带弹性过大,那么在贴护时会出现拉伸变形,影响一些对棱边的贴护要求。如果防护带耐热差,在加温烘烤时会变形,甚至脱落破坏喷涂好的涂层;加热后胶质脱落很难清理,有时还会损伤涂膜。

(3)防护罩。防护罩用来遮蔽各种灯和轮胎。防护罩一般由耐热、耐溶剂橡胶制成。用防护罩遮蔽灯及轮胎要比用遮盖纸和防护带快捷、方便且便宜。

3)贴护方法

在贴护前,需要将一些妨碍贴护而又不需喷涂的部件拆下,如刮水器、收音机天线等。粘贴防护带时,一手拿住防护带,另一只手进行导向和压紧;撕断防护带时可用大拇指夹住防护带,另一只手压住防护带,迅速地向上撕,这样可以整齐的撕断防护带,而不会对已经贴护好的防护带造成拉伸。贴护时,需要首先用贴护胶带沿贴护区域的边缘进行轮廓勾勒,然后将贴护纸粘贴在勾勒轮廓的胶带上,这样有利于保证贴护区域的整齐。当然,具体部位的贴护还要根据具体情况有所改变,但是用最少的材料消耗完成工作是一成不变的。

贴护时应注意:不要将防护带粘贴在需要喷涂的区域、未经清洁的表面或密封橡胶上;贴护时,应将防护带尽量压紧防护带的边缘;遇到曲面时,可将防护带的内侧弯曲或重叠。

17.3.2 底漆的特性和类型

直接涂布于物体表面的打底涂料称为底漆。喷涂底漆层可以使漆膜获得良好的附着力,填平细微的缺陷,对于裸金属还可以起到防腐的作用,是整个涂层的基础。底漆是被涂物面与涂层之间的黏结层,以使之上的各涂层可以牢固地结合并覆盖在被涂物体上。同时,底漆在钢铁表面形成干膜后,可以隔绝或阻止钢铁表面与空气、水分及其他腐蚀介质的直接接触,起到缓蚀保护作用。一旦面漆层被破坏,钢铁也不至于很快生锈。

1)底漆的特性

底漆为了能起到上述作用,应具备下述特性:

(1)底漆对底材表面应有良好的附着能力,对其他面漆或中涂层要有良好的结合能力。

(2)底漆干燥后要有很好的物理性能和机械强度;能随金属伸缩、弯曲;能抵抗外来的冲击力而不开裂、不脱落;能够抵抗其上面涂层的溶剂溶蚀而不会咬起。

(3)底漆要具有一定的填充力,能够填平底材上微小的高低不平、孔眼和细小的纹路等。

(4)底漆要便于施工,涂膜流平性要好,不流挂,干燥快,而且要容易打磨平整,不粘砂纸,保证漆面平滑光亮。

底漆的使用应根据涂装的要求和使用的目的,采用不同类型的底漆;根据工件表面状态和底漆的性质选择适当的涂装方法。

底漆涂膜的强度和结合能力的大小取决于涂膜的厚度、均匀度及其是否完全干燥,底漆涂膜一般不宜过厚,以 15 ~ 25μm 为宜(在汽车表面装饰性要求不高,底漆上直接喷涂面漆的情况下膜厚可以在 50μm 左右),过厚,则涂膜干燥缓慢,还容易造成涂膜强度不够和附着力不良。

2)底漆的类型

底漆的种类比较多,现在汽车涂装中以环氧树脂底漆和侵蚀底漆最为常见。根据用途和防腐机理,可分为隔绝底漆、磷化底漆和塑料专用底漆等类型。

(1)环氧树脂底漆。环氧树脂底漆简称环氧底漆,是物理隔绝防腐底漆的代表。环氧树脂是线型的高聚物,以环氧丙烷和二酚基丙烷缩聚而成。它具有极强的黏结力和附着力,良好的韧性和优良的耐化学性,因此,环氧底漆具有如下的优点:

①附着力极强,对金属、木材、玻璃、塑料、陶瓷、纺织物等都有很好的附着力和黏结力;

②涂膜韧性好,耐挠曲,且硬度比较高;

③耐化学品性优良,尤其是耐碱性更为突出。因为环氧树脂的分子结构内含有醚键,而醚键在化学上是最稳定的,所以,对水、溶剂、酸、碱和其他化学品都有良好的抵抗力。

④良好的电绝缘性,耐久性、耐热性良好。

环氧树脂类涂料也存在一定的缺点,比如表面粉化较快,这也是它主要用于底层涂料的原因之一。环氧底漆使用胺类作为固化剂，胺类对人体和皮肤有一定的刺激性，因此，在使用时要加以注意。

(2)侵蚀底漆。侵蚀底漆是以化学防腐手段来达到其防腐目的的，主要代表为磷化底漆。磷化底漆是以聚乙烯醇缩丁醛树脂溶于有机溶剂中，并加入防锈颜料四盐锌铬黄等制成，使用时与分开包装的磷化液按一定比例调配后喷涂。品牌漆中的磷化底漆一般都已经制成成品，按一定的比例加入固化剂使用即可。

金属表面涂装磷化底漆后，磷化液(弱磷酸)与防锈颜料四盐锌铬黄反应生成同一般磷化处理相似的不溶性磷酸盐覆盖膜。同时，生成的铬酸使金属表面钝化。由于聚乙烯醇缩丁醛树脂具有很多极性基团，它也参与了锌铬颜料与磷酸的反应，转变成不溶性络合物膜层，与上述的磷酸盐覆盖膜都起防腐蚀和增强涂层附着力的作用。

磷化底漆作为有色及黑色金属的防锈涂料，能够代替金属的磷化处理，在提高抗腐蚀性和绝缘性，增强涂层与金属表面的附着力等方面比磷化处理层更好，而且工艺和设备要求比较简单。但磷化底漆涂膜很薄，一般厚度为 8 ~ 15μm，因此通常不单独作为底漆使用，所以，在涂装磷化底漆后有时仍再喷涂环氧底漆。

磷化底漆在使用时要注意的是，因其具有一定的侵蚀作用，所以不能用金属容器调配，使用的喷枪罐也应使用塑料罐，在喷涂完毕后应马上清洗喷枪。磷化底漆施涂完毕后不要马上喷涂其他底漆，而应等待一段时间(20℃，2h)再进行下一步操作。

(3)塑料底漆。塑料底漆的作用主要是增强塑料底材和面漆层的黏合能力，同时具有去除静电的功能。通常为单组分，开罐即可使用，直接喷涂一薄层，等待 10min 左右(常温)，待稍稍干燥后就能继续喷涂中涂层或面漆。

环氧底漆与磷化底漆对底材都具有良好的防腐性，对其上的涂层也都具有良好的黏结能力，应正确选用，否则，底漆层使用不当将会影响面漆层的质量。选用原则如下：对大面积的裸金属通常采用首先喷涂一薄层磷化底漆，然后再喷涂较厚涂层的环氧底漆；对于良好的旧漆层或面积不大的裸露金属区域，可以直接喷涂磷化底漆；对于塑料件需要喷涂塑料底漆；在打磨时若没有磨到底漆层的良好旧漆层，可以不必喷涂底漆而直接喷涂中涂或面漆。

17.3.3 底漆层的喷涂

在喷涂底漆层之前，先将需要喷涂的区域用清洁剂清洁干净，去除油污、蜡脂及灰尘，经适当遮盖后进行喷涂。底漆层的喷涂膜厚可根据情况掌握，一般情况下如果底漆层上还要喷涂中涂层，则可将底漆喷涂得薄一些，只要能够达到防腐和提高黏附能力的目的就可以了；如果在底漆层上直接进行面漆的喷涂，则需要喷涂得厚一些，根据不同的要求可以进行打磨。总的喷涂膜厚以不超过 50μm 为宜。需要注意的是，在旧涂层修补喷涂底漆时，要选用与原涂层无冲突的底漆。

底漆干燥后要经过适当的打磨，为下一步喷涂工作做好准备。打磨时，为更好地判断打磨的程度，应使用“打磨指导层”。打磨指导层，即在需要打磨的涂层上薄薄喷涂或擦涂一层其他颜色的颜色层，意在使打磨时打磨到的区域与未打磨的区域在颜色上有一定的差异，以有利于观察打磨的程度——指导层被磨掉的地方即为高点，而未被磨掉的部位即为低点，指导层全部被磨掉后，需要打磨的区域即比较平滑了。可用于指导层的材料有很多，通常需要打磨的区域是漆膜，则用雾喷极薄的一层单组分硝基漆当作指导层，原子灰的打磨一般用擦涂碳粉来进行打磨指导。指导层的颜色以反差大一些为好，但尽量使用黑、灰、白等容易遮盖的颜色。

1）对大面积裸金属喷涂底漆

大面积裸金属的底漆喷涂时，一般先进行磷化处理后再喷涂隔绝底漆。磷化处理通常用喷涂磷化底漆的方法来进行，喷涂时要根据不同的底材选用不同的底漆。

对于钢板薄喷一层磷化底漆即可，对于铝合金板材需要喷涂含有铬酸锌的底漆进行钝化处理。对于镀锌板等底材通常不用喷涂侵蚀性底漆，直接喷涂隔绝底漆即可。

侵蚀性底漆一般不单独使用，在其上还要喷涂隔绝底漆共同组成底漆层，所以侵蚀性底漆的膜厚要薄一些，以15μm左右为好。喷涂侵蚀性底漆时须选用塑料容器，按照使用说明书进行调配，喷涂所用的喷枪也最好使用塑料枪罐，并在喷涂完毕后马上进行清洗，避免枪身受到侵蚀。侵蚀性底漆的面积不宜过大，可以遮盖住裸露金属区域即可。

待侵蚀性底漆干燥后就可以直接喷涂隔绝底漆了，其间不必进行打磨处理。隔绝底漆以环氧树脂型居多，因底漆的施工黏度比较大，在选择喷枪时需要比较大的口径，以环保型喷枪为例，喷涂时选用1.7～1.9mm口径的重力式底漆喷枪。隔绝底漆的喷涂方法为：薄喷1～2遍，其间间隔5～10min（常温），厚膜一般膜厚30～35μm，只要将裸露金属覆盖住即可。底漆喷涂完毕后静置5～10min，待溶剂挥发一段时间，然后加温至60～75℃，烘烤30min。

漆膜完全干固后，用P240～P360号干磨砂纸配合打磨机打磨，或用P600号水磨砂纸湿磨。打磨时，尽量不要将底漆磨穿，如果磨穿则需要对磨穿部位重新喷涂底漆。

2）对旧涂层喷涂底漆

旧涂层经过打磨后如果没有裸露出金属底材，可以不喷涂底漆，直接喷涂中涂漆或施涂原子灰；如果旧涂层打磨后有部分区域露出了金属底材，只要对裸露的金属部位喷涂底漆而不必全面喷涂，对小部分裸露金属的处理也可以适当简化，可以不必喷涂侵蚀性底漆。经过喷涂底漆的部位必须经过打磨后才能喷涂中涂或面漆，打磨时，必须将所喷涂的底漆打磨平整、光滑，并打磨出羽状边。

3）塑料件的底漆喷涂

塑料件在喷涂时需要使用专用的塑料底漆，首先用塑料专用清洁剂清洁塑料件表面，然后用1.7～1.9mm口径的重力式喷枪喷涂1～2遍，间隔时间5～10min。在塑料底漆未干燥时直接喷涂中涂或面漆其粘附效果会更好，但如果需要刮涂原子灰等，则必须等其完全干燥。

17.3.4 中涂漆的特性

中涂漆层是在底漆层与面漆层之间的涂层，也称做“中涂底漆”、“二道底漆”等，俗称“二道浆”。中涂漆的主要功用是改善被涂工件表面和底漆涂层的平整度，为面漆层创造良好的基础，以提高面漆涂层的鲜映性和丰满度，提高整个涂层的装饰性和抗石击性。

普通载重汽车、农用车辆等对涂装的装饰性等要求并不是很高，所以在底漆上直接喷涂面漆；在涂装修理时如果旧漆层比较良好，可以不用喷涂中涂漆。但对车辆外观装饰性要求很高的小轿车、豪华客车等均要求必须喷涂中涂。在进行了原子灰填补的区域，由于原子灰对面漆涂层具有一定的吸收作用，会在面漆上留下明显的修补痕迹，所以需要喷涂中涂漆加以隔离封闭。

中涂漆应具有以下特性：

(1)应与底、面漆配套良好，涂层间的结合力强，硬度配套适中，不被面漆的溶剂所咬起。

(2)应具有足够的填平性，能消除被涂底漆表面的划痕、打磨痕迹和微小孔洞、小眼等缺陷。

(3)打磨性能良好，不粘砂纸，在打磨后能得到平整光滑的表面。(现在有许多品牌漆中都有免磨中涂，靠其本身的展平性得到平整光滑的表面)

(4)具有良好的韧性和弹性，抗石击性良好。

中涂漆所使用的漆基与底漆和面漆使用的漆基相仿，并逐步由底向面过渡，这样有利于保证涂层间的结合力和配套性，常用的漆基有环氧树脂、聚酯树脂、聚氨酯树脂等。这些树脂所制成的中涂漆均为双组分低温固化，所得到的涂膜硬度适中，耐溶剂性能好，适宜与各种面漆配套使用。

中涂层的颜料多为体质颜料，具有良好的填充性能。中涂漆的固体成分一般要在60%以上，喷涂两道后涂膜的厚度可达60～100μm。着色颜料多采用灰色、白色和黄色等易于遮盖的颜色。另外也有可调色中涂，在中涂漆中可以适量加入面漆的色母(一般为10%左右)调配出与面漆基本相同的颜色，用于提高面漆的遮盖力，避免造成色差。这类可调色中涂漆的漆基一般都与面漆基本相同，若不同时，不可加入面漆的色母调色。

17.3.5 中涂漆的喷涂

中涂漆在调配以前需要经过较长时间的搅拌，因为其中的填料成分很多，沉淀比较严重，如不经过充分地搅拌就进行调配，容易造成涂膜过薄，使填充能力变差。现在常用的中涂漆多为双组分，在调配时，需要严格按照说明书规定添加固化剂和稀释剂，不可随意改变添加量或以其他品牌的类似产品代替。调配好的涂料应在时效期内尽快使用。

在喷涂中涂以前要对施喷件进行必要的清洁处理，如前面所述，用清洁剂首先进行清洁，喷涂之前还要用粘尘布轻轻擦拭喷涂表面。由于中涂漆的施工黏度比较大，所以应选用口径大些的喷枪。中涂漆一般要喷涂2道，每道间隔时间5～10min(常温)，全部喷涂完毕后，静置5～10min，然后按要求加温到适当温度并保持足够的时间，待完全干固后即可以进行打磨处理。

如果要喷涂的面漆遮盖能力比较差，但是底材颜色比较深的情况下需要喷涂可调色中涂漆。比如，有些塑料保险杠本身为黑色，在修补喷涂颜色比较浅、遮盖力比较差的面漆时，如果按照平常的方法处理，喷涂上面漆后底材颜色有时会渗透出来，使面漆的颜色发生变化，与其他金属表面的面漆颜色产生色差。此时可以采用可调色中涂漆对底材进行遮盖，然后再喷涂面漆。

可调色中涂漆即在中涂漆中加入适量的已经调色好的面漆或与面漆颜色相近的面漆色母来改变中涂的颜色，使中涂的颜色与面漆基本相同来增加面漆的遮盖力。中涂漆中加入颜色的量要根据面漆的遮盖力和底材的颜色不同对待。面漆遮盖力差，底材颜色深的情况下，色母加入量要多，面漆遮盖力比较好、底材颜色较浅的情况下色母加入量适当减少，但不要超过产品说明中规定的添加量。调色好的中涂漆作为一整份，按规定比例统一添加固化剂和稀释剂。其喷涂的方法基本与普通中涂漆一样。

可调色中涂漆是一种单独产品,并不是所有的中涂漆都可以进行调色处理。可调色中涂的漆基一般与配套使用的面漆漆基相同,只有如此才能实现在中涂漆中加入面漆色母进行适当的调色操作。

17.3.6 中涂层的打磨

中涂层的打磨一般使用 P400 ~ P600 号干磨砂纸配合 ϕ3mm 偏心振动打磨头进行,或使用 P800 号水磨砂纸水磨。中涂层要打磨得非常光滑,表面不得留有粗糙的砂纸痕迹或其他小坑或凸起等,因为中涂层上要喷涂的是整个涂层最关键的面漆层,任何微小的瑕疵都可能会影响到整个涂层的装饰性等,所以要格外的仔细。使用打磨指导层对最后的打磨工作会有很大的帮助。

中涂层在打磨时应注意:如果在打磨过程中将中涂漆磨穿,露出底漆或原子灰,必须补喷中涂漆,并重新进行打磨;如果有些部位在打磨过程中出现凹陷、气孔等情况,必须重新施涂原子灰,将补涂的原子灰打磨后再喷涂中涂漆,然后进行打磨。

17.4 面漆涂层的涂装

在底涂层喷涂并进行打磨修整之后,就可以进行面漆的涂装了。底漆、原子灰等起到对车身底材的修饰和防腐保护作用;中涂漆可以填平底漆或原子灰等表面的微小瑕疵,并可以衬托面漆涂层,使得面漆涂层显得更加丰满;涂装表面的光泽度、鲜映性和良好的装饰性等都由面漆层来提供,整个涂装工作的好坏都由面漆来体现,因此,面漆喷涂是整个涂装工作最关键的工序。一旦面漆涂层出现不可弥补的故障,必须将整个面涂层打磨重喷。这样,既浪费了人工和材料,又延长了车辆的修理时间。所以,它不仅影响到涂装工作的装饰性,而且直接影响了企业的声誉。

17.4.1 面漆的类型

1)面漆的作用

所谓面漆,并不是一个独立的油漆品种,而是相对于底漆而言,涂装于被涂物面的最上层的涂料。在涂装时,应先用底漆打底,再用面漆罩面。面漆的主要作用是对被涂物体提供防护作用的同时,提高被涂物面的装饰作用。一种优良的面漆必须具备相当的保护性能和装饰性能,使被涂物体在一定使用寿命的时间内,以颜色的光泽条件来衡量是否能保持它的装饰效果。

涂装后的物体,在一般和特殊的使用条件下,其保护和装饰效果都取决于涂料的性能、精心的施工以及底材、底漆、中涂、面漆等的适宜配套。

2)面漆的分类

面漆的分类方法很多,按颜色效果,可分为素色漆、金属漆和珍珠漆等;按成膜物质种类,可分为硝基漆、醇酸漆和丙烯酸漆等;按固化机理,可分为溶剂挥发型、氧化型和交联反应型等;按施工工序,可分为单工序、双工序和三工序等。现在,汽车修补用面漆主要有素色面漆和金属面漆两大类型。

(1)素色面漆。素色面漆俗称“烤漆”,是将各种颜色的着色颜料研磨得非常细小,均匀地分散在树脂基料中而制成各种颜色的油漆。素色漆本身在涂装后即具备良好的光泽度和鲜映性,涂膜厚度在达到50μm后即可显现完全的色调。素色漆随着色颜料不同也具有不同的遮盖力,遮盖能力比较强的颜料,会使涂膜在日光照射时光线只能穿透20μm左右,就被反射出来;而遮盖能力较弱的颜料往往需要比较厚的膜厚才能完全遮盖底层。因为素色面漆本身就具有良好的光泽和鲜映性,所以在喷涂完毕后整个面漆层即告完成,又称“单工序面漆”。

(2)金属面漆。金属面漆具有不同的名称,如“银粉漆”、“金属闪光漆”、“星粉漆”、“宝石漆”等等。不论何种名称,基本上都是以金属粉颗粒(以铝粉颗粒最为普遍)和普通着色颜料加入到树脂基料中而制成。

自金属面漆问世以来,在汽车涂装上使用的比例越来越大,已经成为汽车修补作业时的主要项目。但因为其性质特殊,所以在调色及喷涂施工等方面要比素色面漆困难许多。在修补过程中,除调色需要一定的准确性外,还需要喷涂技巧的适当配合,金属面漆才能在汽车修补作业上发挥完美的效果。

金属面漆中的着色颜料比一般素色面漆为少,若不加入金属粉颗粒,光线会直接穿透涂膜而达底层,涂膜的遮盖力就不能完全发挥。金属粉同其他的颜料颗粒一样能反射光线,正是由于金属粉的大量存在,使金属面漆的遮盖能力比一般素色面漆要高很多,通常喷涂20~30μm的膜厚即可完全遮盖底层。涂膜中金属粉的排列并不是有序的,所以对光线的反射角度不同,造成金属漆本身的无光效果。因此,必须在金属漆上面再喷涂罩光清漆后才能显现出光泽度和鲜映性,其金属闪光效果才能充分发挥。由于金属面漆必须由两步工序完成——金属漆层和清漆层,所以又称为“双工序面漆”。

(3)珍珠漆。除以上介绍的两种常用面漆以外,现在还有一种被称为“珍珠漆”的新型汽车面漆。珍珠漆也被归为金属面漆一类,与普通金属漆的区别在于——在树脂中加入的不是铝粉颗粒,而是表面镀有金属氧化物的云母颗粒。

由于云母颗粒除可以反射一定的光线外,还可以投射和折射部分光线,所以这种面漆可以使被涂物表面产生类似珠光的光晕,有的还可以产生从不同的角度观察得到不同的色相的特殊效果。

珍珠色的种类大致可以分为干扰型和不干扰型两种。干扰型珍珠色即云母反射、折射和投射的光线相互干扰,可出现奇异的光晕。不干扰型珍珠色一般为高光泽不透明漆,主要用于调色。干扰型云母颗粒一般为半透明状,即在云母颗粒上薄薄镀上一层二氧化钛,镀层的薄厚程度决定了光线折射后的颜色效果。例如,纯闪珍珠,微粒钛颜料呈半透明状,有些正面反射的光为黄色,而侧面散乱光为蓝色;又如,银状云母,是在一般纯闪珍珠的云母微粒表面再薄薄镀一层银,该种珍珠色偏光性强,可以得到立体性金属光泽,在微弱光线下也可以发出悦目的光泽。

不干扰型珍珠色的云母多镀有不透明的金属氧化物,如氧化铁、氧化铬等,会使其变为不透明色,通常这种珍珠色不单独使用,而与普通的色母进行混合调色使用。

珍珠色面漆也同普通金属面漆一样,需要在色漆层上再喷涂罩光清漆层来提高光泽度和鲜映性,同时来体现珍珠色特有的光晕效果。因为珍珠色面漆的遮盖能力非常差,在喷涂时多需要先做一层与面漆颜色相同或相似的色底来提高面漆的遮盖力,然后喷涂面漆,面漆之后还要喷涂清漆，所以，该种面漆也称为“三工序面漆”。

汽车用面漆的性能多由其所用的树脂决定。现在普遍采用的面漆（素色面漆）树脂有硝基树脂、醇酸树脂、丙烯酸树脂和丙烯酸聚氨酯树脂等，以后三者最为常用，罩光清漆及不含任何颜料的无色透明涂料，其树脂与常用素色面漆相同。

17.4.2　喷涂表面的准备

由于面漆的喷涂是非常关键的，所以在喷涂前要认真检查底涂层（中涂层以下），不能带有任何的瑕疵，因为这些微小的瑕疵在喷涂完面漆之后，在面漆光泽度的影响下会变得非常的明显。对需要喷涂面漆的准备工作，包括以下几项：

1）底漆层或中涂层要进行完全的打磨

用P400号或更细一些的干磨砂纸将底漆或中涂漆打磨到表面光滑的程度，不要留有橘皮和干喷造成的漆雾等，并尽量不要留有砂纸的打磨痕迹，否则，将会影响面漆的流平效果。底漆或面漆打磨地越光滑，面漆涂层的平整和光亮程度越好。

2）细小凹陷的检查、填补

若底涂层上有划痕、小的凹坑等必须用原子灰进行填补的区域，应选用幼滑原子灰或极细的细灰进行填补，干燥后打磨。若用原子灰填补的面积比较大，为防止原子灰对面漆的吸收，必须用中涂漆进行封闭。

3）打磨平整度检查

在打磨时，如果不小心将底层磨穿而露出了金属底，因为金属底是平整的，所以不必刮涂原子灰，但须薄喷一层环氧底漆，以保证底材的防腐能力。如果底涂层为底漆加中涂的双涂层，则在底漆干燥后还要喷涂一些中涂漆。等修补的部位完全干燥之后，再用细砂纸磨平，必须使打磨部位与未修补的部分完全平顺地结合，否则，会在面漆上出现“地图纹”。

4）遮盖完整

对不需要喷涂的部位进行适当的遮盖，防止面漆的漆雾落到不需喷涂的部位。

5）清洁彻底

在喷涂之前，用清洁剂清洁喷涂表面上可能留有的油渍、汗渍和蜡点等。为保证干净，最好连续清洁两遍。然后用粘尘布擦拭喷涂表面，使喷涂表面不留灰尘颗粒。清洁工作应在喷漆房内进行，清洁完毕后要最好马上进行喷涂工作，防止二次污染。

17.4.3　面漆的准备

1）面漆的混合与搅拌

已经准备好的面漆在喷涂以前必须经过充分的搅拌，使各种颜料和添加剂充分地混合均匀，这是保证面漆涂膜质量很重要的工作。

需要喷涂的面漆因为颜色的需要，很少有使用某一种纯色母直接喷涂的，绝大多数面漆都是由多种色母混合而呈现出需要的颜色。色漆中各种颜料的质量一般比树脂要大得多，一些常用颜料的质量能达到涂料中液体部分质量的7～8倍。由于颜料比重大，它们会慢慢地下沉，造成涂料中树脂与颜料不能均匀地分散、混合，尤其是在涂料中加入了稀释剂和固化剂等更多的液体成分之后，这种趋势会更加明显。另外，各种颜料的质量也是不同的，比重大的颜料有:白色(通常是白垩)铬黄、铬橙、铬绿以及红色或黄色等铁的氧化物,比重较小一些的颜料如炭黑和靛蓝等。比重大的颜料和比重较小的颜料相混合得到需要的颜色,在喷涂时如果未加充分的搅拌,会造成颜色混合不匀,某些地方颜色过深或某些地方颜色过浅等涂膜故障。例如,用白色母和蓝色母按一定的量均匀混合,会呈现出湖蓝色,但如果静置一会儿,由于白色颜料较重会下沉于蓝色颜料的下方,此时油漆呈现的颜色要更加蓝一些。

颜料的沉淀现象不只存在于未喷之前,在喷涂到喷涂表面后涂膜干燥的过程中仍然在沉淀,所以有时会出现刚刚喷涂完毕和涂膜干燥之后喷涂表面有色差。同一部汽车的平面和立面由于空间方向不同,颜料沉淀后造成的色差也不同。还以湖蓝色为例,喷涂在平面上的涂膜在干燥后要比喷涂在立面上的涂膜显得更加蓝一些。由于这些原因,所以在喷涂之前一定要充分搅动面漆,使颜料分散均匀。

当然,涂料中往往需要加入稀释剂、固化剂和催干剂等一些添加剂,这些添加剂混合到涂料当中必须搅拌均匀后,才能充分发挥它们的作用。例如固化剂,固化剂能与涂料中的树脂发生化学反应产生交联而使涂膜固化,如若搅拌不均匀,会造成部分涂膜由于固化剂过量而出现脆硬或变色等现象,另外一部分涂膜由于固化剂量不够而造成干燥不彻底、涂膜过软等。

2)添加剂的使用

涂料中往往需要加入一些添加剂来提高涂膜的性能,改善或适应喷涂环境等。例如,双组分涂料必须加入固化剂才能干燥并保证良好的质量,为调节喷涂黏度需要加入稀释剂;为保证喷涂质量,有时要加入稳定剂来消除颜料沉淀而造成的色差;为防止出现白雾,硝基漆中需要加入化白水;为加快醇酸树脂型涂料的干燥时间,需要加入催干剂;为防止出现“鱼眼”等现象,需要加入流平剂(走珠水)等等。这些添加剂有些是在喷涂之前就要加入并搅拌均匀后才开始喷涂的,如固化剂、稀释剂、催干剂等。有些则是在喷涂当中出现了问题需要加入的,如化白水和走珠水等。应严格按照说明书规定进行操作,这样才能保证良好的使用效果和涂膜质量。

(1)稀释剂的使用。稀释剂在涂装工作中是非常重要的添加剂,在使用稀释剂时,需要注意根据施工条件和施工对象合理地选用不同的品种。例如,若施工环境温度比较高(35℃以上)或施工的对象面积比较大,则需要使用慢干型稀释剂或极慢干型稀释剂,以利于涂膜的流平和新涂层接口部位的融合;相反,在温度低(15℃以下)或修补面积比较小时,应选用快干型稀释剂,以避免流挂的产生和加快干燥速度。

稀释剂的主要作用是用来调节涂料的黏度,以利于涂装工作和保证涂膜厚度的均匀。故稀释剂和固化剂的使用量必须按照涂料的标准要求来添加,有其固定的比例。这种固定的比例有的是用体积比,有的是用质量比。用体积比来衡量添加量时,需要使用专用的比例尺配合直桶状容器来进行添加;使用质量比来衡量添加量时,需要使用电子天平来进行称重。无论使用哪种添加的衡量方式,都要严格控制添加量。

按照涂料的操作说明加入固化剂和稀释剂后,涂料基本都会达到要求的喷涂黏度。使用黏度杯可以进行比较精确的黏度测定。涂-4 黏度测量杯(四号黏度杯)是测量黏度时比较通用的工具。

测试时,首先将杯中测试的涂料搅拌均匀并用 400 目以上的过滤网过滤,稍稍静置 1 ~ 2min 使空气泡逸出,然后将四号杯内外彻底清洗干净并在空气中自然干燥,尤其是漏孔要认真清洁。将黏度杯漏孔向下水平固定,用手指堵住漏孔,将测试涂料注入杯内与杯上沿齐平。移开堵住漏孔的手指,使涂料自然的流出,同时用秒表记时,当流丝第一次中断时停止秒表,这样涂料从杯中以连续形式流出的时间即为该涂料的黏度,用秒(s)来表示。一般面漆的喷涂黏度在16~20s之间比较好,以18s左右最为适宜,既能保证有适合的膜厚,又能有良好的流平性。

(2)固化剂的添加。双组分涂料必须加入固化剂才能干燥并保证涂膜具有优良的硬度、韧性等机械性能。不同种类的涂料,由于使用的树脂不同,所用的固化剂化学成分也不同,必须按照涂料的要求配套使用,切不可任意添加。不同厂家、不同品牌的涂料和固化剂通常情况下不可穿插使用。例如,聚酯树脂类涂料使用过氧化物固化剂;环氧树脂类涂料使用氨基化合物固化剂;丙烯酸类、聚氨酯类和丙烯酸聚氨酯类双组分涂料的固化剂中含有异氰酸酯的化合物等等。

固化剂添加的量同这种涂料使用稀释剂一样,都有其固定的比例,或用体积比,或用质量比,需要严格按照规定添加,不可随意。如果添加的量过少,会导致成膜不良、涂膜过软等现象;添加的量过多,虽可提高涂膜的干燥速度,但过量的固化剂也会使涂膜变脆、失光或变色等。固化剂也同稀释剂一样,分为慢干型、快干型和普通型等几种,用于配合不同干燥类型的稀释剂调节涂料的干燥速度,所以,在选用时这个因素也应考虑在内。

固化剂也具有稀释涂料的作用,但切不可当作稀释剂使用。在涂料中加入固化剂后应进行搅拌,使固化剂与树脂分子均匀地分散。涂料在加入固化剂后即开始化学反应,产生交联固化作用。从加入固化剂并搅拌均匀到涂料结块固化仅需要几个小时的时间,称为"活化寿命"。所以,加入固化剂的涂料应尽快使用,否则会因固化作用导致涂膜出现"橘皮"、"颗粒"等现象或因固化反应导致涂膜交联结块而无法喷涂。涂膜加入固化剂后的活化寿命受环境温度的影响很大,较高的环境温度会加速化学反应致使活化寿命变短。因此,在施工环境温度高时要随喷随调,尽量避免一次性在很多的涂料中加入固化剂,造成浪费。在环境温度比较低时,化学反应的速度会减慢,一般的涂料在温度低于5℃时化学反应基本停止,涂料基本不会干燥。所以,在施工环境温度比较低时要采取一定的措施,促进固化反应的进行。常见措施有:在加入固化剂并充分搅拌后,静置比较长时间以使涂料充分的活化,然后喷涂;或用热水对已经加入固化剂的涂料进行加温和保温等。

在使用固化剂时,还要注意安全操作,尤其是含异氰酸酯的固化剂,因异氰酸酯极具活性,如果使用不当,会对人体造成危害。异氰酸酯可以同许多常见的物质发生反应,所以在使用、储存和处理的过程中,尽量不使皮肤裸露部位接触到异氰酸酯,更不能使其进入眼睛、口腔和呼吸道。如发生上述情况,须马上用大量的清水冲洗并请医生处理。

(3)其他添加剂。使用以防止涂膜故障为目的的添加剂时,应根据当时的情况,结合产品说明进行添加。对于硝基涂料使用的化白水、醇酸基涂料使用的催干剂,在涂膜产生"鱼眼"现象时,使用的走珠水等往往需要视情酌量添加,需要有一定的实际操作经验。

很多涂料在制造过程中已经添加了颜料稳定剂,在正常使用过程中不需要额外添加。例如,高固体成分的双组分涂料,因固体成分占有量很大(达70%以上),所以颜料的稳定性显得非常重要,在涂料生产罐装时都已加入了稳定剂。有些涂料的稳定剂是单独罐装的,例如银粉漆,在色母中就有颜色稳定剂这一项,在调色配方中也将稳定剂作为必须添加的成分而计算出了适当的添加量,在调色时只须按照规定的量加入即可。

17.4.4 喷涂的温度

喷涂的温度会直接影响到最终喷涂的效果,与喷涂有关的温度主要有三项,包括喷漆间的环境温度、喷涂工件表面的温度和喷涂涂料的温度。对三项温度总体上要进行控制,而且要求三项温度尽可能相等或接近。

(1)喷漆间的环境温度一般以20~25℃最为合适。在寒冷的冬季,由于开动循环风后进入喷漆间内的多为寒冷的空气,此时需要加热喷漆间的温度(按动开关,烤漆房均具备自动调整房内气温的功能);夏季喷漆房内温度与外界基本相同,此时一般通过选用较慢干的稀释剂、固化剂,适当调整涂料的干燥速度来适应。

(2)需要喷涂的车辆如果在喷涂之前放置在寒冷的室外,车身表面需要喷涂的地方温度会很低,直接喷涂会造成溶剂的挥发速度减慢,引起颜色不协调和喷涂面硬化等问题。所以,在喷涂时应先将其放置在喷漆间内加温烘烤一段时间,以使喷涂表面达到适合的温度。

(3)在冬季施工时,涂料的温度也是非常重要的,需要对调配好的涂料进行保温或用热水加热的方法使涂料达到适合喷涂的温度,或放在喷漆间内使其与喷漆间内温度接近,但放置时间不宜过长。

17.4.5 单工序面漆的喷涂

1)喷枪选用

面漆的喷涂要根据面漆的黏度选择适当口径的喷枪,以HVLP重力式喷枪为例,喷嘴口径ϕ1.3~ϕ1.4mm比较适合,喷涂黏度较大的面漆使用大一点口径,喷涂黏度小的使用稍小的口径。

喷枪要用面漆稀释剂清洗干净,在枪罐内加入少量的稀释剂,接上高压气管扳动枪机,以较大的气压使稀释剂喷出以清洁喷嘴部位,然后将剩余的稀释剂倒出。

将面漆加入枪罐时,要用400目以上的过滤网过滤,过滤网可以滤掉面漆中的小颗粒和灰尘等,使喷涂的面漆更加均匀。有些喷枪在漆罐与喷枪的导管部位安装有滤网,但是不要因为枪中有滤网就不过滤面漆,因为枪内滤网由于导管的通过面积很小,为保证供漆通常做得比较粗,在200目左右,只能过滤较大的颗粒,对于小一些的颗粒没有过滤作用,有时还会因阻塞而造成供漆困难,所以面漆必须要经过大滤网的过滤。

在喷涂面漆以前要对喷枪的气压、出漆量和喷幅等作仔细地调整。为保证喷涂质量,还应首先作喷涂试验,以确定合适的喷涂距离、运枪的速度和喷幅重叠程度等。喷涂试验板时,要将枪机扳到最底,按喷枪规定的喷涂距离,以正常的运枪速度用2/3的喷幅重叠量喷涂一小条,然后观察漆膜的流平程度和有无喷涂缺陷,如果满意,即可进行正式喷涂;若不满意或有喷涂缺陷,须及时调整。正式喷涂时,应从被喷涂板材的上部开始,以均匀的运枪速度和喷幅重叠量依次向下直到喷涂完整个板材。因为喷漆间内的空气流动为自上而下,这样喷涂可以使漆雾向下扩散,与刚刚喷涂完毕的表面接触较少,有利于保持涂膜的光滑和亮度。

2)面漆喷涂

(1)喷枪起喷。喷涂时的起枪位置应从距离被喷涂表面5~10cm的地方开始。因为若使用的是上罐枪，在重力的作用下，喷口处聚有较多的涂料，刚刚开始喷涂的时候会出漆较多而且雾化程度不良；若使用的是下罐枪，在刚刚开始喷涂时，涂料还没有被抽吸上来，出漆量比较少。从被喷表面的外面一段距离处开始喷涂，可以避免这些现象，保证喷涂质量。如果被喷涂的板材面积比较小，喷涂时应使喷枪移动到板材边缘以外 5 ~ 10cm 处再停止，并原地重新起枪，以一定的喷幅重叠量返回。若被喷涂面积比较大，在运枪时应双脚分开略宽于肩，在保持枪身稳定的情况下，以能够保证喷涂质量的最大喷涂长度为准，不得以移动脚步的方式延长喷涂长度，否则会造成运枪速度不均，引起涂膜的膜厚不匀或颜色有差异。喷涂时，喷枪须沿直线移动，不要出现偏斜，喷口距离与被喷涂表面的距离要始终保持一定，运枪的速度和喷幅重叠量保持均匀，这样才能获得均匀的膜厚、遮盖能力和一致的颜色效果及流平效果。

(2)边角部位喷涂。有些喷涂表面不仅仅是大平面需要喷涂，有些边边角角等也需要喷涂。例如车门，不仅大面需要喷涂，周围的小边和门口也要喷涂才能使涂膜保持一致。对于这种情况，习惯上的做法是首先喷涂这些地方，然后再大面积喷涂。这样做有一个缺点，即在喷涂边边角角等地方时会有大量的漆雾飞溅到需要喷涂的大表面上，影响已经处理过的待喷表面的平整程度，对大面喷涂时涂膜的流平不利。所以，在遇到这种情况时应先对大面喷涂一层，在其表面未干时用比较小的气压和较小的喷幅对边边角角进行喷涂。这样，即使有少量漆雾飞到刚刚喷涂的表面，由于大面上的涂膜未干，很容易将漆雾溶合，不会留下颗粒。等大面上第一层涂膜稍干后再喷涂第二层就不会受漆雾的影响了，边边角角等地方不需喷涂第二层。

(3)涂膜厚度控制。面漆涂膜的厚度一般要求在 50μm 左右，过薄会使涂膜显得干涩，不够丰满，装饰效果比较差；过厚容易出现开裂等涂膜缺陷。现在常用的高固体成分双组分素色面漆由于具有较高的固体成分，喷涂一层即可以有较厚的膜厚和良好的遮盖能力，喷涂两层就可以达到所需的膜厚。在喷涂这种涂料时，应按照涂料的说明来操作，通常第一层喷涂要采用薄喷，涂膜不要太厚，但必须均匀并保证良好的流平。第二层喷涂时移动速度可以慢一些，重叠量多一些，这样涂膜会厚一些，以保证足够的膜厚和良好的平整程度、鲜映程度。两层喷涂间隔的时间以第一层稍干即可，一般在常温下 10min 左右，也可以用手轻触遮盖物上的涂膜，涂料不沾到手指上的程度就可以喷涂第二层。两层喷涂的间隔时间不宜过长，尤其是炎热的夏季，高固体成分涂料中可挥发成分少、干燥快，如果第一层已经达到表干的程度再喷涂第二层，第二层中所含的溶剂成分不能很好地溶解第一层的表面，会造成两层之间不能很好地溶合。

17.4.6 双工序面漆的喷涂

单工序纯色面漆喷涂完成后，面漆层即具有良好的光泽，一般不用再喷涂罩光清漆，所以称为“单工序”。由两道以上的喷涂工序完成的面漆，称为多工序面漆或多涂层面漆。金属面漆中银粉漆的喷涂即为典型的双工序喷涂。

双工序面漆即先喷一层有颜色的面漆，在其上面再喷涂一层无色透明且具有很高光泽的罩光清漆来增加光泽度和保护底下的有色面漆，因这种面漆的喷涂是由两道工序——有色面漆和罩光清漆组成，所以称为“双工序”。金属面漆中的珍珠漆情况又比较特殊，珍珠漆中所含的云母颗粒通透性很高，所以遮盖能力极差，在喷涂时需要先喷一层与底色漆颜色相近或相同的色漆底，提高遮盖能力，然后喷涂珍珠漆，珍珠漆上再喷涂罩光清漆。这种面漆用三道喷涂工序完成。

双工序面漆以金属漆居多,也有纯素色的。颜色漆层一般为单组分型,喷涂后表面光泽度很低或没有光泽,且对大气中的有害物质抵抗能力很差,所以必须喷涂罩光清漆。罩光清漆为双组分型,固化后具有极高的光泽和对外界有害物质的抵抗性,能够很好地突出底层的颜色和金属效果,对底层色漆还具有极好的保护性,两种涂膜共同组成面漆层,具有极好的装饰性和光泽度。

1)双工序纯色色底的喷涂

底色漆层的喷涂如果是纯色的,在喷涂时只要按照正常的喷涂手法进行喷涂,注意保证颜色和遮盖能力的均匀性即可。根据色漆的遮盖能力决定喷涂的层数,以完全显现出颜色为准,现在常用的高固体成分色漆一般喷涂两层或三层就可达到要求。

双工序面漆的色底涂料(也包括银粉漆和珍珠漆)一般要加入比较多的稀释剂,通常达到50%,施工黏度很低,容易造成涂膜厚度和颜色的不均匀,所以在喷涂时更要格外注意喷枪口径的选择和出漆量、喷幅宽度的调整。喷涂时,每层的间隔时间一般比较短,只要等到涂膜中的溶剂成分挥发到涂膜表面完全失光即可进行下一层的喷涂,不必等到完全干燥。

2)金属色漆底的喷涂

喷涂金属漆色底时,因为金属漆中含有铝粉等金属颗粒(银粉),这些金属颗粒在喷涂到施喷表面后的排列状况,对颜色的影响非常大。所以,在喷涂时需要格外注意颜色的均匀和正、侧光情况下的颜色变化。在调金属漆时要注意几点:稀释剂的用量要根据使用说明规定,严格操作,不可随意改变;金属漆通常需要加入银粉调理剂来控制金属颗粒的排列,银粉调理剂的用量是根据所调金属漆的量按比例添加的,在调色的配方中有严格的规定,不允许随意添加;金属漆在喷涂时必须经过充分的搅拌,防止金属颗粒沉淀而造成施喷表面颜色的差异;过滤金属漆的滤网细度要根据银粉颗粒的大小来决定;喷枪中的小滤网可以拆下不用,防止一旦阻塞造成涂膜故障。

(1)影响金属色漆颜色的因素。

①在喷涂金属漆时,应避免喷得过湿或过干。过湿的涂膜正面颜色比较深,金属效果差,这主要是由于涂膜表面的溶剂成分较多,挥发慢,金属颗粒有比较长的时间沉淀,所以排列比较规则,大量的颜料颗粒会上浮,如图17-3所示。这样喷出来的漆膜从正面观察会显得颜色深,而从侧面观察时由于金属的反光效果,会显得颜色略浅。喷涂时出漆量过大、喷涂距离太近、喷幅重叠量太多、运枪速度太慢等情况,都会造成湿喷的现象。

如果表面喷得过干,情况则相反,由于喷涂表面比较干燥,银粉颗粒的沉淀时间短,所以排列无序,杂乱无章,对光线的反射效果强。同时,由于喷涂到喷涂表面上的颜料较少,所以会显得颜色浅。干喷的漆膜从正面观察颜色要浅一些,而从侧面观察颜色要深些,如图17-4所示。

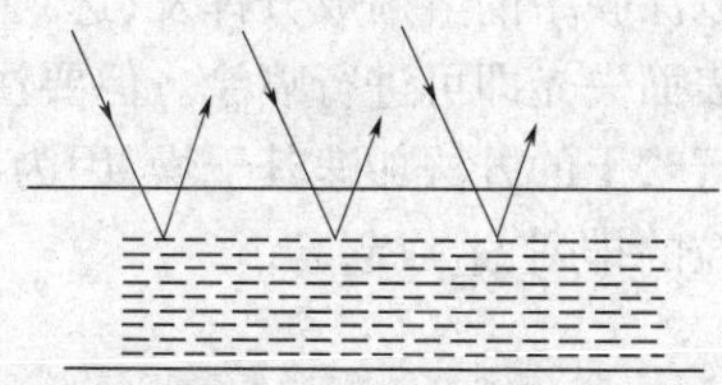
图17-3 涂膜过湿金属颗粒的排列

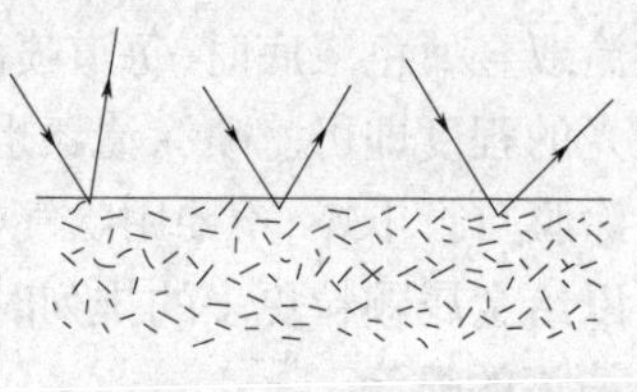
图17-4 涂膜过干金属颗粒的排列

除喷涂手法造成金属色漆颜色的变化以外，喷涂时的环境、设备情况等等也会造成颜色的变化。

②喷涂金属漆时，还应注意运枪的速度、喷枪的距离、喷幅的重叠程度等必须均匀，喷涂气压要保持稳定，否则，会由于有的地方较湿，有的地方较干，产生起云缺陷（俗称"喷花"）。喷花的表面颜色深浅不一，在喷涂完清漆后更加明显，是金属漆喷涂绝对不能出现的。掌握喷涂方式对金属漆色调的影响可以提高修补效率，表17-3中列举了一些喷涂方法与形成金属漆色调的关系。

喷涂方式与形成金属漆色调的关系 表17-3

影响因素		颜色较浅（干喷）	颜色较深（湿喷）
施工环境	温度	升高	降低
	湿度	降低	升高
	气流量	增加	减少
喷枪的调节	喷嘴	小口径	大口径
	空气帽	孔数多	孔数少
	针阀调节	减少涂料流量	增加涂料流量
	喷幅调节	大	小
	喷涂气压	高	低
稀释剂的选择	稀释剂的种类	挥发速度快	挥发速度慢
	稀释剂的用量	增加	减少
喷涂技术	喷枪距离	远	近
	喷涂速度	快	慢
	喷涂间隔时间	长	短

（2）金属色漆的喷涂方法。

金属漆正确的操作方法为"两实一干"的三道喷涂。"两实"即先用正常的喷涂手法对施喷表面喷涂两道，不可过湿或过干，目的是获得均匀的颜色和遮盖力。两道实喷涂膜中的银粉颗粒排列是比较有序的，颜色和金属颗粒的反光效果都比较正常。为进一步提高面漆的金属效果，还要对实喷表面进行一次雾喷，即"一干"。"雾喷"即使用较大的喷涂气压和略远的喷涂距离并以较快的喷涂速度喷涂。这样可以使涂料中的溶剂成分在到达施喷表面之前就大部分挥发掉，能够喷到施喷表面的是重一些的银粉颗粒和少量的颜料颗粒。这些银粉颗粒均匀地喷洒在施喷表面，由于表面干燥所以排列比较凌乱，可以大大地提高其金属闪光效果。

喷涂双金属色漆底时，每道喷涂所需间隔的时间也使以涂膜中的溶剂成分挥发，达到表面全部失光的程度即可。喷涂清漆也同样，等最后一道色漆表面失光即可进行喷涂。但要注意，要等待涂膜自行干燥，不要用吹气枪或喷枪对施喷表面进行吹干的方法加速其干燥，因为自然干燥可以给金属颗粒更多的排列时间，吹干会影响金属颗粒的排列，造成起云。

3）清漆的喷涂

在底色涂层喷涂完毕后，只要等到涂膜表面完全失光即可喷涂清漆，不必等底色涂膜完全干燥。清漆一般喷涂两道，膜厚在40～60μm左右，喷涂手法同单工序面漆相同。清漆中稀释剂的用量要控制在10%以内,有时也可以不加稀释剂,因为稀释剂添加过多,容易引起清漆层表面失光,致使整个面漆层的光泽度不够。

17.5 车身的涂装修补

对汽车车身进行涂装修补,必须使被修补部位的面漆涂层无论在颜色、光泽度,还是在表面流平效果等方面,都要与未修补的部位相同或极其相似。经过修补的区域,必须达到不留修补的痕迹,否则,会影响车身面漆的装饰效果。

车身的修补喷涂必须根据原涂层选择正确的涂料,对所修补的区域要进行准确的调色,根据所修补区域的特点,采用相应的喷涂手法和处理措施,才能达到无痕修补的目的。按照汽车表面的状况、需要修补的面积以及位置,一般将车身的修补喷涂分为板块修补、局部修补和整车重涂三大类。

17.5.1 板块修补喷涂

板块修补的工艺可分解为以下步骤:表面预处理—遮盖—中涂底漆—面漆—修整,其中面漆的修补喷涂最为重要,面漆之前的操作与第六章叙述的基本相同,本部分重点介绍面漆的操作。

1)面漆喷涂前的处理

在进行去旧涂膜、清洁、喷涂底漆、刮涂原子灰、打磨原子灰及清洁、贴护等操作后,可以进行中涂漆的涂装。中涂漆的涂装包括喷涂、表面整平、修补区域打磨及清洁等工序,中涂漆的喷涂操作在前面已有叙述,我们从中涂漆的表面整平开始介绍。

(1)中涂漆表面整平。中涂漆干燥后,应仔细检查是否存在细小砂眼、划痕和砂纸打磨痕迹,若有,则需用幼滑原子灰仔细将其填平。这是一项非常细致也很重要的工作,不能忽视。在汽车修补涂装过程中,涂刮幼滑原子灰的施工操作,常称为"找缺陷"。根据车辆品种,可安排不同程度的"找缺陷"。对一般的汽车,如货车、普通客车等,通常只需进行一次"找缺陷"的工作即可,但对于中高档轿车,就需要进行两次这样的操作,才能将表面上的各种小缺陷找净刮平,即刮幼滑原子灰后进行打磨,再刮幼滑原子灰,再进行打磨以达到理想的效果。

(2)打磨中涂漆。在打磨中涂漆前一定要使用打磨指导层,一般可选用快干的打磨指导层漆在中涂漆表面薄喷一层,也可直接用炭粉作打磨指导层。中涂漆的打磨可采用湿磨和干磨两种方法。干磨至少用P400号以上型号的砂纸,若修补面漆为金属底色漆,则打磨时应选用P600号砂纸打磨;若修补面漆为纯色漆则可选用P400号砂纸打磨;如选择湿磨,可用P600~P800号水磨砂纸进行打磨,若修补面漆为金属底色漆则需要用P800号砂纸;若修补面漆为纯色漆则可以用P600号砂纸。湿磨后,用水和干净棉布将表面冲洗擦拭干净,并用压缩空气吹干表面,有条件的,可用红外线烤灯除湿干燥。为提高工作效率,使用先用机器干磨再水磨的方式可以得到更完美的打磨效果。

无论采用湿磨还是干磨,结束后都应仔细检查一遍表面状况,不能有遗漏之处。打磨结束后,要将粉尘、磨浆水和碎屑等彻底清除干净,并等其完全干燥后才能喷涂面漆。

(3)修补区域喷涂前准备。面漆喷涂前要对准备喷涂面漆的区域进行打磨,即对修补区域四周的旧涂层用抛光机蘸上粗粒度的研磨膏进行打磨,或用丝瓜布蘸驳口蜡进行打磨,以除去黏附在表面的粉尘、油脂、蜡质等污物,并提高面层涂料与旧涂层的附着力。

周边区域打磨结束,进行清洁及遮蔽之后准备喷涂面漆。

2)单工序素色面漆的涂装

(1)调色。调色是板块修补或局部补修涂装作业中关键的工序之一,必须掌握颜料的调色理论基本知识,调色理论在有关章节中有详细介绍。车身修补所用面漆的颜色与修补区域周围面漆的颜色,对于最后的修补质量关系非常大,颜色的确定需要根据修理车辆的情况来定。如果维修车辆没有经过涂装修理,还是完好的出厂涂层,只要根据车辆提供的漆号,通过查阅涂料生产厂商提供的配方来调配就可以了。若查找不到原厂漆号或维修车辆需要重喷的部位在以前已进行过涂装修理,则要用涂料生产厂商提供的色卡来进行比对,从中选出颜色最为接近的色卡,然后确定配方进行调配,用这种方法调配面漆往往需要进行人工颜色微调。

在修补用的面漆调好色以后,不能马上进行修补喷涂,一定要首先喷涂样板,这一点在金属漆的局部修补时尤为重要。喷涂样板的目的一是用于颜色的对比,二是为确定在修补喷涂时的喷涂手法先作一定的实验。

喷涂样板时,要多准备几块样板,以不同的喷涂手法进行喷涂,记录下喷涂时的喷涂气压、运枪速度、重叠程度、枪距远近,以及涂膜的干湿程度等。样板喷涂完后,与需要修补区域周围良好的旧漆层进行对比,看哪一块样板的颜色、光亮程度、表面纹理最为接近,在喷涂时就采用什么喷涂手法。喷涂样板还有利于确定驳口区域(新旧漆层的接口)的大小,对保证颜色的过渡有很大的帮助。用样板进行比色要等完全干燥后才能进行,因为涂膜在没有干燥前,内部的颜料颗粒会有沉淀、上浮等现象,在干燥后才能确定其最终的颜色。金属漆比色的样板要喷涂清漆并等完全干燥后进行。

(2)面漆的喷涂。喷涂前要再次用压缩空气吹清被涂物表面,并用粘尘布将表面擦拭干净。面漆喷涂一般有湿喷两层或薄喷一层加湿喷两层的方法,一旦面漆的遮盖力不够时,应以完全遮盖为准确定喷涂层数。若采取薄喷一层加湿喷两层时方法如下:

喷涂第一道时,要求薄而均匀,喷完后的涂层能透过面漆隐约看到中涂底漆涂层。

喷涂第二道时,要确定涂层色彩,喷涂时应比第一道喷得厚些,也可薄薄地连喷两遍。使其达到一定的厚度,以不露底色漆为准。但应注意,喷涂时每道之间应留有一定的间隔时间以免产生流挂现象。

喷涂第三道时,可在涂料中加入少量稀释剂,将黏度调整到13~15s(涂-4杯,20℃),在表面均匀地喷涂一道,此时喷枪移动的速度应比前几道漆喷涂时稍慢些,目的是获得良好的表面涂层质量和光泽。

(3)修整。清除所有遮盖纸、胶带,揭去专用遮盖罩,修补边角遗漏处,进烘房烘烤30~60min,或自然干燥24h。

3)双工序纯色漆的涂装

双工序纯色漆的板块修补,与单工序纯色漆大致相同,只是在喷涂完纯底色漆后,需在上面喷涂清漆罩光。

4)双工序金属漆的涂装

由于金属漆的特殊效果,双工序金属漆的板块修补分为边对边板块修补和板块间的驳口修补。边对边板块修补即完全遮盖修补板块的相邻板块,仅对被修补板块进行涂装的方式;板块间驳口指除对被修补板块涂装外,还将颜色用驳口的方式过渡到被修补板块的相邻板块上的方式。

对于任何损伤均采用板块修补或板块间驳口修补是比较稳当的方式,但若考虑到提高工作效率及节约涂料则最好能做局部修补,但这样对驳口工艺要求较高,因此,一方面要根据具体情况选择修补工艺,同时也应该不断提高驳口修补水平,将任何情况下的修补做得尽善尽美。

车体的水平板块,如车顶及机盖是100%吸收紫外光的部位,因此对涂层的耐候性要求最高。而局部驳口修补往往喷涂的涂膜比较薄,耐候性不一定能达到最佳状态,所以在水平面不建议做局部修补,哪怕是非常小的损伤也应该做板块修补。

17.5.2　局部修补喷涂

局部修补与板块修补是汽车修补涂装中应用最广的方法,有时可能要通过驳口工艺掩饰颜色差异。因此,对操作者而言做好局部修补难度更高。局部修补即对车身的某一局部进行修补喷涂。汽修厂内大多数需要进行涂装修理的车辆都属于这种情况。局部修补时,最重要的是使修补区域的颜色与未修补区域的颜色一致,表面流平效果相同。为达到这个目的,在底材处理和喷涂时需要采用一定的技术措施。

1)局部修补底材的处理

局部修补时,要根据车身损伤的情况对底材进行必要的处理。如果需要修理的地方为车辆撞击所留下的凹陷、褶皱等,则需要进行钣金处理或用原子灰进行填平。在刮涂原子灰之前,要对底材进行打磨,清除表面杂质和提高黏附能力。对于经过大面积的钣金操作的裸金属板,还要先进行喷涂磷化底漆和环氧底漆等防腐处理,等干燥后再打磨。原子灰的刮涂区域以能够填平表面为准,尽量控制在最小的范围,防止扩大最终的修补面积。

原子灰的上层应该喷涂一层中涂层对底材进行封闭,以防止原子灰对面漆的吸收而出现地图纹等面层缺陷。如果需要修补的部位仅仅是轻微划伤,即没有伤到金属板材且没有影响板材的平整程度,此时一般不需要用原子灰,只要对修补区域进行必要的打磨后喷涂中涂层即可。

在进行面漆的局部喷涂修补时,应采用反向粘贴法来对不需喷涂的表面进行贴护,以圆弧面对着需要喷涂的方向,而且圆弧尽量要大些,这样进行贴护可以保证喷涂的区域与未喷涂区域的良好过渡,不会出现台阶。图17-5为反向粘贴法的示意图,其中反向粘贴法A适用于平坦的表面,反向粘贴法B适用于曲面。

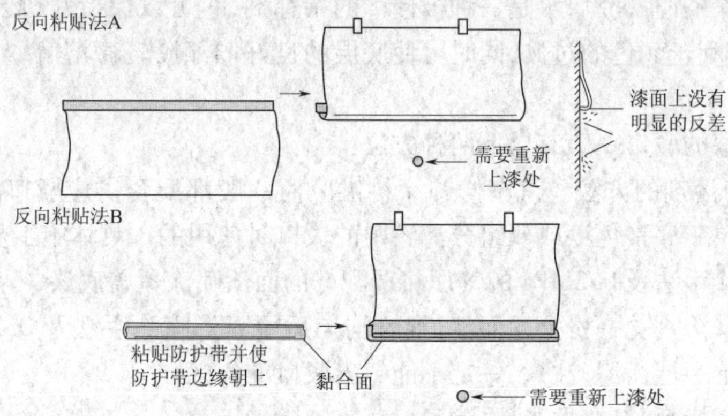

图17-5　反向粘贴的方法

2)单工序纯色面漆的局部喷涂

驳口是局部修补的基础。驳口工艺是通过低气压、低流量及弧形喷涂手法的喷涂将颜色逐渐过渡,使颜色差异难以被肉眼识别的修补方法。当弧形走枪时,枪距较远处的涂层较薄,反之,则较厚。驳口区的准备非常重要,一般要将驳口区域准备得足够大,使各层喷涂均能容纳在准备区域内,但同时又要尽可能控制驳口区域范围。一般地,白珍珠漆及浅银漆的驳口准备区较大,普通银粉漆次之,纯色漆最小。图17-6表示了驳口修补的区域准备大小以及各层喷涂的大致位置。对修补区进行常规的清洁及打磨后,再将驳口区域用打磨布和水性研磨膏打磨,并将周边区域的全部打磨成无光状态,按常规方法刮灰及喷底漆并打磨。

喷涂颜色过渡的驳口区域一般要采用"挑枪"的方法,即在喷涂时以肘部为轴,或摆动腕部,使喷枪对喷涂表面的喷涂距离发生圆弧形的变化,对需要修补的区域距离近一些,喷涂比较实,而对驳口区域距离逐渐变远,漆雾逐渐变淡,这样驳口区域将形成一个逐渐过渡的颜色变化区域,最终与周围未修补的区域相融合,如图17-7所示。驳口区域的大小没有具体的规定,以颜色逐渐变化到视觉上感觉不到明显的差别为好。通常颜色调得越准确,所需逐渐变化的驳口区域越小,反之,则需要比较大的驳口区域才能进行弥补。

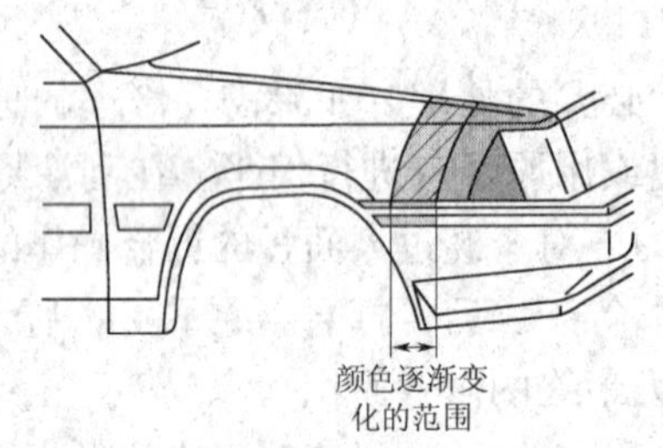

图17-6 用颜色过渡的方法达到颜色的协调

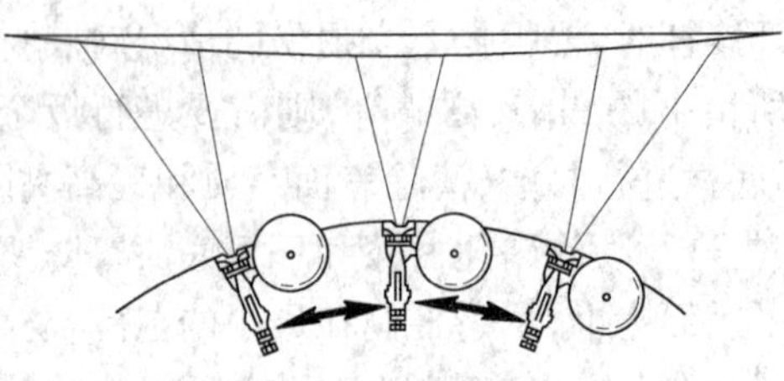
图17-7 运用挑枪喷涂驳口

驳口部位的过渡也可以采用其他的方法来实现,例如,采用许多短的行程,从中心部位向外喷涂。采用该法喷涂时,需要逐渐扩大每一次的喷涂范围,以便能和上一次稍有重叠。每一次喷涂时都要适当地调整喷枪的气压和喷幅,使之逐渐变小,以达到喷雾逐渐变淡的目的,有时还要根据情况适当改变出漆量。

在用这些方法对驳口部位进行必要的修饰后,通常要用驳口溶剂(俗称驳口水)对整个驳口区域均匀地喷涂一遍。驳口水是一种极慢干的稀释剂,它可以保持驳口区域在很长时间内的湿润状态,更有利于颜色的过渡,同时可使底层的良好旧漆膜轻微溶解,与新漆膜具有良好的结合能力。

单工序纯色漆的驳口一般有以下两种方法:

(1)使用驳口溶剂的方法。汽车修补涂料供应商一般都配套供应驳口溶剂,比较常用的驳口溶剂是用于单工序素色漆或双组分清漆中的驳口时使用的。具体施工步骤为:

①用弧形喷涂手法及0.2MPa的气压将调配好的面漆喷涂覆盖底漆;

②用一份驳口溶剂兑一份上述面漆,混合均匀后用弧形喷涂手法及0.2MPa的气压将混合面漆喷涂覆盖上一层面漆,注意,一定不能超出驳口准备区;

③面漆完全干燥后,打蜡抛光,去除驳口痕迹。

(2)将双组分清漆当成调合清漆的方法。该方法适用于高光泽的新涂膜及显眼位置的驳口。

用弧形喷涂手法及0.2MPa的气压将调配好的面漆喷涂覆盖底漆；用一份调配好的双组分清漆兑两份上述面漆，混合均匀后用弧形喷涂手法及0.2MPa的气压将混合面漆喷涂覆盖上一层面漆，将喷枪洗干净；用0.3～0.37MPa气压将调配好的清漆喷涂一层覆盖整个经表面准备的区域；干燥清漆。

局部修补的区域往往要进行打蜡抛光，以去除驳口的粗喷痕迹及恢复光泽。可以选择多功能合一的蜡，也可以选择从粗蜡到细蜡和上光蜡一步一步地进行。一般可以选择机械抛光或手工抛光方式，单工序纯色面漆在调色时要求的准确程度相对较高，但要达到完全相同也是不可能的。为了在修补之后使修补部位与其周围的未修补部位达到视觉上颜色无差异，在喷涂修补时需要使颜色有一个逐渐过渡的区域，让颜色逐渐变化。

局部修补的基本程序和板块修补相似，但要注意的是，在刮涂原子灰和喷涂中涂底漆时不要超出驳口区域。

建议：不在单组分硝基或热塑性丙烯酸涂层上做局部修补，最好用双组分中涂底漆封闭旧涂层再做板块修补。鉴别旧涂层涂料种类最简单的方法是溶剂擦拭法，即用干净棉布蘸上稀释剂在旧涂层表面擦拭，并仔细观察原涂层表面的反应，如表面软化或溶解，说明涂膜属于挥发性单组分涂料，否则，涂膜为双组分丙烯酸聚氨酯。

在喷涂前，需要对估计的驳口区域进行打磨，以增强涂膜的附着能力，打磨要采用很细的砂纸（湿磨P1200号以上）或用研磨颗粒比较粗的专门研磨驳口区域的驳口蜡配合尼龙布，驳口区域要打磨得大一些，为可能加大的驳口区域做准备，即使驳口没有扩大，由于打磨痕迹很小也很容易在抛光时抛掉。为使修补区域与未修补区域的纹理接近，建议采用驳口蜡打磨驳口区域，若采用砂纸打磨会破坏驳口区域的纹理。打磨部位如图17-8所示。

小的局部喷涂，一般不要扩大到临近的板材，只对损伤的部位及其周围做小范围的修补即可，驳口尽量控制得小一些。如果被喷涂表面上有诸如车身板冲压线等特殊的部位，在颜色能够充分融合的情况下尽量使驳口区域不超过冲压线，并以冲压线作为驳口的终止位置，这样可以避免在颜色和涂膜纹理等方面出现明显的变化。如图17-9所示。

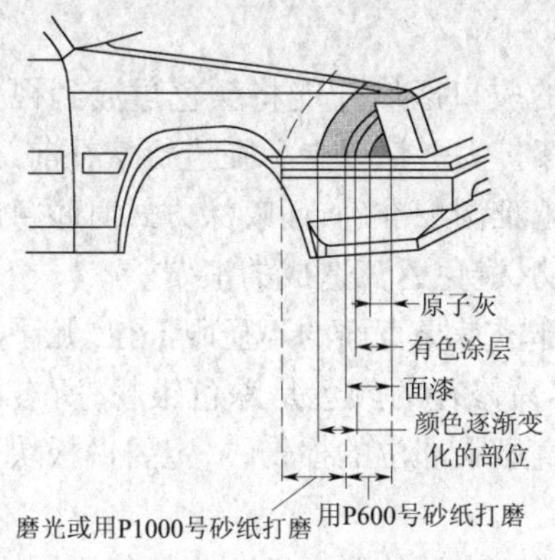

图17-8　驳口部位的准备

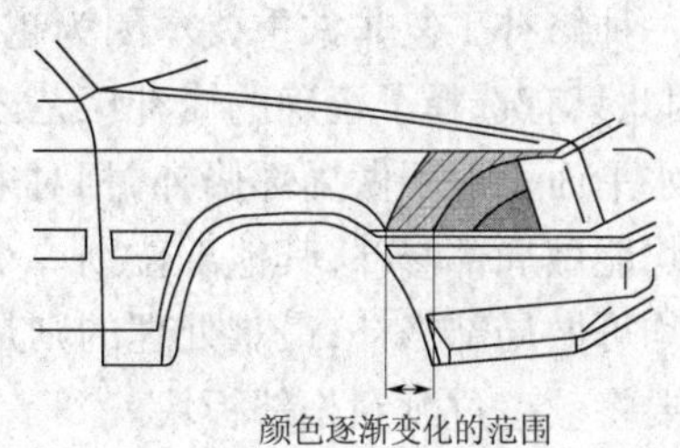

图17-9　控制驳口在车身冲压线以内

如果是整板需要喷涂修补或需要修补的部位在紧邻车身其他板件的接缝处，为防止在车身接缝处产生明显的颜色差异，通常要将驳口区域扩大到相邻的板件，以求得颜色的统一。在这种情况下，驳口终止的位置首先需要考虑的因素并不是颜色的一致性，而是在什么部位终止才能最大限度地隐藏驳口，不留修补痕迹。因为整板的面积比较大，有足够的颜色过渡空间，但如果在比较大的平面上作出驳口，会影响整个平面的整体流平效果，驳口区域毕竟是用雾喷的方法来完成的，流平效果要差一些。在整板上做驳口一般选择有特征线（例如车身板的冲压线、车身上的装饰条等）或车身形体过渡到面积比较小的地方来结束，这样的部位会使驳口不明显。图17-10所示为车身后翼子板部位修补驳口的终止位置。

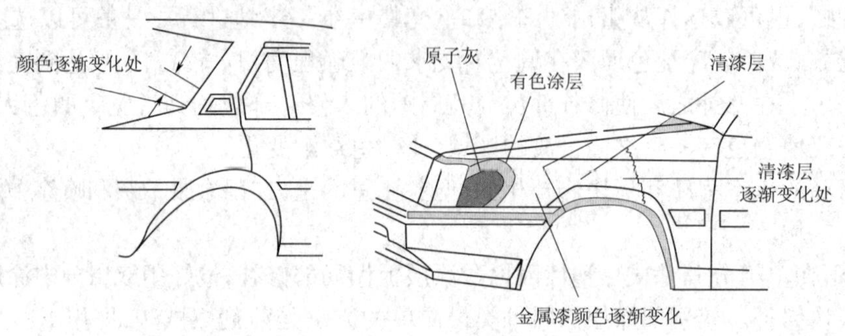

图17-10 选择较小的面积部位终止驳口

3）双工序纯色漆的局部喷涂

纯色漆既可以是单工序也可以是双工序。例如，上海通用的别克、广州本田的雅阁等轿车的纯色漆都采用双工序的施工方法。修补时，应采用与原厂涂膜相同的施工工艺，可以得到非常接近的涂膜效果。如果不能确定原涂膜是单工序还是双工序，可以用砂纸或粗蜡打磨修补区域，如果打磨下的是树脂状的透明物质，表明这是清漆，该工艺属双工序的；若打磨下的是与原车颜色相同的颜料，说明该工艺属单工序。

双工序纯色漆与单工序纯色漆的区别，在于它在喷涂完底色漆后，还必须用清漆罩光（喷涂清漆）。双工序纯色漆局部修补的工艺和单工序纯色漆的局部修补工艺类似，只是驳口较复杂，包括底色漆驳口和清漆驳口。底色漆的驳口通常是上述“使用驳口溶剂的方法”，而清漆的驳口则可以使用上述两种方法中的任何一种。

4）双工序金属面漆的局部喷涂

双工序金属漆色底的局部修补，一般需要比较大的驳口区域才能将颜色过渡到视觉上没有差异的程度，驳口区域往往要比纯色底或单工序面漆扩大一倍以上。在进行修补前，确定使用哪一种修补工艺非常重要。因为越是复杂的颜色，越难调配准确，而喷涂方式对颜色影响越大，因此只有选择了正确的修补工艺才能一次修补成功，避免返工造成的浪费。

水平面一般不做局部修补，相对来说容易修补的部位是竖直面的不显眼部位，几乎所有的颜色均能做局部修补，其他部位则要小心处理；而最容易修补的颜色是深色银粉，所有的竖直部位均可做局部修补；最难处理的则是浅色银粉在竖直显眼部位的损伤，一定要做板块修补并常常要将颜色过渡到相邻板块。

即使是同一部位，同一面积的损伤，若颜色不同，局部修补的驳口面积也可能不同，一般深色银粉在较小的面积内可以完成，而浅色银粉则需要较大的面积，三工序珍珠则需要更大的面积。

由于局部修补要采用驳口技术，许多人不愿意做驳口修补，认为颜色是调色人员的工作，总依赖于调色人员将颜色调配准确。但当我们学习了银粉漆的效果原理以及喷涂方式对颜色的影响后,应该知道修补不是只靠调色准确就可以达到的,因此一定要结合各种实际情况选择工艺,若没有足够的把握做边对边板块修补时,最好做好驳口的准备。

双工序银粉漆的修补工艺和纯色漆的局部修补一样,也要对驳口准备区域进行仔细地处理。建议用丝瓜布蘸研磨膏打磨,或用 P2000 号砂纸湿磨将驳口准备区域仔细打磨至表面全无光泽。

面漆喷涂包括银粉底色漆和罩光清漆,一般面漆颜色调配好后可以进行驳口修补。双工序银粉漆涂装系统的驳口修补和双工序纯色漆的驳口修补非常相似,但罩光清漆可以选择局部驳口喷涂也可以选择喷涂整个板块,视具体情况而定。

相对于纯底色漆,银粉底色漆的驳口比较难,但掌握了基本方法及经过足够的实践,一般均能将驳口修补做好。驳口时,可以选择普通的空气喷枪,也可选择专门用于修补的喷枪,如 SATA Minijet 以及特威 SRi 均属于这一类。这种小喷枪的喷嘴口径一般可以在 0.8 ~ 1.2mm 间选择。修补时使用喷涂气压为 0.1 ~ 0.2 MPa,用弧形手法喷涂,喷涂第一道遮盖整个底漆区域,闪干后,喷涂第二道漆层覆盖前一道,直到完全遮盖并将颜色均匀过渡到周边区域,但不可超出打磨区域。注意,在每一喷涂动作结束前不可松开扳机,否则,会形成修补区周边一圈黑圈,严重影响修补质量。"黑圈"现象是喷涂银粉底色漆时需要特别注意的一个问题,即在修补部位与未修补部位的结合处出现一圈颜色较深的痕迹,使修补区域非常的明显。黑圈的产生主要是由于修补部位通常喷得比较湿,银粉颗粒排列比较有序,而结合部位由于比较干燥,银粉颗粒不能很好地排列,在光线折射下会显得颜色有明显的变化。

黑圈现象是可以避免的,在喷涂银粉色底以前,先取少量调配好的清漆加入 9 倍的清漆稀释剂搅匀后薄喷一遍需要修补的区域,喷涂的面积要大于需要修补的面积,这样可以使被修补区域形成一层湿润无色的底,然后再进行银粉色底的喷涂修补。因为清漆干燥得比较慢,修补区域边缘飞溅的银粉颗粒可以在比较湿的环境下得到充分的排列,即可避免黑圈现象的出现。有的涂料厂商生产了专用的驳口清漆,按要求调配好后可以直接喷涂,喷涂方法同上。消除黑圈有时也可以用挑枪的方法来实现,但效果通常不好且需要一定的技巧。

颜色越浅的银粉越难驳口,修补之前必须喷涂驳口清漆,这样可以大大改善银粉驳口边缘的黑圈现象。

银粉漆静置(闪干)后喷涂清漆层,可以选择驳口工艺或喷涂整个板块。使用驳口工艺时,应注意其喷涂范围要超出银粉底色漆喷涂区域,并在打磨过的部位以内使用渐淡法匀化,并使用驳口溶剂。清漆完全干固后抛光,使修补区光泽与整车光泽相符。但是因为在喷涂清漆层时,由于清漆的光泽度很高,面层稍有瑕疵都会显露出来,所以一般对所修补的部位整板喷涂清漆以求得统一的流平效果,不做驳口,如果必须要做驳口则应选择不易察觉的地方来做,而且驳口尽量细小。

有些原厂双工序涂层的清漆层中也含有少量的金属漆,目的是在清漆中也能产生闪光效果,以提高面层的立体装饰效果,在修补这样的清漆层时,要按照配方中所要求的金属色漆添加量来操作,不要随意添加,否则,会造成色差而且很难补救。

17.5.3 整车的重新喷涂

对整车进行重新喷涂因为无需做颜色的过渡,所以显得相对容易一些。

整车喷涂时,如果是要对车身进行全面的从防腐到面层的涂层操作,最好是将车上的其他总成和零部件包括车窗等全部拆卸下来,只留下一个车壳,这样有利于整体的防腐处理和提高面层的装饰性。

如果需要就车进行整车喷涂(通常只进行面层操作时采用就车喷涂),则对遮盖要求比较高,对不需喷涂或不能喷涂的地方一定要仔细地进行遮盖,例如,车窗、发动机舱内的设施、车厢内的内饰、车标及车身装饰、门把手、轮胎等都要遮盖。有些能够拆卸的零部件,例如大灯、小灯、散热器格栅、前后保险杠等,应拆卸下来,喷涂完毕后再安装。

全车喷涂的顺序,以各水平表面漆雾飞溅最少为原则,通常,大多采用先喷涂车顶,然后喷涂车后部,围绕车身一圈,最后在车后部完成接缝的方法来喷涂。如由两个操作人员共同完成整车的喷涂工作,效果会好一些,可以达到没有接口痕迹。但在喷涂金属面漆尤其是珍珠面漆时最好由一个人操作,不同的操作手法可能会引起颜色的差异,喷涂清漆时再由两个人操作。图 17-11 所示为整车喷涂的顺序示意图。

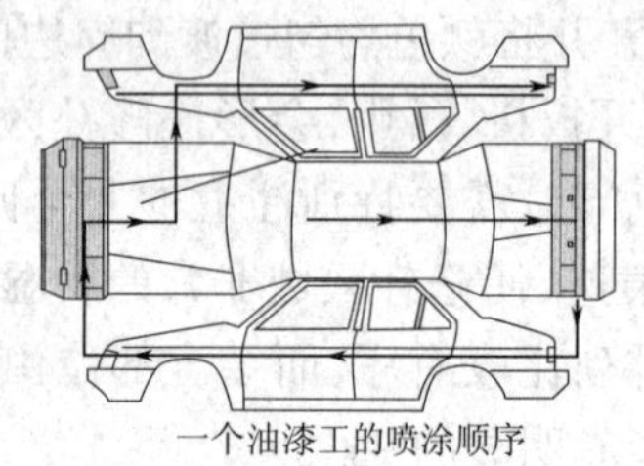
一个油漆工的喷涂顺序

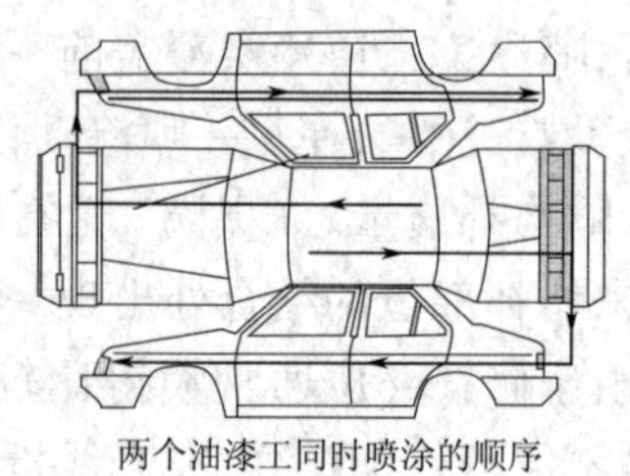
两个油漆工同时喷涂的顺序

图 17-11 整车喷涂的顺序

面漆的涂布结束以后,涂装工作已经大部分完成,但还需要进行最后的修整工作。涂膜的修整主要包括清除贴护、修理小范围内的故障和表面抛光等。

17.5.4 清除贴护

喷涂工作完毕之后,封闭不喷涂部位的胶带和贴护纸的作用就已经完成,可以清除掉了。

清除贴护的工作不要等到加温烘干以后进行,因为加温后胶带上的胶质会溶解,与被粘贴表面结合得非常牢固,很难清除,而且会在被粘贴物上留下黏性的杂质。如果被贴护表面是良好的旧漆层,由于胶中溶剂的作用还会留下永久性的痕迹,除非进行抛光处理,否则将去除不掉;涂膜完全干燥后清除胶带,还会引起胶带周围涂膜的剥落,造成不必要的修饰工作等。

贴护的清除工作应在喷涂完毕之后,静置 20min 左右的时间,待涂膜稍稍干燥后即可。静置 20min 左右的时间也有利于涂膜中溶剂的挥发,避免喷涂完毕后直接加温烘烤所造成的涂膜热痱等故障。

清除工作应从涂层的边缘部位开始,绝不能从胶带中央穿过涂层揭开胶带。揭除动作应仔细缓慢,并且使胶带呈锐角均匀地离开表面。清除时,注意不要碰到刚刚喷涂过的地方,还应防止宽松的衣服蹭伤喷涂表面,因为这些表面尚未干透,碰到后会引起损伤,造成额外的工作。

17.5.5 面漆表面微小故障的处理

喷涂过程中常常会由于种种原因使面漆表面产生一些微小的缺陷,例如,流挂、有明显的涂膜颗粒(脏点)、微小划擦痕迹和凹坑等,影响装饰性,因此必须进行修理。

1)流挂和涂膜颗粒的处理

在喷涂当中产生流挂是常见的缺陷,由于喷涂环境的影响,在涂膜表面有颗粒等也是不可避免的。若流挂的面积很小,涂膜表面颗粒很少,可以用单独修理的方法进行处理,修理必须是在涂膜完全干燥的情况下进行。处理过程为:首先平整流挂或颗粒部位,然后用抛光的方法使修理部位与其他部位光泽一致,消除修理痕迹。

(1)平整修理。平整流挂和小颗粒多采用打磨的方法,但对于流痕或颗粒比较大的情况,往往先用刮刀将流痕或大颗粒削平,然后再用较细的砂纸打磨来加快工作的速度。打磨流挂部位一般使用 P1200 ~ P2000 号水磨砂纸配合硬质打磨垫块(不可使用软打磨垫)来进行,因为较细的砂纸产生的打磨痕迹比较容易抛光,但有时需要打磨的区域比较大,为提高效率可以先用较粗的砂纸(如 P800 ~ P1000 号)打磨一遍,待基本完成后再逐级用细一级的砂纸打磨,直到打磨痕迹可用抛光的方法消除为止,注意不要跨级使用砂纸。

打磨时,为防止磨到周围不需打磨的部位,可以贴护胶带对不须打磨的区域进行防护。打磨时应使打磨垫块尽量平行于面漆涂膜,手法要轻一些,用水先将水砂纸润湿,然后在打磨区域上洒一些肥皂水,这样可以充分润滑打磨表面,且不至于产生太大的砂纸痕迹。打磨时要非常仔细,经常用胶质刮水片刮除打磨区域的水渍来观察打磨的程度,只要流挂消除并与周围涂膜齐平即可,千万不要磨穿或使漆膜过薄,要给抛光留出余量,并保证抛光后仍有足够的膜厚。对于边角等涂膜比较薄且极易磨穿的地方尤其要小心。

对于小颗粒及小范围的打磨,一般使用小型打磨块配合 P1500 ~ P2000 号水磨砂纸来进行。国外有些涂装工具公司一般专门为这项工作配有小磨头和配套砂纸,如德国费斯拖工具公司就专门配有这种小型设备;国内的涂装工作人员一般使用砂纸包裹麻将牌来进行,效果很好。打磨时,同打磨流挂一样,沿涂膜水平运动并用肥皂水润滑,如图 17-12 所示。如果颗粒过大或流痕突出部位非常明显,可以先用刮刀刮除,然后再用上述的打磨方法进行打磨。用刮刀刮除工作效率比较高,但操作上要求一定的技巧,刮削时刀刃应略向上方倾斜,不可切削过量,如图 17-13 所示。

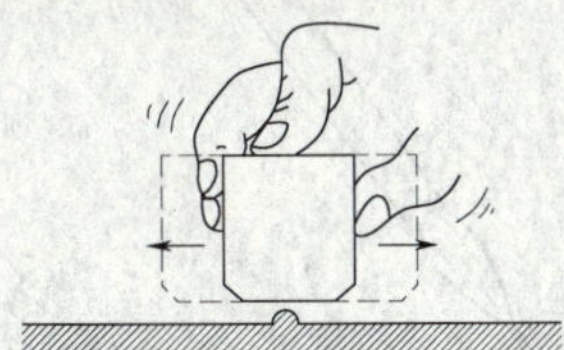

图 17-12 用小磨头打磨颗粒

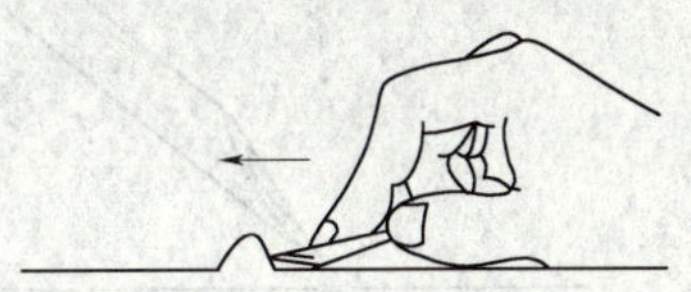

图 17-13 用刀进行表面修整

(2)局部抛光。经过平整修理和打磨的区域必须进行抛光,对小范围修补区域,一般使用手工抛光的方法即可,也可用机械抛光来提高效率。

手工抛光的材料通常使用法兰绒布,因法兰绒布质地较厚,且多为毛质或棉质,非常适合抛光用。抛光时,用法兰绒布蘸上少量抛光粗蜡或中粗蜡,用力对打磨区域擦拭以消除打磨痕迹,运动轨迹以无序为好,尽量不要留下磨削的痕迹。待砂纸痕迹基本消除并具有一定的光泽后,将抛光区域和抛光布清理干净,不要留下粗蜡痕迹,然后换用细抛光蜡再次进行细致地抛光。

对于新漆面而言，未抛光的区域即具备耀眼的光泽，经过抛光的部位光泽虽然没有降低，但已经变得比较柔和，像珠光一样悦目，往往会造成两个区域有明显的差异甚至色差。所以，用细蜡抛光的面积要大于修理区域3～5倍，使修补区域与未修补区域无明显的差异，最后再用上抛光蜡对整板进行上光即可。

用抛光机进行局部抛光同上述用手工抛光的基本步骤相同。首先，将中粗抛光蜡（由于用机械进行局部抛光，用中粗蜡即可）涂抹于修理区域，选用小型海绵抛光轮以较低的转速对修理区域进行研磨抛光，待修理区域基本消除打磨痕迹并显现出光泽后，逐渐提高转速并扩大抛光区域到修理区域的3～5倍；然后，换用较大的抛光轮，用细抛光蜡对整板进行抛光、上光，一体操作，消除光泽和颜色的差异。

2）涂膜凹陷的修理

在面漆喷涂完毕后，涂膜上常常会有个别因喷涂表面清洁不净，留有油渍、汗渍等造成涂膜张力变化而形成的小凹坑（鱼眼），或是清除贴护时造成的小范围涂膜剥落等现象，对这些地方进行补漆操作时，若缺陷位置不明显，一般不需要用喷枪，使用小毛笔或牙签等对凹陷部位进行填补就可以了。但如果缺陷部位非常明显或所处位置是车辆极需要涂膜完美的地方，如小轿车的发动机罩或翼子板等，一般都需要采用点修补的方法（使用小型修补喷枪进行小局部喷涂）来修理。

凹陷最好在涂膜未干时用牙签或小毛笔填补，否则将会造成填补部位附着不良和颜色的差异。具体操作如下：

（1）若面漆漆膜已经基本干燥，则需要用清洁剂对需要填补的区域进行清洁。如有必要，可用P800号以上的细砂纸进行简单打磨，但打磨区域切不可过大，只起提高附着能力的作用即可，然后用清洁剂清洁干净。

（2）用牙签或小毛笔蘸上少量面漆（为保证没有色差，最好用喷涂剩余的面漆。若为双组分涂料，则必须添加固化剂），并迅速地滴到故障部位（鱼眼）或描绘于需要填补的部位（剥落漏白），如图17-14所示。

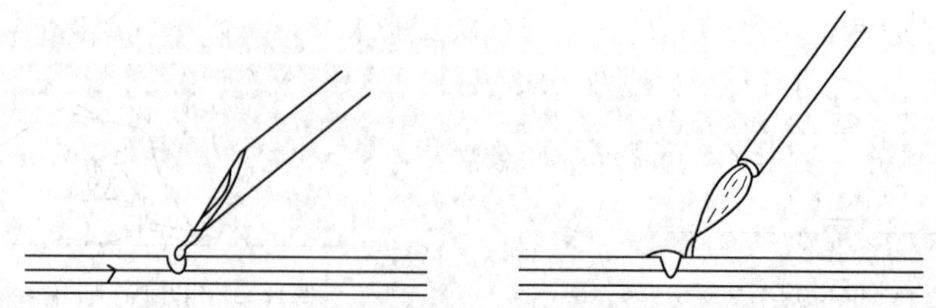

图17-14　用牙签和小毛笔进行表面修理

（3）用另一支小毛笔蘸取少量面漆稀释剂涂抹在修饰部位，以使修饰部位变得较为平整，并利用稀释剂的晕开和溶解作用使修补部位与其周围相融合。

（4）待涂膜完全干燥后，可以稍稍进行打磨并进行抛光处理，方法同流挂及颗粒的修理。

17.5.6　面漆的抛光

目前使用的丙烯酸基或丙烯酸聚氨酯型的双组分面漆虽然在喷涂之后表面即具备高度的

光泽,但由于喷涂环境的影响,喷涂表面有时会产生大量的脏点,或是由于局部修补需要使修补部位与原涂层消除光泽上的差异或色差,往往也需要进行整板抛光处理。

何时进行抛光效果最好,要看使用何种涂料以及干燥的温度等条件。参考涂料的使用资料,可以比较好地掌握。一般在涂膜干燥程度为90%时,是抛光处理最好的时机,丙烯酸型双组分面漆一般在常温下干燥2~3天左右最适合抛光。如果抛光时涂膜还是比较软的,其中仍有较多的溶剂需要挥发,这样只能获得暂时的光泽,当剩余溶剂挥发时,面漆表面会褪色失光;若等面漆完全干燥后再抛光,由于双组分面漆的硬度很高,会造成打磨和抛光的困难,增加劳动强度,并可能影响涂膜的光泽和装饰性。

17.6 特殊涂料涂装工艺

17.6.1 车用塑料件概述

近年来,汽车上越来越多的部件采用塑料制造,尤其是车身的前、后端保险杠和挡泥板的外沿、散热器的护栅、车身下部的防撞板、仪表板、装饰板等,以及其他许多部位。塑料的优点在于既能节省能源,又能使汽车轻量化。目前,塑料在每辆轿车中的应用已达20%(质量比),约150kg/辆。塑料部件具有很高的强度,对于降低全车质量,提高车辆的动力性、经济性和节约成本具有重要的意义。所以,在汽车车身上使用塑料制品已经成为一个发展方向。

由于塑料部件与金属部件相比,在涂装上有一定的区别,因此,汽车维修漆工必须掌握大多数车用塑料部件的喷涂方法。

1)汽车常用塑料的种类

塑料产品种类繁多,能应用于汽车制造业的大致可分为两大类:即热塑性塑料和热固性塑料。正是两种塑料的不同特性决定了它们在汽车上的不同应用,常用汽车塑料及用途见表17-4。

常用汽车塑料名称及用途　　表17-4

塑料代号	化学名称	适合烘烤温度(℃)	用途	属性
EP	环氧树脂	80	玻璃钢车身板	热固性
UP	不饱和聚酯	120	玻璃钢车身板	热固性
ABS	丙烯腈—丁二烯—苯乙烯共聚物	60	车身板、仪表板、护栅、大灯外罩	热塑性
PP	聚丙烯	100	内饰板、内衬板、内翼子板、面罩、散热器、挡风帘、仪表板、保险杠	热塑性
PVC	聚氯乙烯		内衬板、软质填板	热塑性
PC	聚碳酸酯	100	护栅、仪表板、灯罩	热塑性
PUR	聚氨酯		保险杠、前后车身板、填板	热塑性

续上表

塑料代号	化学名称	适合烘烤温度（℃）	用途	属性
EPDM	乙丙三元共聚物		保险杠冲击条、车身板	热塑性
PE	聚乙烯		内翼子板、内衬板、帷幔板、阻流板	热塑性
TPR	热塑橡胶		前轮罩板	热塑性
TPUR	热固聚氨酯	60	保险杠、防石板、填板	热固性
PA	聚酰胺	80	外装饰板	热塑性
PS	聚苯乙烯		内饰件	热塑性
ABS/MAT	含玻璃纤维的强化 ABS		车身护板	热塑性
PPO	聚苯醚		镀铬塑料件、护栅板、大灯罩、遮光板、饰品	热塑性

2）塑料件涂装的特殊要求

由于塑料本身具有优良的防腐能力，在涂装施工中，不需要对塑料产品进行表面的防腐处理。目前，使用于汽车制造业的塑料制品中，绝大多数塑料有在100℃以上的高温下易变形、涂膜的附着力差、受到溶剂的侵蚀会软化或龟裂等特点。而且各种塑料制品的用材不同，特性各异，因此塑料制品的涂装与金属表面的涂装有较大的差异，在涂装中，应注意以下几个方面：

（1）涂料的选择应符合塑料制品的特性和质地。

（2）在汽车维修业中，如需对塑料制品进行修补，对于容易拆卸下的部件，最好能拆下后再涂装。否则，一定要把周围的部件用汽车专用罩纸遮盖后再涂装。

（3）在使用的修补涂料中，根据塑料的柔软程度都加入了柔性添加剂，而添加柔性添加剂的面漆不宜抛光。但只要施工方法正确，干燥后都能获得很好的光泽。

（4）在对玻璃纤维部件进行修补时，必须特别注意，由于它的质地比较疏松且多孔，打磨时要小心，不要磨穿表面的胶衣层，以防止喷涂时涂料的溶剂被吸收。

17.6.2 塑料表面适用的涂料的选择

各种塑料制品在制作过程中的选料不同，涂装时的涂料选择也应根据塑料底材的性质和其对涂层性能的要求而定。如聚苯乙烯、聚碳酸酯塑料的耐溶剂性较差，不宜使用溶剂溶解性很强、干燥较慢的涂料。热固性塑料不存在溶剂的溶蚀问题，能适合于它们的涂料品种较多。

对塑料制品的涂料选择要根据其使用环境要求而定，大致分为室内用和室外用两大类。室内塑料制品的涂料选择应侧重于它们的装饰效果，一般可选择醇酸涂料、丙烯酸涂料、丙烯酸硝基涂料。而室外塑料制品则应有良好的耐久性和耐候性，适合使用的涂料品种有双组分丙烯酸涂料等。如有特殊要求，可根据实际情况选择，如选择抗划伤涂料、导电涂料、防静电涂料、阻燃涂料等。在为塑料制品的表面涂装选择涂料时，还应考虑施工场所、施工方法、施工条件、产品价格等因素。

1）ABS 塑料

热变形温度 70～170℃，能溶解于酮、苯和酯类溶剂，与醇类和烃类溶剂无溶蚀作用。适合使用的涂料有热塑性丙烯酸涂料、环氧、醇酸及硝基漆等。

2)PVC 塑料(聚氯乙烯)

属于通用型塑料,用途广泛。有硬质和软质不同系列的塑料制品。一般可采用聚氨酯涂料,普通用途的硬质 PVC 采用丙烯酸酯涂料或聚乙烯醇缩丁醛涂料、过氯乙烯涂料。

3)PU(聚酯)**和 EP**(环氧)**塑料**

这类品种的塑料抗冲击强度大,能耐各种化学药品。可选择热塑性丙烯酸酯涂料、环氧或不饱和聚酯涂料,耐候性要求高时可选择双组分丙烯酸聚氨酯涂料。

4)PA(聚酰胺)、**PBT**(聚对苯二甲酸丁二醇酯)**塑料**

这两类塑料制品是具有优良的物理力学性能的工程塑料,涂料可选用丙烯酸酯或其改性涂料、聚酯涂料、聚氨酯涂料或胺固化环氧涂料。

17.6.3 喷涂塑料部件的准备

汽车用塑料的种类较多,用途广泛,在涂装修补中,涂料的选择与施工方法的应用将决定修补涂层的质量。按照塑料制品的质地软硬程度,一般将其分为硬质塑料(如车身用 ABS 塑料、玻璃钢等)和软质塑料(如 PP、PU 等)。大多数的硬质塑料部件不需要使用底漆,涂料本身的附着力足以很好地黏附于其表面。但对于聚丙烯(PP)、聚对苯二甲酸丁二醇酯(PBT)、聚甲醛(POM)、聚碳酸酯(PC)等,则需要使用底漆。尤其是聚丙烯,涂装前不仅要进行表面预处理,还需喷涂专用底漆,以增强面漆对被涂物表面的附着力。大多数的软质塑料制品的涂装需在底漆中加入柔软剂(均应与面漆配套),以保证涂层柔软,不会产生开裂的现象。

在更换部件时,零件厂商提供的部件有一些可能是涂有底漆的,而有相当一部分是不涂底漆的。对于已经涂有底漆的部件,处理时,可直接喷涂中涂或面漆;对于没有底漆的零部件,通常情况下都应使用专门的塑料底漆进行喷涂或用乙烯清洗式涂料进行覆盖,以提高其表面的附着能力。但有些硬质塑料,如玻璃钢等,与涂层有良好的黏结力,可以不用喷涂塑料底漆,而一般软质的塑料都需要这道工序。在汽车修理,没有更换零部件时,是否需要喷涂塑料底漆要根据情况来定,如果有裸露塑料制品,应喷涂塑料底漆。

1)软质塑料部件的预处理

对于软质塑料部件在进行喷涂之前可按如下步骤进行准备:

(1)使用专用塑料清洁剂对整个需喷涂的塑料表面进行清洁,如果是新件,则更应仔细清洁,将部件表面的脱模剂(主要成分为硅酮等)清洗干净,然后擦干。如果塑料制品是具有吸水性的材料(如尼龙等),在水洗或清洁之后需要加温或放置一段时间,以使吸收的水分充分挥发。

(2)用 P200 号干磨砂纸将需要修补的区域进行打磨,然后刮涂或揩涂塑料原子灰。

(3)待塑料原子灰干燥后,用 P320 或 P400 号干磨砂纸打磨修补区域,将原子灰四周磨薄呈羽状边,吹净粉尘并用粘尘布擦干净,用塑料清洁剂进行二次清洁。

(4)使用专用塑料底漆对整个需要修补的区域薄喷一层均匀的涂膜,稍稍静置一下(5 ~ 10min),然后即可以湿喷涂底漆。在喷涂底漆时要注意:

①底漆须在塑料底漆未干时喷涂,这样才可获得良好的黏附能力。因为裸露的柔性塑料和塑料原子灰会吸收稀释剂而膨胀,使修补区域在喷涂完面漆后显现出来,所以在喷涂底漆时

应优先选择快干型稀释剂并尽量少加，且每道喷涂要薄一些，不要过湿，为获得较厚的涂膜可以多喷几道。

②由于软质塑料比其他材料更容易膨胀、收缩和弯曲等，因此底漆或中涂漆以及面漆中都要加入一定量的柔软添加剂。柔软添加剂可以使涂膜变得柔软并具有伸缩性，顺应底材的变形以避免产生开裂等现象。柔软添加剂的加入量须根据产品的使用说明严格操作，并在加入后的活性期内尽快使用，使用完毕后应将喷枪彻底刷洗干净。

(5)等底涂层彻底干燥后，用P400号干磨砂纸进行打磨，为喷涂面漆做好准备。

以上所列为一般工序，针对不同的情况可适当采取不同的措施。

2)硬质塑料部件的预处理

硬质塑料部件通常都与普通的涂装材料有较好的附着力，一般可不用塑料黏附性底漆进行处理，但使用其进行处理之后，效果会有一定的提高。

当搞不清需修补的硬质塑料究竟是什么材质时，可按照玻璃钢制品来进行处理。玻璃钢车身部件在汽车上已经广泛应用，在喷涂预处理方面，与车身钢材的处理方式基本相同。处理玻璃钢等硬质塑料制品时，要注意以下几点：

(1)玻璃钢等硬质塑料制品不需要额外进行防腐处理，更不必喷涂磷化底漆。

(2)更换件或新的板件表面常残留有制造时的脱模剂，这些脱模剂中含有的硅酮等物质会严重妨碍涂膜的附着，所以必须清理干净。对于硬质塑料的涂前预处理可以按下面步骤进行：

①更换的新板材必须使用专用的脱模剂清洗液进行清洗或用软布蘸上酒精等进行全面的擦拭，以去除掉脱模剂成分。

②用塑料清洁剂对喷涂表面进行除油清洁处理，处理方法与清洁裸金属和良好的旧漆层相同。

③用P80~120号干磨砂纸打磨需要修补的部位，吹干净后进行二次清洁。注意只要打磨平整即可，对于玻璃钢制件尤其不要磨穿树脂层。

④使用普通原子灰对需要填补的部位进行填补，待干燥后用P320号砂纸打磨成羽状边。将喷涂表面清洁干净，喷涂底漆或中涂漆。对于磨穿的玻璃钢件，也可用普通原子灰在磨出玻璃纤维的地方进行刮涂覆盖，然后打磨平整。

⑤对喷涂完底漆或中涂层的部件进行打磨，用P400号干磨砂纸将涂膜打磨到平整，如有微小的孔、眼，可用填眼灰进行填补并磨平，为喷涂面漆做好准备。

17.6.4 塑料零部件的面层喷涂

塑料零部件在进行完预处理后即可进行面层的喷涂。大多数汽车用面层涂料和中涂漆都可以用于塑料件的喷涂，包括两工序或三工序的金属面漆涂层。但在喷涂之前，最好先确定所选用的面漆是否适合于特定的塑料底材和是否要使用柔软添加剂以及专用塑料底漆等。各品牌涂料的使用手册中都列出了该种涂料的使用方法以及用于塑料制品时的注意事项。

车身的塑料部件多为硬质塑料，例如玻璃钢、硬质ABS等，一般都喷涂成与车身一致的颜色，使用的涂料也相同，并且不必添加其他添加剂。对于一些特殊的塑料制件，如车内塑料件、车的软顶等往往需要特殊的喷涂处理和使用专用涂料。

1)汽车软顶的喷涂

有些车辆的车顶使用乙烯树脂人造革等软质材料,这些软质材料的喷涂不能使用一般车用面漆和底漆,而必须使用专用皮革漆。

专用皮革漆的漆基为乙烯树脂,所以又称为乙烯漆。乙烯漆的黏着力强,具有良好的柔韧性,大多数皮革和人造皮革在涂装处理时都采用它。在喷涂汽车软顶时,可以采用单独的乙烯漆,也可以将乙烯漆和丙烯酸面漆按一定的比例混合使用,两种方式都可以按以下方式进行:

(1)用清洗剂和软毛刷将旧顶棚清洗干净,并用大量清水将顶棚和全车彻底冲洗。

(2)用塑料清洁剂将需要喷涂部位仔细清洁。

(3)仔细遮盖不需喷涂的部位,确保没有疏漏的地方,因为乙烯树脂涂料黏着力很强,漆雾很难清理掉。

(4)先将喷枪的气压调整得略低一些,喷幅调小,对边角等部位首先进行喷涂。边角等比较难处理的地方都喷涂过一遍以后,将喷枪调整到正常,以正常的喷涂方式对顶棚湿喷两层,喷幅的重叠程度以 2/3 为宜,两层的间隔时间以第一道涂层稍稍干燥即可。

(5)两道湿喷完成后,用稀释剂以 200% 的比例稀释乙烯涂料,再薄喷一层,充分润湿车顶表面,以获得一致的外观。

(6)干燥至少 1h 后可以去除遮盖,但要进行下一步的维修需要 4h 以后。

因为乙烯树脂涂料一般为内用型,对于紫外线和大气中的有害物质没有足够的抵抗能力,所以干燥后的乙烯树脂涂层还需要使用乙烯树脂透明保护层来进行保护涂装。透明保护涂层可用于乙烯树脂软顶、车辆内饰件和其他覆盖乙烯基着色涂料的地方,可抗紫外线、防止粉化、阻碍盐分、油脂、水分和其他污物对底涂层的腐蚀作用。这种透明的保护层不需要稀释,用海绵或柔软的布蘸上以后均匀涂抹于需要的部位即可。这层涂膜经过 10 ~ 20min 即可干燥,干燥后 1h 能够防水,1 天后可达到耐腐蚀的程度。

2)塑料部件皮纹效果的喷涂

一般车用塑料件除有些需要非常平整外,大多数都有自然的纹理,有些内饰件还专门制造出模仿皮革的纹理效果。这些部位在涂装修理时需要特殊处理,使涂膜出现需要的纹理。

为了在涂膜上制造纹理,各品牌涂料都有相应的纹理剂和纹理添加剂(颗粒剂),按照使用说明合理地在面漆内添加纹理添加剂,会使涂膜产生类似塑料制品的表面粗糙效果。另外,使用黏度较高的涂料和采用降低喷涂气压而使涂料不能很好地雾化的喷涂方法,也可以制造出一定的纹理效果,但这需要较高的喷涂技巧。制造纹理效果可以按下面的操作过程进行:

(1)按照涂料和纹理添加剂的使用说明适当调配涂料,采用低气压,在需要制造纹理效果的区域内用干喷的方法薄喷一层。

(2)待第一层比较干后再薄喷第二层,这一层的喷涂面积要比第一层略大一些。需要注意的是:两层喷涂之间一定要留有足够的干燥时间,而且每一层喷涂都不要过湿,否则,会影响纹理的形成。若需要较厚的涂层,可以用这种方法多喷涂几次。

(3)当达到所需的厚度后,开始混合修理区域的纹理。这项操作与喷涂其他涂层相似,作出驳口,然后可以加温使干燥速度加快。

(4)如果需要,可在纹理上层再喷涂一层清漆。

用单组分挥发型纹理剂重新制造的纹理部位应用高压空气吹干净,并用粘尘布轻轻擦拭,不可用清洁剂进行清洁,因清洁剂中含有溶剂成分,会破坏纹理。用在双组分涂料中添加纹理添加剂方法制造的纹理则无此必要。

17.6.5 三工序珍珠漆的涂装

在汽车修补涂装工作中,经常提到三工序涂装,一般来说,三工序涂装是指三工序珍珠漆以及着色清漆的涂装。三工序珍珠漆包括底色涂层、珍珠漆涂层和罩光清漆三个步骤,而着色清漆则包括底色涂层、着色清漆层和罩光清漆三个步骤。两种三工序涂装的相同点在于中间涂层都是具有颜色或珍珠效果但不具备遮盖力的涂层,而且中间涂层的层数会极大地影响最终涂膜的颜色,因此,无论在颜色调配还是在修补过程中三工序涂装都是比较困难的工艺。一般都运用"多层喷涂试验"的方法,确定最终颜色及效果。

三工序珍珠漆属于汽车涂装中的高档用漆,涂膜表面具有丝绸和软缎般细腻、柔和的珍珠光泽,涂层丰满而有质感,有多层次的珍珠般反射效果,一般多用于各种高档轿车、豪华大客车的涂装。目前,一些普通轿车也有少量采用。着色清漆是一层有颜色而又通透的涂层,能使底色漆的颜色效果更丰富、更生动,具有立体感。目前,着色清漆在汽车涂装中运用不多,但在摩托车涂装中运用广泛,而且在一些装饰性涂装中也有应用。

三工序珍珠漆的涂装系统在施工时一般分为三个阶段进行操作,即喷涂底色漆、喷涂珍珠色漆、喷涂罩光清漆。

1)喷涂底色漆

底色漆层又称为颜色层,以纯底色漆居多。施工方法为两道,第一道实施薄喷,第二道实施着色喷涂,喷涂方法与素色漆一样,喷涂气压0.30MPa,喷涂距离15cm。底色漆层必须充分喷涂,完全遮蔽以前颜色。

喷涂完成后,必须有一段较长的自然干燥时间。若底色漆层未充分干燥,则底色漆层和珍珠层可能会混合,产生不同的颜色。反之,若底色漆层过度干燥时,又会造成珍珠层与底色漆层的附着不良。检查是否有灰尘或砂粒,若有则必须去除,因为珍珠层具有半透明特性,无法将灰尘遮蔽。

2)珍珠色漆

珍珠色漆为三工序操作中的第二道工序,它提供了更深层次的珍珠反射效果,但不具备遮盖力,对基体层的质量要求较高。喷涂时,一定要使用供应商提供的配套稀释剂,避免起花。喷涂气压0.25MPa,喷涂距离25cm,涂料黏度15~17s(涂-4杯,20℃),喷涂次数与调色时珍珠层次数相同,并使光泽达到约50%的亮度,每层应留有一定的间隔时间,以防涂层流挂。在喷涂时,要保持一个比较远的喷涂距离,防止珍珠不均匀。而且建议将调色时所喷的试板放在烤房内,可一面比对颜色,一面核对喷涂次数。在喷涂罩光清漆前,表面不得打磨,否则,会留有明显的砂纸痕。

3)罩光清漆

三工序珍珠漆的最后一道操作工序是喷涂罩光清漆,喷涂时应等底层干燥后才能施工,若间隔时间太短会导致底层珠光涂料起花。施工方法为一道薄喷、一道实喷,薄喷清漆以形成一薄膜,防止珍珠产生不均匀;实喷时,要注意观察涂膜纹路,使纹路、光泽均匀。喷涂压力0.30MPa,喷涂距离15~20cm,喷涂完成后静置10~20min,然后以60℃的温度烘烤30~40min。

喷涂三工序珍珠漆时应注意：

(1)施工对底层要求较高，而且珍珠层遮盖力较差，因此中涂漆打磨时应选用 P1000 以上的细砂纸，以免在涂层留下砂纸痕。

(2)珍珠漆在喷涂时黏度不宜太高，喷枪移动的速度应适当快些，以均匀喷涂 2～3 层为宜，枪速太慢与涂料太厚都易产生起花的现象(金属斑痕)，膜厚应控制在 15～20μm 之间。

(3)罩光清漆可以喷得较厚，喷枪的移动速度应稍慢些，但层间一定要留有间隔时间，以免产生流挂。

着色清漆是指在普通清漆中加入透明的颜料，使清漆有颜色但无遮盖力。在喷涂最后一层罩光清漆前喷涂一层，以增强涂装效果的生动性。着色清漆的喷涂和普通的双组分清漆喷涂方法相似，但喷涂的层数影响到颜色的效果，一般情况下，层数越多颜色越明显，最后罩一层清漆是为了得到更好的耐候性。若着色清漆喷涂的层数较多，可能需要较长的干燥时间，刚喷涂完毕的涂膜可能较软。

17.6.6 三工序珍珠漆和着色清漆的修补工艺

三工序珍珠漆和着色清漆系统都属于最难修补的涂装，主要分为对喷涂过程中的颜色校正和驳口工艺。颜色校正一般采用“多层喷涂试验”，比对颜色的方法。确定了喷涂珍珠层或着色清漆层的数目后，即可进行修补。

1)三工序珍珠漆驳口工艺

(1)用 0.30 MPa 的喷涂压力将纯底色涂层喷涂完成，注意不能超出准备区域。

(2)用 1 份驳口溶剂兑 1 份上述纯底色漆，用 0.30MPa 的喷涂气压及弧形喷涂手法喷涂，覆盖上一层涂膜，但不能超出准备区域。

(3)用 1 份调配好的珍珠漆兑 2 份第(2)步混合的纯底色漆，用 0.30MPa 的喷涂气压薄喷 1～2 层，但不能超出上一层纯底色漆范围，喷完后洗净喷枪。

(4)用 0.25MPa 左右的喷涂压力喷涂正常调配的珍珠层，边喷边检查颜色，直到颜色正确。注意，尽量不要超出底色漆的喷涂区域。

(5)用 1 份驳口溶剂兑 2 份第(4)步珍珠漆，用 0.25MPa 左右的喷涂压力喷涂覆盖上一层涂膜。

(6)用 1 份调配好的双组分清漆兑 2 份第(5)步的混合漆，用 0.30～0.35 MPa 的喷涂压力喷涂，将上一层涂膜完全覆盖，完成后洗净喷枪。

(7)喷涂罩光清漆，可以喷涂整个板块，也可驳口喷涂，干燥。

总之，三工序珍珠漆的驳口技术比较复杂，所以一般不建议局部进行修补，尽量做板块喷涂，必要时做板块间的驳口，有时要做好驳口至相邻的第二块、甚至第三块的准备。

2)着色清漆的驳口工艺

就像校对三工序珍珠漆的颜色一样，通过“多层喷涂试验”确定着色清漆的喷涂层数，确定好后才可以开始修补。其驳口工艺如下：

(1)按照正常的方式准备驳口区域。

(2)喷涂底色漆遮盖底漆，喷涂 2～3 层并延伸至周边区域，静置干燥。

(3)用低压及弧形喷涂手法喷涂着色清漆，将底色漆区域覆盖，喷涂至颜色正确所需的层数,每层覆盖前一层的区域,并静置足够的时间(一般为5~10min)。

(4)喷涂一层清漆,驳口喷涂覆盖着色清漆并延伸至周边区域。

17.6.7 特殊的涂装

在涂装施工中,除了正常的涂料施工外,还可以利用特制的涂料进行涂装,对工件起保护作用,例如车底涂装、内板件涂装、抗砂石撞击涂装、黑色涂装、双色调涂装、抗划痕涂装等。

1)车底涂装

新车底板或轮罩内表面涂上电泳涂层以后,通常在上面涂敷一层乙烯塑料丁酯,可有效地防止硬物飞溅的撞击。但是,乙烯树酯必须在温度达到120~130℃时才能干燥,这样它就不能用作一般车辆的涂装修补。因此,在修补车身下部时,必须采用空气干燥型车底涂料。

一般应用于汽车修补涂装的空气干燥型车底涂料,主要有以下四种类型:黏涂剂黑UC,一升罐装;黏涂剂黑UC,自喷罐装;黏涂剂白UC,一升罐装;黏涂剂白UC,自喷罐装。自喷罐式的车底涂料可以直接喷涂到下部车身,而一升罐装车底涂料只能用专用喷枪喷涂,如17-15所示。为了得到良好的防崩裂性能,涂膜厚度要达到0.5mm以上。

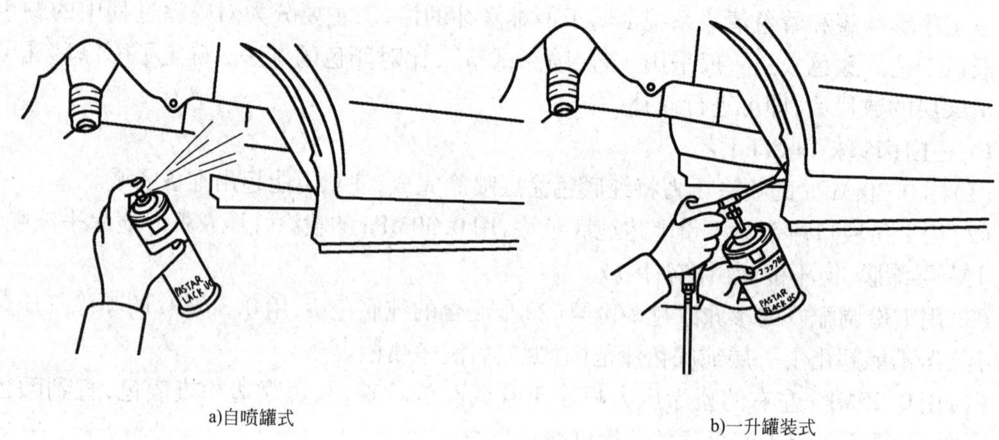

a)自喷罐式　　b)一升罐装式

图17-15　车底涂料的涂装方法

车底涂装工艺非常简单,主要有三个环节,即遮盖、施涂、干燥。遮盖时要将不需喷涂部位遮盖严密,防止出现多喷。喷涂前对要喷涂部位进行彻底清洁和除油。喷涂时,主要集中喷涂焊接部位和板件相交的部位,需要多喷涂几层涂料,以便使涂层厚度超过0.5mm。喷涂之后要留出足够的干燥时间,使车底涂料彻底干燥。

2)抗砂石撞击涂装

抗砂石撞击涂料是一种喷涂汽车车身的专用涂料,用于防止行驶时轮胎崩起的石头或砂子撞击车身而引起的车身生锈。目前我们应用的主要有两种类型的抗砂石撞击涂料:面漆型和中间涂层型抗砂石撞击涂料。两种类型涂料的防砂石撞击作用是相同的,不同之处在于面漆型抗砂石撞击涂料是黑色的,而中间涂层型抗砂石撞击涂料与面漆颜色相同,因为它施涂在电泳层和中涂底漆之间。而且两种类型的涂料所得到的橘皮纹理是不同的,如图17-16所示。

(1)修补抗砂石撞击涂层的要点。若要对抗砂石撞击涂层进行修补,必须使用抗砂石撞击性能很好的涂料,以便涂层碰到石头时不会剥落。为确保良好的抗砂石撞击性能,必须喷涂

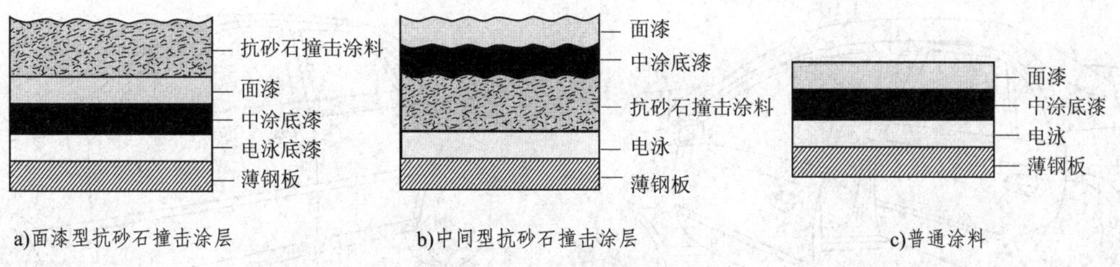

a)面漆型抗砂石撞击涂层　b)中间型抗砂石撞击涂层　c)普通涂料

图 17-16　涂膜的橘皮纹理

适当厚度的抗砂石撞击涂料，具体厚度参看涂料供应商的相关资料。要确保喷涂抗砂石撞击涂料部位的涂膜纹理与原涂膜纹理相同，最好在喷涂前先喷涂试板，因为喷涂的技巧对于纹理影响很大，必须确定接近原纹理后才能喷涂。喷涂技巧对纹理影响见表 17-5。

喷涂技巧对纹理的影响　　表 17-5

珠纹效果 / 喷涂条件	凸起数量	
	大	小
空气压力	高	低
喷涂量	小	大
行程速度	快	慢
喷枪距离	远	近
流平	大	小

(2)面漆型抗砂石撞击涂料涂装要点。用大于 P400 号砂纸打磨要喷涂的部位，用抛光剂打磨面漆型抗砂石撞击涂层分形线周围的部位。对必要的部位进行遮盖、清洁和除油，喷涂几层抗砂石撞击涂料，得到适当的涂层厚度和涂膜纹理。根据涂料供应商的要求，让涂膜进行干燥。

(3)中间型抗砂石撞击涂料的涂装工艺要点。用大于 P300 号的砂纸，打磨要使用中间型抗砂石撞击涂料的部位。对必要的部位进行遮盖、清洁和除油，喷涂几层抗砂石撞击涂料，得到适当的涂层厚度。根据涂料供应商的要求，让涂膜进行干燥。打磨中涂底漆部位，注意，涂中间型抗砂石撞击涂料的部位，必须用刷子打磨，以防止纹理结构被破坏。正常喷涂中涂底漆，彻底干燥涂膜。打磨准备喷涂面漆的部位，同样注意涂中间型抗砂石撞击涂料的部位必须用刷子打磨。最后，进行正常的面漆涂装。

3)黑色涂装

黑色涂装主要用在散热器上支撑架、车门框、车门槛板等部位，为了防止车身颜色从空隙露出来，改善车身设计或外表，使车身看起来更具装饰性，如图 17-17 所示。

通常黑色涂料都涂装成半光泽或无光泽的黑色，是在普通的黑色涂料中加入减光剂，以得到这种无光的效果。必须先将涂料喷涂到试板上，验证无光泽程度，因为无光泽的程度是随减光剂的添加比例而变化的。喷涂前用大约 P600 号砂纸打磨喷涂部位，将必要部位遮盖，防止涂料喷到其他部位，然后进行清洁、除油。喷涂几道黑色涂料，要注意涂膜的光泽。

4)抗划痕涂装

划痕与涂层的颜色有明显的关系，颜色越深，划痕越明显。划痕显现的原因是光在涂层表

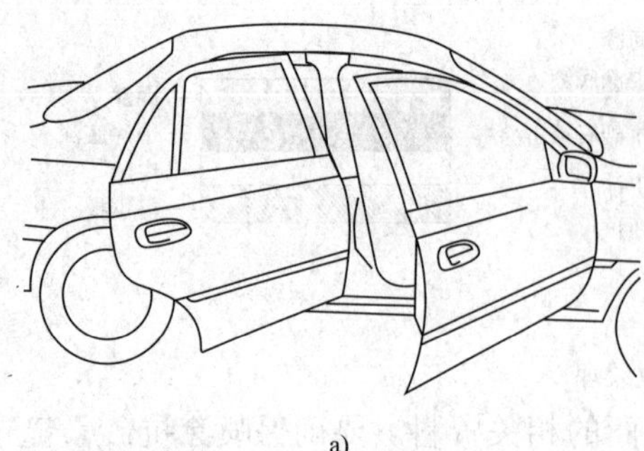
a)

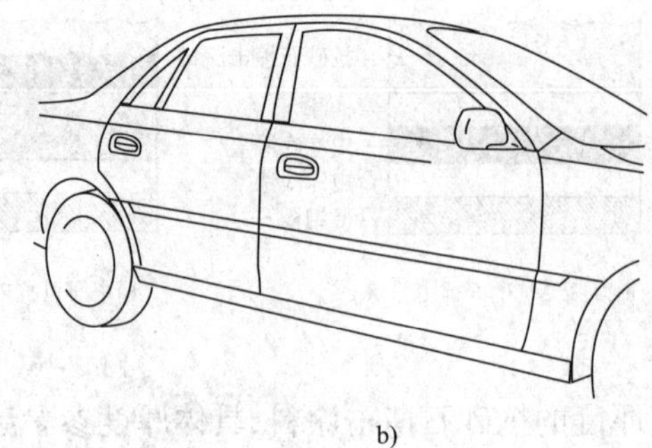
b)

图 17-17　黑色涂装的部位

面上的反射，划痕显示白色。如果涂膜颜色浅，从划痕处不规则的反射光不像许多反射光那样明显可见。现在，深色涂料包括黑色涂料广泛应用在涂装中，较深色会使划痕更明显。所以，有一些较深色的汽车采用了抗划痕的涂料，虽然涂层的硬度与普通涂层的硬度一样，但抗划痕涂料有韧性。因为涂层树脂的原子相互缠结在一起，从而提高了抗划痕的性能。

为了提高涂膜的抗划痕性，既要考虑涂膜的柔软会有助于变形的恢复，又要考虑涂膜的刚性会防止损伤。从软到硬，选择各种类型的聚酯基涂料和由电子束形成的超硬漆膜作为实验样本，分析每个样本的涂膜抗划痕性，结果如图 17-18 所示。图中表明，最好的抗划痕涂料是软涂料或超硬涂料，但是考虑到涂料的其他使用性能，最有效的涂料将是正常硬度的增塑性涂料。因此，对于具有抵抗划痕涂层的新车，增加较软的成分和提高铰链密度，涂层结构硬而且具有塑性。

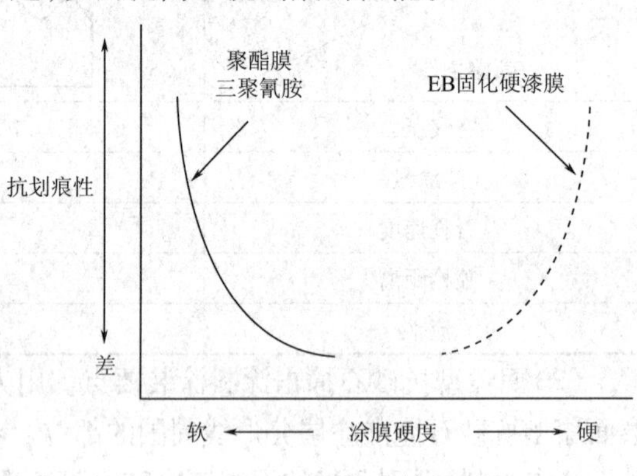

图 17-18　抗划痕分析结果

目前，抵抗划痕涂料在一些汽车上得到应用，这些汽车不能用普通涂料进行修补。如果使用普通涂料，在喷涂涂料时没有划痕，但几个月后，涂层很可能有划痕，留下修补涂装的痕迹，因此，必须使用具有抗划痕性能的特殊类型修补涂料修补。修补时，应注意以下要点：

(1) 目前，修补用抗划痕涂料中，只有清漆可以在市场上买到。因此要修补抗划痕素色漆时，必须先喷涂底色漆，后喷涂抗划痕漆。

在使用抗划痕涂料作为原厂涂料的汽车中，有些使用了双清漆涂装，喷两层清漆。主要目的是改善外观，形成更耀眼、更光滑的表面。第一层喷涂普通清漆的作用是得到适当涂层厚度，第二层喷涂抗划痕清漆以得到较光滑的纹理。在修补时也要喷涂两层清漆，以保证改进外观，同时要注意，较厚的清漆会改变颜色的深度。

(2) 抗划痕涂层需要长时间的抛光，要尽可能的进行整板修补，以最大限度地减少抛光。

(3) 为防止在驳口部位产生深的划痕，用 P2000 号砂纸和抛光剂打磨该部位。

(4) 涂装抗划痕涂料后，根据涂料供应商的要求，保证充分的层间静置时间、初步干燥和强制干燥时间。否则，容易产生针孔，或抗划痕能力下降，修补部位抛光时易开裂。